U0216369

厦门大学南强丛书

【第六辑】

海洋放射年代学

刘广山◎著

厦门大学出版社 XIAMEN UNIVERSITY PRESS
国家一级出版社
全国百佳图书出版单位

图书在版编目(CIP)数据

海洋放射年代学/刘广山著. —厦门:厦门大学出版社,2016.3

(厦门大学南强丛书. 第6辑)

ISBN 978-7-5615-5953-6

Ⅰ.①海… Ⅱ.①刘… Ⅲ.①放射性同位素-应用-海洋地质学-地质年代学-研究 Ⅳ.①P736

中国版本图书馆CIP数据核字(2016)第041671号

出 版 人 蒋东明
责任编辑 李峰伟
装帧设计 李夏凌
责任印制 许克华

出版发行 厦门大学出版社
社　　址 厦门市软件园二期望海路39号
邮政编码 361008
总 编 办 0592-2182177 0592-2181253(传真)
营销中心 0592-2184458 0592-2181365
网　　址 http://www.xmupress.com
邮　　箱 xmupress@126.com
印　　刷 厦门集大印刷厂印刷

开本 720mm×1000mm 1/16
印张 15
插页 4
字数 252千字
版次 2016年3月第1版
印次 2016年3月第1次印刷
定价 51.00元

厦门大学出版社
微信二维码

厦门大学出版社
微博二维码

作者简介

刘广山，山西省灵丘县人，1959 年出生。1979 年到 1986 年在兰州大学现代物理系读书，1983 年获学士学位，1986 年获硕士学位。之后在中国辐射防护研究院从事环境辐射和辐射防护研究工作，到 1996 年，任助理研究员、副研究员。1996 年到厦门大学海洋与环境学院，从事同位素海洋学教学与研究工作，任副教授、教授。2011 年到厦门大学环境与生态学院，从事环境变化与年代学教学与研究工作，任教授。

已出版《海洋放射性核素测量方法》和《同位素海洋学》两部专著，本书是作者的第三部专著。在国内外各种期刊发表 130 余篇文章。与他人合作编著了《同位素海洋学文集》1 至 5 卷。曾经或正在独立承担“同位素海洋学”“应用数学”“环境变化”本科生课程的教学工作和“原子核物理学”“同位素海洋学研究方法”“环境变化研究方法”“同位素生态学应用”研究生课程的教学工作。从事的科学研究方向主要为环境放射性、同位素示踪的海水混合和海洋中物质输运、放射年代学、环境变化和海洋放射性核素测量方法等。曾参加中国第 15 次南极科学考察和中国边缘海多次海上调查工作。

总　序

厦门大学校长
“厦门大学南强丛书”编委会主任

厦门大学是由著名爱国华侨领袖陈嘉庚先生于1921年创办的，有着厚重的文化底蕴和光荣的传统，是中国近代教育史上第一所由华侨出资创办的高等学府。陈嘉庚先生所处的年代，是中国社会最贫穷、最落后、饱受外侮和欺凌的年代。陈嘉庚先生非常想改变这种状况，他明确提出：中国要变化，关键要提高国人素质，要提高国人素质，关键是要办好教育。基于教育救国的理念，陈嘉庚先生毅然个人倾资创办厦门大学，并明确提出要把厦大建成“南方之强”。陈嘉庚先生以此作为厦大的奋斗目标，蕴涵着他对厦门大学的殷切期望，代表着一代又一代厦门大学师生的志向。

1991年，在厦门大学建校70周年之际，厦门大学出版社出版了首辑“厦门大学南强丛书”，共15部优秀的学术专著，影响极佳，广受赞誉，为70周年校庆献上了一份厚礼。此后，逢五逢十校庆，“厦门大学南强丛书”又相继出版数辑，使得“厦门大学南强丛书”成为厦大的一个学术品牌。值此建校95周年之际，我们再次遴选一批优秀著作出版，这正是全校师生的愿望。入选这批“厦门大学南强丛书”的著作多为本校优势学科、特色学科的前沿研究成果。作者中有院士、资深教授，有全国重点学科的学术带头人，有新近在学界崭露头角的新秀，他们都在各自的学术领域中受到瞩目。这批学术著作的出版，为厦门大学95周年校庆增添了浓郁的学术风采。

至此，“厦门大学南强丛书”已出版了六辑。可以说，每一辑都从一个侧面反映了厦大学人奋斗的足迹和努力的成果，丛书的每一部著作都是厦大发展与进步的一个见证，都是厦大人探索未知、追求真理、为民谋利、为国争光精神的一种体现。我想这样的一种精神一定会一辑又一辑地传承下去。

大学出版社对大学的教学科研可以起到很重要的推动作用，可以促进它所在大学的整体学术水平的提升。在95年前，厦门大学就把“研究高深学术，养成专门人才，阐扬世界文化”作为自己的三大任务。厦门大学出版社作为厦门大学的有机组成部分，它的目标与大学的发展目标是相一致的。学校一直把出版社作为教学科研的一个重要的支撑条件，在努力提高它的学术出版水平和影响力的过程中，真正使出版社成为厦门大学的一个窗口。“厦门大学南强丛书”的出版汇聚了著作者及厦门大学出版社全体同仁的心血与汗水，为实现厦门大学“两个百年”的奋斗目标做出了一份特有的贡献，我要借此机会表示我由衷的感谢。我不仅期望“厦门大学南强丛书”在国内学术界产生反响，而且更希望其影响被及海外，在世界各地都能看到它的身影。这是我，也是全校师生的共同心愿。

2016年3月

前　言

1896年，贝可勒尔(Becquerel)发现放射性现象，标志着核科学的开端。之后不久，卢瑟福(Rutherford)于1904年，提出可以用放射性衰变产生的累积氦数量测定铀矿物的形成年龄。之后人们开展了放射年代学的研究工作，经过100多年的发展，放射年代学的原理被探讨，方法被建立，并被应用于地球科学与环境变化研究。向最早将同位素技术应用于海洋学研究追溯，同位素海洋学也已有100年的历史，经过地球化学海洋剖面计划(Geochemical Ocean Sections Program，GEOSECS)及之后几十年的发展，海洋放射年代学形成了系统的知识体系，所以将其进行专门论述对学科发展和教学都具有重要意义。

本书是笔者继《海洋放射性核素测量方法》和《同位素海洋学》之后的第三本专著。利用放射性同位素时标特性的研究遍布海洋学各个领域，包括水体交换、水中物质输运、海洋环境变化等。同位素海洋学的内容大致可以分为水体海洋学过程的同位素示踪研究和海洋放射年代学两个主要方面。《同位素海洋学》一书主要论述水体海洋学过程的同位素示踪研究方面的内容，本书主要论述海洋放射年代学的内容。

本书以核素分组论述海洋放射年代学，除第一章综述外，全书可分为3组，第二、三、四章是天然放射系核素的测年，第五、六章是宇生放射性核素的测年，第七章是人工放射性核素的测年。不同组的测年核素有多种，每一种有不同的适用范围，也就适合于不同的测年体系。比如$^{210}Pb_{ex}$方法，在近海沉积年代学研究中得到广泛应用，经过50多年的研究，积累了大量的近海沉积物年代学数据，使近海沉积物成为一种体系，其年代学的基本轮廓已经呈现。第四章论述了^{210}Pb测年方法之后对中国海的沉积年代进行了综述。^{230}Th和^{231}Pa适合于深海沉积物的测年。^{10}Be和^{129}I适合于铁锰结核、铁锰结壳和新生代沉积物的测年，人们利用^{10}Be建立了铁锰结核和结壳的年代框架。笔者所在实验室用^{129}I方法进行了铁锰结壳的年代学研究。

本书从3个层次考虑写作内容，分别是原理、方法和体系年表。从原理到方法，再到体系的年代，构成一体化的内容。基础是原理和方法，在探明原理、建立方法的基础上，建立年表是海洋放射年代学的目的所在，可以从测年对象区分测年体系。海洋放射年代学的研究主体是海洋沉积物，本书论述的年代体系也主要是海洋沉积物。从沉积速率的差异可以将海洋沉积物分为3种体系——大洋或深海系统、边缘海沉积系统和近岸沉积系统，这3种沉积系统的沉积速率分别在mm/ka，cm～10 cm/ka和cm/a量级。见报的海洋测年介质还有海水、铁锰结核、铁锰结壳、珊瑚、热液硫化物、海洋生物遗核等。与海洋沉积物可以建立年代序列类似，铁锰结核、铁锰结壳、珊瑚是顺序生长介质，也可建立年代序列，是独立的测年体系。显然没有普适的测年介质，也没有普适的测年核素，一种核素只适合某种或某几种测年介质。

对每一种测年方法，在介绍了原理和方法之后，介绍了应用最多的测年体系，如在^{210}Pb测年一章，介绍了中国近海的沉积物测年；^{230}Th和^{231}Pa过剩方法中介绍了深海沉积物的测年；^{10}Be和^{129}I方法中介绍了铁锰结壳测年等。

目前发现的最老洋壳的年龄约2×10^{8} a，而洋壳的主体部分年龄在1×10^{8} a以下。海洋放射年代学的研究对象在洋壳形成之后形成，所以测年的时间尺度在亿年之内。按半衰期和事件发生时间分，人工放射性核素和^{210}Pb适合10～100 a时间尺度的测年；^{32}Si适合100～500 a时间尺度的测年；^{226}Ra适合800～8 000 a时间尺度的测年；^{14}C适合$2\times10^{3}\sim5\times10^{4}$ a时间尺度的测年；^{230}Th和^{231}Pa测年的时间尺度在$10^{4}\sim10^{5}$ a；^{10}Be的半衰期为1.6×10^{6} a，适合$10^{6}\sim10^{7}$ a时间尺度的测年；^{129}I的半衰期为1.57×10^{7} a，适合$10^{7}\sim10^{8}$ a时间尺度的测年。以上方法似乎涵盖了海洋测年介质的时间范围，但实际上并不完善，主要是因为一些测年体系没有合适的核素，一些时间尺度缺乏合适半衰期的核素。由于含量水平和测量技术的限制，^{32}Si测年方法并未得到很好应用，100～500 a时间尺度的测年仍需进一步发展。

核素地球化学是每一种测年方法的基础，所以在每一种测年方法之前尽可能对测年核素的地球化学进行介绍，尽管一些核素的地球化学性质可能是与测年关系不密切的。

环境放射性核素的测量有专门的出版物，常见核素的测量有国家和国际标准可用。本书所涉及的核素也可参照笔者的《海洋放射性核素测量方法》一书中的方法。在各个章节，本书对核素的测量方法选择与测量中可能出现的问题进行了讨论。

在海洋放射年代学发展中，人们类比同位素地质年代学，提出方法可行性的基础——前提条件或假设，即所谓封闭体系；海洋放射年代学最主要的测年介质——海洋沉积物；对测年的主要核素——天然放射系核素，并不存在封闭体系。之所以能应用这些核素进行测年，可能是因为测年核素在测年时间尺度内，在沉积物中的迁移和扩散对测年造成的影响是可忽略的。也有一些体系，如珊瑚、其他海洋生物遗骸，可能可以作为封闭体系处理，并有一些相关的报道。但从总体看，封闭体系假设前提的研究还不够充分，本书对这方面内容的论述也较少。

笔者的海洋放射年代学知识主要源于 *Uranium-Series Disequilibrium: Applications to Earth, Marine, and Environmental Sciences* (Edited by Ivanovich M and Harmon R S)一书和各种期刊发表的有关海洋放射年代学的文章。

过刊和现刊的相关文献是笔者多年来的知识来源。参考文献是知识体系形成的重要来源之一，本书列出了笔者读过的相关文献，部分文献可能未在文中引用。笔者经常反复阅读同一篇文献，反复琢磨知识体系基础构成和还未达到的深度，也在思考也许可能在未来某一时刻会想到要再读某一篇已知的文献。另外也顾及，如果发现书中的错误，可以追溯原始文献，寻找正确的答案。

黄奕普教授开创和发展了厦门大学的同位素海洋学研究，在他的主持下，厦门大学引进了国际上先进的放射性与稳定同位素测量仪器设备，并利用其开展海洋学各个学科方向的研究工作。海洋放射年代学是研究方向之一，经过几十年的努力，成果颇丰，使厦门大学的同位素海洋学研究在国内处于领先水平，并在中国的海洋学研究中占有一席之地。黄教授之后虽然已没有独树一帜之感，但也群星灿烂。笔者不是黄教授的弟子，但也是在黄教授的帮助下走上同位素海洋学研究之路的。值此厦门大学 95 周年之际，又是黄教授 80 岁寿辰，以上数语谨表对黄教授的感谢和祝贺。

在本书的思路形成与写作过程中，笔者曾向许多学者讨教，特别是和同事进行了反复讨论，得到他们的支持与帮助，在此表示衷心感谢。

在写作与校对过程中，笔者发现数据的编辑是最费心的，也是最容易出错的，一组数据经常要通过反复阅读同一篇文献才能确认，但还是难免出错。尽管笔者想将本书写好，但由于水平有限，所掌握的海洋放射年代学知识还很不够，加上时间仓促，书中一定存在错误与不足之处，一些章节不够深入，希望读者不吝赐教，将发现的错误和有用的看法用各种方法告诉笔者。笔者的电子邮件地址：lgshan@xmu.edu.cn。

著　者

2015.12.12

目　　录

第一章　放射性核素测年基本原理与方法综述

放射性核素测年方法通过测定体系中放射性核素的活度确定研究体系的形成年代。放射年代学要求体系是封闭的，即研究体系或用于测年部分——测年材料在体系形成后没有与外界发生物质交换。在海洋学研究中，人们并不能保证这种假设成立，实际上可能是测年核素的性质刚好能近似满足这种条件。

第一节　放射性核素测年基本原理

1　放射性核素测年基本原理

地表环境条件下，放射性核素衰变由于不受环境温度、压力、电磁场及自身化学形态的影响，因此封闭体系形成后，其中的放射性核素原子数和放射性活度将按自身的衰变规律变化。这就是通常所说的指数衰减规律。

$$N=N_0 e^{-\lambda t} \tag{1.1.1}$$

$$A=A_0 e^{-\lambda t} \tag{1.1.2}$$

我们将式(1.1.1)和式(1.1.2)称为测年方程。其中，N_0和A_0分别是体系形成时测年材料中的母核原子数和活度；N 和 A 分别是测定时测年材料中该核素的原子数和活度；λ 是衰变常数，与半衰期 T 的关系为 $\lambda=\frac{\ln 2}{T}$；t 是体系形成至测定时刻的时间间隔。由式(1.1.1)和式(1.1.2)可以看出，放射性核素的原子数和活度是时间的函数，因而可以得到体系形成至测定时历经的时间为

$$t=\frac{1}{\lambda}\ln\frac{N_0}{N}=\frac{T}{\ln 2}\ln\frac{N_0}{N} \tag{1.1.3}$$

或

$$t=\frac{1}{\lambda}\ln\frac{A_0}{A}=\frac{T}{\ln 2}\ln\frac{A_0}{A} \tag{1.1.4}$$

以上就是利用放射性核素测年的基本原理。所有放射性核素测年方法均建立在以上原理基础之上。由于所研究的体系被关注的大都是形成时至测定时的年代，所以通常在式(1.1.1)和式(1.1.2)中，N 和 A 是测定时测年材料中的测年核素的原子数和活度，t 是体系形成时至测定时的时间间隔——年代。当然也可以定义 N 和 A 为某个时间的原子数和活度，但这种定义将使计算复杂化。

原子数 N 和活度 A 之间有如下关系：

$$A=\lambda N=\frac{\ln 2}{T}N \tag{1.1.5}$$

纯物质的质量 m 和原子数 N 之间可以通过阿伏伽德罗常数 N_A 换算：

$$m=\frac{N}{N_A}M \tag{1.1.6}$$

式中，M 为原子量。

对于一项研究而言，式(1.1.1)～式(1.1.4)中，N 和 A 是研究时测定的，T 有表可查，或可以用核物理方法测定。为了进行测年，还必须知道 N_0 或 A_0，或者利用 N_0 或 A_0 与其他量的关系，对式(1.1.1)～式(1.1.4)进行变量变换，达到计算 t 的目的。为此人们提出各种假设并建立了种种测年方法，其中的假设也就是测年依据的前提条件。

海洋学研究中直接利用式(1.1.3)和式(1.1.4)测年的核素并不多，^{14}C是一种，另一种可能是^{129}I。这种方法以母核的半衰期作为参考时间，并假设体系形成时测年核素活度已知。^{129}I和^{14}C测年将分别在第五章和第六章中论述。

2 体系形成时子核数为零的测年方法

2.1 方法原理

如果测年用核素衰变的子体核素是稳定的，且体系形成时测年材料中

不存在子体核素，则作为封闭体系有

$$N_{10}=N_1+N_2 \tag{1.1.7}$$

式中，下标"1"表示母核，下标"2"表示子核；N_{10}是$t=0$时的母核原子数。式(1.1.7)与式(1.1.1)联立可得子体原子数随时间的变化，即测年方程为

$$N_2=N_{10}(1-e^{-\lambda_1 t}) \tag{1.1.8}$$

$$N_2=N_1(e^{\lambda_1 t}-1) \tag{1.1.9}$$

由式(1.1.9)可以得到

$$t=\frac{1}{\lambda_1}\ln\left(\frac{N_2}{N_1}+1\right)=\frac{T_1}{\ln 2}\ln\left(\frac{N_2}{N_1}+1\right) \tag{1.1.10}$$

利用式(1.1.10)测年，由于假设体系形成时子核原子数为零，需要测定的是测量时测年材料中的母、子体核素含量，克服了需要假设体系形成时母核含量已知的困难。

2.2 ^{3}H-^{3}He方法测定水体的年龄

海洋水团是源地和形成机制相同，具有相对均匀的物理、化学和生物学特征的大体一致变化趋势的宏大水体。世界大洋及其附属海的大多数水团都是先在海洋表层获得其初始特征，经混合下沉与扩散形成的。

表层水下沉之后与大气隔绝，下沉过程中也向远方运移，随时间推移，下沉水团远离源地，由于衰变，随时间，也随离源地的距离，其中的放射性核素浓度逐渐减小。^{3}H(tritium，氚，用T表示)主要以水分子HTO结合的形式存在于环境中，HTO与H_2O具有完全相同的化学性质，所以特别适合用来研究水交换与混合过程。^{3}H衰变产生的^{3}He，由于是惰性气体，因此被认为具有保守行为。在表层水中，^{3}He生成后会逸出到大气中，所以表层水中的^{3}He浓度可以认为等于零。

追踪一个微水团，从表层起，向下、向远方运移，由于衰变，^{3}H浓度逐渐降低，^{3}He浓度从零起逐渐升高，可以用子核数为零的测年方法估算微水团下沉——向远方运移过程中历经的时间。用核素符号表示核素浓度，式(1.1.10)的形式如下：

$$t=\frac{T_1}{\ln 2}\ln\left(\frac{^3\mathrm{He}}{^3\mathrm{H}}+1\right) \tag{1.1.11}$$

式中，^3He和^3H分别表示水样中^3He和^3H的浓度。图 1.1.1 所示是^3H-^3He方法得到的北大西洋水体的年龄分布。用^3H-^3He方法估算水体年龄时需要注意，在微水团中，除了^3H衰变产生的^3He，还要考虑其他影响因素(Doney et al.,1997)。

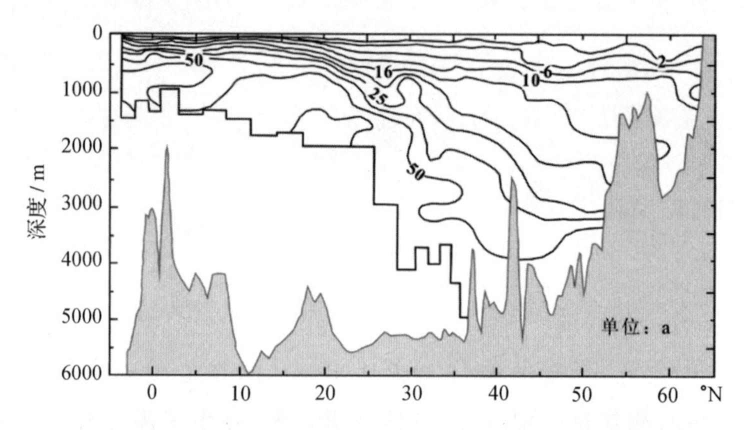

图 1.1.1 ^3H-^3He 方法得到的北大西洋水体的年龄分布
(Doney et al.,1997)

2.3 钾-氩法测年

^{40}K衰变时有两种子体核素，所以钾-氩法测年计算公式中多出一个分支比因子，式(1.1.10)变为

$$t=\frac{1}{\lambda_1}\ln\left(\frac{^{40}\mathrm{Ar}}{Y\,^{40}\mathrm{K}}+1\right)=\frac{T_1}{\ln 2}\ln\left(\frac{^{40}\mathrm{Ar}}{Y\,^{40}\mathrm{K}}+1\right) \tag{1.1.12}$$

式中，Y 为^{40}K衰变至^{40}Ar的分支比。由于子体是惰性气体核素，因此体系形成时满足子核数为零的前提条件。

例如，测得一矿样中的^{40}K含量为 4.189%，^{40}Ar含量为$0.165\,3\times10^{-6}$，该矿样满足钾-氩法测年条件，计算该矿样的年龄。

计算公式即式(1.1.12)，设矿样重为 W，则

$$^{40}\mathrm{Ar}=W\times\frac{0.165\,3\times10^{-6}}{39.948}\times N_A$$

39.948 是^{40}Ar的原子量，N_A是阿伏伽德罗常数。

$$^{40}K=W\times\frac{4.189/100}{39.0983}\times0.0118/100\times N_A$$

39.098 3 是^{40}K的原子量，0.011 8%是^{40}K的丰度。

$Y=0.1067$，$T_1=1.28\times10^9$ a。

将以上数据代入年龄计算公式(1.1.12)，得

$$t=4.94\times10^8\ a$$

3 体系形成时子核数不为零的测年方法

3.1 方法原理

如果测年用核素衰变的子体核素是稳定的，且体系形成时测年材料中子体核素的原子数 N_{20} 不为零，则子体原子数将按下式随时间变化，即

$$N_2=N_{10}(1-e^{-\lambda_1 t})+N_{20} \tag{1.1.13}$$

考虑到

$$N_1=N_{10}e^{-\lambda_1 t}$$

代入式(1.1.13)，得

$$N_2=N_1(e^{\lambda_1 t}-1)+N_{20} \tag{1.1.14}$$

设 N_s为子体核素的另一种同位素原子数，用其去除式(1.1.14)，得

$$\frac{N_2}{N_s}=\frac{N_1}{N_s}(e^{\lambda_1 t}-1)+\frac{N_{20}}{N_s} \tag{1.1.15}$$

我们将式(1.1.15)称为体系形成时子核数不为零的测年方程。如果认为在某一地质环境中形成时的不同矿物的元素含量不同，但同位素丰度比相同，则对不同矿物，式(1.1.15)中 t 和$\frac{N_{20}}{N_s}$为常数，由两个以上的矿相样品测得的$\frac{N_1}{N_s}$和$\frac{N_2}{N_s}$，可以用作直线方程的方法求 t 值。该方法最早用于铷-锶法测年，要求同一时期有两种以上的矿物形成。

3.2 铷-锶法测年——等时线方法

铷的同位素中，^{85}Rb是稳定的，^{87}Rb是长寿命的放射性核素，半衰期为 4.8×10^{10} a。^{85}Rb和^{87}Rb的天然丰度分别为 72.15%和 27.85%，铷的其他

同位素的半衰期都很短。锶有4种稳定同位素^{84}Sr，^{86}Sr，^{87}Sr和^{88}Sr，天然丰度分别为0.56%，9.86%，7.02%和82.56%。^{87}Sr是^{87}Rb衰变生成的。表1.1.1所列是一批岩石与矿物的$^{87}Rb/^{86}Sr$和$^{87}Sr/^{86}Sr$丰度比的测定结果（福尔，1983），进行组合拟合，可以计算年龄和初始$^{87}Sr/^{86}Sr$比值。

表1.1.1　一矿样的铷-锶同位素组成

岩石或矿物	$^{87}Rb/^{86}Sr$	$^{87}Sr/^{86}Sr$
岩石1	2.244	0.738 0
岩石2	3.642	0.761 2
岩石3	6.59	0.799 2
黑云母3	289.7	1.969 0
钾长石3	5.60	0.801 0
斜长石3	0.528	0.776 7
岩石4	0.231 3	0.707 4
岩石5	3.628	0.757 3
黑云母5	116.4	1.214 6
钾长石5	3.794	0.763 3
斜长石5	0.296 5	0.746 1

用核素符号表示的测年方程（1.1.15）为

$$\frac{^{87}Sr}{^{86}Sr}=\frac{^{87}Rb}{^{86}Sr}(e^{\lambda_{87}t}-1)+\frac{^{87}Sr_0}{^{86}Sr} \tag{1.1.16}$$

式中，λ_{87}为^{87}Sr的衰变常数。将全部数据、岩石1～3、岩石4～5、黑云母3-钾长石3-斜长石3和黑云母5-钾长石5-斜长石5分别作为一组数据用式（1.1.16）进行直线拟合，不同组合的拟合结果如图1.1.2和表1.1.2所示，图中直线方程的斜率为式（1.1.16）中的$e^{\lambda_{87}t}-1$，常数项是$\frac{^{87}Sr_0}{^{86}Sr}$。由图可以看出，不同组合得到的$e^{\lambda_{87}t}-1$值不相同，说明这些样品并不是同时形成的。

表 1.1.2　表 1.1.1 中矿样同位素参数等时线拟合结果

分　组	$e^{\lambda_{87}t}-1$	$t/10^8$ a	$^{87}Sr_0/^{86}Sr$
全部	0.004 2	2.87	0.747 3
岩石 1～3	0.013 9	9.46	0.708 3
岩石 4～5	0.014 7	10.00	0.704 0
黑云母 3-钾长石 3-斜长石 3	0.004 1	2.80	0.776 2
黑云母 5-钾长石 5-斜长石 5	0.004 0	2.74	0.746 4

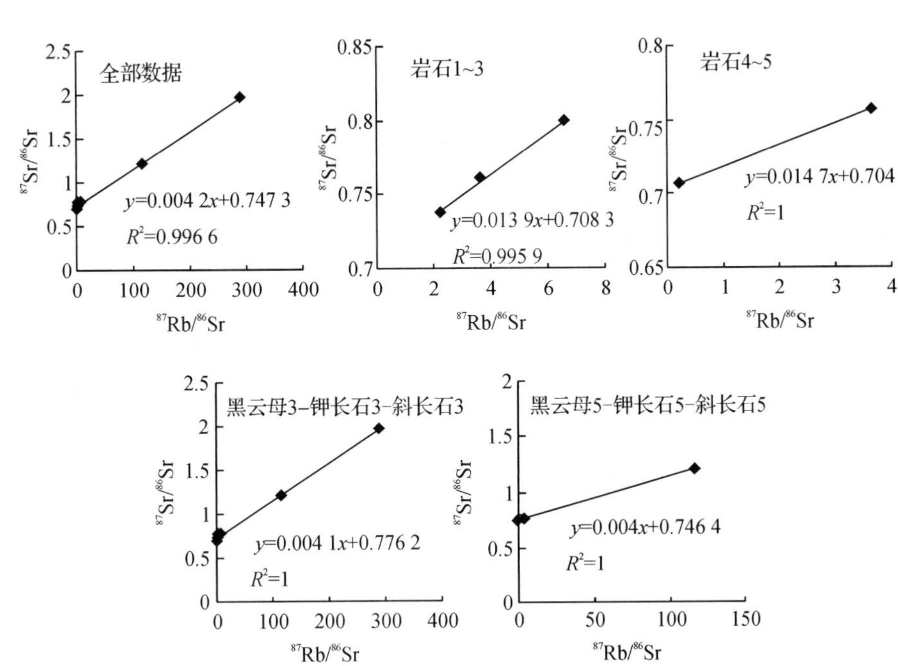

图 1.1.2　一矿样的铷-锶同位素组成计算矿样年龄的等时线拟合

第二节　铀系测年方法原理

利用天然放射系核素的测年方法统称为铀系法。

环境中，在地质过程、生物过程和化学过程作用下，天然放射系核素以不同的比例在不同相中分配，形成不同介质中放射系或其中某段衰变链不平衡——子体核素活度不等于母体核素活度，形成封闭体系后，体系由不平衡向平衡过渡，这种过程成为天然放射系测年的物理基础。

铀系法包括利用铀系、锕系和钍系3个天然放射系核素的测年方法。在铀系法中又依据母子体的平衡关系分为基于子体累积的测年方法和基于子体过剩衰变的测年方法，前者的测年时间尺度内子核活度低于母核活度，称为子体亏损；后者在测年时间尺度内子核活度高于母核活度，称为子体过剩。

在第一节的测年方法中，度量年代的是母核的半衰期。铀系法测年度量年代的是子核的半衰期，母体是影响因素。

铀系法是海洋放射年代学的主体，在海洋放射年代学研究中有特别重要的意义，本书将近一半的篇幅，即第二章～第四章介绍铀系法测年。

1 天然放射系

如果一种放射性核素衰变的子核仍然是放射性的，那么子核将继续衰变，直到子核为稳定核素为止，这种衰变叫级联衰变，也叫递次衰变或连续衰变。最典型的例子是天然存在的3个放射系，其核素组成与每个核素的衰变方式如图1.2.1所示。

1.1 铀系

天然铀放射系起始核素为^{238}U。^{238}U之后经过8次α衰变和6次β衰变，最后到稳定核素^{206}Pb。这个系的核素质量数都是4的整数倍加2，即n为整数时，质量数$A=4n+2$，所以铀系也叫$4n+2$系。

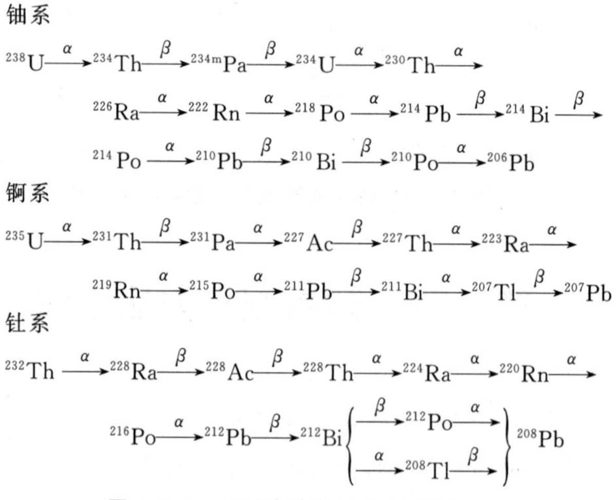

铀系

$$^{238}U \xrightarrow{\alpha} {}^{234}Th \xrightarrow{\beta} {}^{234m}Pa \xrightarrow{\beta} {}^{234}U \xrightarrow{\alpha} {}^{230}Th \xrightarrow{\alpha}$$

$$^{226}Ra \xrightarrow{\alpha} {}^{222}Rn \xrightarrow{\alpha} {}^{218}Po \xrightarrow{\alpha} {}^{214}Pb \xrightarrow{\beta} {}^{214}Bi \xrightarrow{\beta}$$

$$^{214}Po \xrightarrow{\alpha} {}^{210}Pb \xrightarrow{\beta} {}^{210}Bi \xrightarrow{\beta} {}^{210}Po \xrightarrow{\alpha} {}^{206}Pb$$

锕系

$$^{235}U \xrightarrow{\alpha} {}^{231}Th \xrightarrow{\beta} {}^{231}Pa \xrightarrow{\alpha} {}^{227}Ac \xrightarrow{\beta} {}^{227}Th \xrightarrow{\alpha} {}^{223}Ra \xrightarrow{\alpha}$$

$$^{219}Rn \xrightarrow{\alpha} {}^{215}Po \xrightarrow{\alpha} {}^{211}Pb \xrightarrow{\beta} {}^{211}Bi \xrightarrow{\alpha} {}^{207}Tl \xrightarrow{\beta} {}^{207}Pb$$

钍系

$$^{232}Th \xrightarrow{\alpha} {}^{228}Ra \xrightarrow{\beta} {}^{228}Ac \xrightarrow{\beta} {}^{228}Th \xrightarrow{\alpha} {}^{224}Ra \xrightarrow{\alpha} {}^{220}Rn \xrightarrow{\alpha}$$

$$^{216}Po \xrightarrow{\alpha} {}^{212}Pb \xrightarrow{\beta} {}^{212}Bi \left\{ \begin{array}{l} \xrightarrow{\beta} {}^{212}Po \xrightarrow{\alpha} \\ \xrightarrow{\alpha} {}^{208}Tl \xrightarrow{\beta} \end{array} \right\} {}^{208}Pb$$

图1.2.1 天然存在的3个放射系

1.2 锕系

天然锕放射系起始核素为^{235}U。^{235}U之后经过7次α衰变和4次β衰变，最后到稳定核素^{207}Pb。这个系的核素质量数都是 4 的整数倍加 3，即 n 为整数时，质量数 $A=4n+3$，所以锕系也叫 $4n+3$ 系。

1.3 钍系

天然钍放射系起始核素为^{232}Th。^{232}Th之后经过 6 次 α 衰变和 4 次 β 衰变，最后到稳定核素^{208}Pb。这个系的核素质量数都是 4 的整数倍，即 n 为整数时，质量数 $A=4n$，所以钍系也叫 $4n$ 系。

2 级联衰变不平衡计算

在级联衰变中，任何一种放射性核素单独存在时，其衰变服从指数衰减规律；当级联衰变的核素混合在一起时，子体原子数和活度随时间变化要复杂得多。

设有衰变链 $A_1 \rightarrow A_2 \rightarrow A_3$，各核素的起始原子数分别为 N_{10}，N_{20}，N_{30}，t 时刻各核素的原子数分别为 N_1，N_2，N_3，λ_1，λ_2，λ_3 分别为核素 A_1，A_2，A_3 的衰变常数。N_1，N_2，N_3 满足以下方程：

$$\frac{dN_1}{dt}=-\lambda_1 N_1 \tag{1.2.1}$$

$$\frac{dN_2}{dt}=\lambda_1 N_1-\lambda_2 N_2 \tag{1.2.2}$$

$$\frac{dN_3}{dt}=\lambda_2 N_2-\lambda_3 N_3 \tag{1.2.3}$$

由式(1.2.1)及 $t=0$ 时，$N_1=N_{10}$，得

$$N_1=N_{10}e^{-\lambda_1 t} \tag{1.2.4}$$

把式(1.2.4)代入式(1.2.2)，得

$$\frac{dN_2}{dt}=\lambda_1 N_{10}e^{-\lambda_1 t}-\lambda_2 N_2 \tag{1.2.5}$$

解该微分方程并考虑到 $t=0$ 时 $N_2=N_{20}$的初始条件，得

$$N_2=\frac{\lambda_1 N_{10}}{\lambda_2-\lambda_1}(e^{-\lambda_1 t}-e^{-\lambda_2 t})+N_{20}e^{-\lambda_2 t} \tag{1.2.6}$$

当 $N_{20}=0$ 时，

$$N_2=\frac{\lambda_1 N_{10}}{\lambda_2-\lambda_1}(e^{-\lambda_1 t}-e^{-\lambda_2 t}) \tag{1.2.7}$$

把式(1.2.6)代入式(1.2.3)，得

$$\frac{dN_3}{dt}=\frac{\lambda_1\lambda_2 N_{10}}{\lambda_2-\lambda_1}(e^{-\lambda_1 t}-e^{-\lambda_2 t})+\lambda_2 N_{20}e^{-\lambda_2 t}-\lambda_3 N_3 \tag{1.2.8}$$

解该微分方程并考虑到 $t=0$ 时 $N_3=N_{30}$，得

$$N_3=N_{30}e^{-\lambda_3 t}+\frac{N_{20}\lambda_2}{\lambda_3-\lambda_2}(e^{-\lambda_2 t}-e^{-\lambda_3 t})+N_{10}\left[\frac{\lambda_1\lambda_2}{(\lambda_2-\lambda_1)(\lambda_3-\lambda_1)}e^{-\lambda_1 t}+\frac{\lambda_1\lambda_2}{(\lambda_1-\lambda_2)(\lambda_3-\lambda_2)}e^{-\lambda_2 t}+\frac{\lambda_1\lambda_2}{(\lambda_1-\lambda_3)(\lambda_2-\lambda_3)}e^{-\lambda_3 t}\right] \tag{1.2.9}$$

当 $N_{30}=0$，$N_{20}=0$ 时，

$$N_3=N_{10}\left[\frac{\lambda_1\lambda_2}{(\lambda_2-\lambda_1)(\lambda_3-\lambda_1)}e^{-\lambda_1 t}+\frac{\lambda_1\lambda_2}{(\lambda_1-\lambda_2)(\lambda_3-\lambda_2)}e^{-\lambda_2 t}+\frac{\lambda_1\lambda_2}{(\lambda_1-\lambda_3)(\lambda_2-\lambda_3)}e^{-\lambda_3 t}\right] \tag{1.2.10}$$

由式(1.2.4)、式(1.2.6)和式(1.2.9)可以得到 A_1，A_2 和 A_3 在 t 时刻的活度为

$$A_1=A_{10}e^{-\lambda_1 t} \tag{1.2.11}$$

$$A_2=A_{20}e^{-\lambda_2 t}+\frac{\lambda_2 A_{10}}{\lambda_2-\lambda_1}(e^{-\lambda_1 t}-e^{-\lambda_2 t}) \tag{1.2.12}$$

$$A_3=A_{30}e^{-\lambda_3 t}+\frac{\lambda_3 A_{20}}{\lambda_3-\lambda_2}(e^{-\lambda_2 t}-e^{-\lambda_3 t})+A_{10}\left[\frac{\lambda_2\lambda_3}{(\lambda_2-\lambda_1)(\lambda_3-\lambda_1)}e^{-\lambda_1 t}+\frac{\lambda_2\lambda_3}{(\lambda_1-\lambda_2)(\lambda_3-\lambda_2)}e^{-\lambda_2 t}+\frac{\lambda_2\lambda_3}{(\lambda_1-\lambda_3)(\lambda_2-\lambda_3)}e^{-\lambda_3 t}\right] \tag{1.2.13}$$

式(1.2.11)～式(1.2.13)中，A_{10}，A_{20} 和 A_{30} 是 $t=0$ 时刻 A_1，A_2 和 A_3 的活度，A_1，A_2 和 A_3 是 t 时刻 A_1，A_2 和 A_3 的活度。当 $A_{20}=0$，$A_{30}=0$时，式(1.2.12)和式(1.2.13)为

$$A_2=\frac{\lambda_2 A_{10}}{\lambda_2-\lambda_1}(e^{-\lambda_1 t}-e^{-\lambda_2 t}) \tag{1.2.14}$$

$$A_3 = A_{10}\left[\frac{\lambda_2\lambda_3}{(\lambda_2-\lambda_1)(\lambda_3-\lambda_1)}e^{-\lambda_1 t}+\frac{\lambda_2\lambda_3}{(\lambda_1-\lambda_2)(\lambda_3-\lambda_2)}e^{-\lambda_2 t}+\frac{\lambda_2\lambda_3}{(\lambda_1-\lambda_3)(\lambda_2-\lambda_3)}e^{-\lambda_3 t}\right] \tag{1.2.15}$$

按以上方法可以得到多个核素级联衰变原子数和活度随时间变化的公式。

由上面的结果可以看到，级联衰变中除第一个核素外，子体核素原子数或活度随时间的变化不再服从单一的指数衰减规律，任一子体核原子数或活度随时间的变化与前面所有核素有关，但是只要知道每个核素的衰变常数和初时原子数或活度，就可计算出任一时间各个核素的原子数或活度。

3　子体过剩法测年的基本思想

用式(1.2.11)去除式(1.2.12)两边，得

$$\frac{A_2}{A_1}-\frac{\lambda_2}{\lambda_2-\lambda_1}=\left(\frac{A_{20}}{A_{10}}-\frac{\lambda_2}{\lambda_2-\lambda_1}\right)e^{-(\lambda_2 t-\lambda_1 t)} \tag{1.2.16}$$

子体过剩法测年所能测定的年代时间尺度以子体核素半衰期为参考标准，当 $\lambda_2 \gg \lambda_1$ 的条件成立时，在测年时间尺度内母体核素的活度不发生明显的变化，即 $A_1=A_{10}$，式(1.2.16)可以简化为

$$A_2-A_1=(A_{20}-A_{10})e^{-\lambda_2 t} \tag{1.2.17}$$

设 A_{20ex} 和 A_{2ex} 分别表示体系形成和测年时测年材料中子体核素的过剩量，即

$$A_{20ex}=A_{20}-A_{10} \tag{1.2.18}$$

$$A_{2ex}=A_2-A_1 \tag{1.2.19}$$

则式(1.2.17)变为

$$A_{2ex}=A_{20ex}e^{-\lambda_2 t} \tag{1.2.20}$$

在式(1.2.11)中分别用A_{20ex}和A_{2ex}代替A_{10}和A_1也可得到上式。由式(1.2.20)可以得到

$$t=\frac{1}{\lambda_2}\ln\frac{A_{20ex}}{A_{2ex}}=\frac{T_2}{\ln 2}\ln\frac{A_{20ex}}{A_{2ex}} \tag{1.2.21}$$

式(1.2.16)～式(1.2.21)中,A_{20},A_{10},A_2,A_1分别为体系形成和测年时测年材料中子核和母核的比活度。t时间测年材料中母体和子体核素的活度是可以测定的,所以,子体过剩法测年的关键是如何确定体系形成时测年材料中母核和子核的比活度A_{20}和A_{10}。

得到式(1.2.17)的条件是母体半衰期要比子体长得多,即$\lambda_2 \gg \lambda_1$。使用式(1.2.21)时这个条件是必须满足的,否则要用式(1.2.16)计算年代。

海洋沉积物测年经常情况下遇到的是一系列年代测定问题,即沉积物岩芯顶部被认为是采样时新沉积的,这样,如果所研究沉积物岩芯所涵盖的年代沉积通量是恒定的,则岩芯顶部的沉积物中放射性核素的含量可以认为是初始核素的活度。当沉积物岩芯顶部的混合层厚度不可忽略时,这种方法可能引起很大的误差。一种补充该方法不足的办法是:先进行相对测年,即在混合层以下,可以按沉积速度测定方法得出沉积速率,然后推算出年代序列。如果在所测定年代范围内找到一个参考时间,则可理想地给出所研究岩芯的绝对年代序列。^{210}Pb所能测定的年代范围内,人工放射性核素的1963的峰可能是^{210}Pb相对年代序列绝对化的很好参考时间。

第三节　放射性核素测年方法综述

表1.3.1概括了各种放射性核素测年方法。我们将其分为5类:第一类是长时间尺度地质年代学方法,通常称为同位素地质年代学方法。第二类是第一类方法的引申,我们将其称为辐射成因测年方法,原因是这些方法是真正利用放射性核素衰变发出的射线与周围物质产生作用的结果进行测年,也称其为辐射损伤方法(radiation damage method)。第三类是铀系测年方法,利用环境中存在的天然放射系核素的不平衡测年。第四类是利用宇宙射线产生的核素进行测年的方法。第五类是人工放射性核素测年方法,该方法以人类利用原子能的事件发生时间在海洋或湖泊沉积物中的记录作为参考时间进行年代推算。海洋学应用较多的是第三至第五类

测年方法。本章将对第一和第二类方法原理做一些介绍，其他方法将在第二至第七章中介绍。

表 1.3.1 各种放射性核素测年方法

方法名称	核 素	半衰期/a	测年范围/a	测年材料或应用
1 同位素地质年代学方法				
铀/钍-铅法	$^{238}U/^{206}Pb$ $^{235}U/^{207}Pb$ $^{232}Th/^{208}Pb$ $(^{207}Pb/^{206}Pb)$	^{238}U：4.468×10^{9} ^{235}U：7.038×10^{8} ^{232}Th：1.41×10^{10}	$>10^{7}$	锆石、沥青铀矿、独居石、某些全岩、熔岩流、沉积岩、侵入火成岩、变质岩
钾-氩法	$^{40}K/^{40}Ar$	^{40}K：1.28×10^{9}	$>10^{5}$	含钾矿物或岩石
铷-锶法	$^{87}Rb/^{87}Sr$	^{87}Rb：4.8×10^{10}	$>10^{7}$	白云母、黑云母、微斜长石、花岗岩、片麻岩等富铷的矿物或岩石
碘-氙法	$^{129}I/^{129}Xe$	^{129}I：1.57×10^{7}	$<10^{8}$	陨石、月球物质、海洋沉积物
钐-钕法	$^{147}Sm/^{143}Nd$	^{147}Sm：1.06×10^{11}		陨石、月球物质、火星物质等地外物质
铼-锇法	$^{187}Re/^{187}Os$	4.3×10^{10}	$>10^{8}$	陨石、金属硫化物、稀钍矿物
……	……			
2 辐射成因方法				
^{4}He积累法	$^{4}He/U$		$0\sim10^{8}$	珊瑚、地下水、化石、磷灰石
裂变径迹法			>0.5	玻璃、磷灰石、榍石、锆石、绿帘石、褐帘石、角闪石、石榴石、辉石、长石、云母等
热释光方法(thermoluminescence，TL)			$10^{2}\sim10^{6}$	陶瓷、燧石、炉灶、海洋沉积物
光释光方法(optical stimulated luminescence，OSL)			$10^{2}\sim10^{6}$	
电子自旋共振方法(electron spin resonance，ESR)			$2\times10^{3}\sim10^{7}$	碳酸盐沉积物、珊瑚、贝壳、骨头、火山灰、海洋沉积物

续表

方法名称	核　素	半衰期/a	测年范围/a	测年材料或应用
3　**铀系法**				
^{230}Th累积法	^{234}U/^{230}Th	^{230}Th:7.54×10^{4}	<3.5×10^{5}	海相和陆相碳酸盐，包括化石、珊瑚、洞穴碳酸盐沉积物、骨头、石灰华等
^{231}Pa累积法	^{235}U/^{231}Pa	^{231}Pa:3.43×10^{4}	<1.5×10^{5}	
^{228}Th累积法	^{228}Th/^{228}Ra	^{228}Th:1.91 ^{228}Ra:5.75	1～5	海洋生物甲壳
^{226}Ra法	^{226}Ra	^{226}Ra:1.6×10^{3}	<10^{4}	海水
^{226}Ra过剩法	^{230}Th/^{226}Ra	^{226}Ra:1.6×10^{3}	<10^{4}	海洋和陆相碳酸盐、重晶石
^{234}U过剩法	^{238}U/^{234}U	^{234}U:2.45×10^{5}	<1.25×10^{6}	化石、地下水、珊瑚
^{230}Th过剩法	^{234}U/^{230}Th	^{230}Th:7.52×10^{4}	<3×10^{5}	深海沉积速率、铁锰结核、铁锰结壳
^{231}Pa过剩法	^{235}U/^{231}Pa	^{231}Pa:3.43×10^{4}	<1.5×10^{5}	
^{234}Th过剩法	^{238}U/^{234}Th	^{234}Th:24.1 d	100 d	浅水快沉积速率、颗粒物停留时间、再搬运与成岩作用研究
^{228}Th过剩法	^{228}Ra/^{228}Th	^{228}Ra:5.75 ^{228}Th:1.913	10	湖泊、港湾及近岸海洋环境沉积速率，地球化学示踪、沉降速率
^{210}Pb过剩法	^{226}Ra/^{210}Pb	^{210}Pb:22.26	100	
4　**宇生放射性核素测年方法**				
^{10}Be法	^{10}Be	1.5×10^{6}	10^{6}～10^{7}	深海沉积物，海洋铁锰结壳和结核
^{14}C法	^{14}C	5 730	10^{3}～5×10^{4}	木头、木炭、泥炭、谷物、织物、贝壳、凝灰岩、地下水、沉积物、生物化石
^{26}Al法	^{26}Al	7.3×10^{5}	10^{5}～3×10^{6}	沉积物
^{32}Si法	^{32}Si	150	100～1 000	硅质沉积物、海洋沉积物、地下水

续表

方法名称	核　素	半衰期/a	测年范围/a	测年材料或应用
^{36}Cl法	^{36}Cl	3.1×10^{5}	$<10^{6}$	泥质沉积物、洞穴碳酸盐沉积物、蒸发岩、地下水
^{41}Ca法	^{41}Ca	1.3×10^{5}	$<5\times10^{5}$	含钙沉积物、骨头
^{129}I法	^{129}I	1.57×10^{7}	$<10^{8}$	海洋沉积物、油田卤水、热液体系
5　人工放射性核素测年方法				
	^{137}Cs	^{137}Cs:30.17	1950年到现在	海洋沉积物，湖泊沉积物，陆地侵蚀物
	^{90}Sr	^{90}Sr:28.1		
	$^{239+240}Pu$	^{239}Pu:2.42×10^{4} ^{240}Pu:6.57×10^{3}		
	^{129}I	^{129}I:1.57×10^{7}		

1　铀/钍-铅测年方法

经过上百年的发展，长时间尺度的地质年代学方法有很多种，除表1.3.1中所列几种外，还有氩-氩法、镥-铪法、钾-钙法、铀-氙法等多种。铀/钍-铅法是研究最多的测年方法（福尔，1983）。

天然存在的3个放射系衰变链如图1.2.1所示。3个天然放射系的母体核素^{238}U，^{235}U和^{232}Th半衰期分别为4.468×10^{9} a，7.038×10^{8} a和1.41×10^{10} a，而子体半衰期最长的^{234}U，也仅2.45×10^{5} a。按半衰期规则（本章第五节），铀/钍-铅法测年的时间尺度比其长得多，所以测年时总可以假设放射系达到了衰变平衡，即可认为^{238}U，^{235}U和^{232}Th分别与铅同位素^{206}Pb，^{207}Pb和^{208}Pb形成母子体衰变关系，建立如式(1.3.1)的测年方程。

$$\begin{cases} ^{206}Pb = {}^{238}U(e^{\lambda_{238}t}-1)+{}^{206}Pb_0 \\ ^{207}Pb = {}^{235}U(e^{\lambda_{235}t}-1)+{}^{207}Pb_0 \\ ^{208}Pb = {}^{232}Th(e^{\lambda_{232}t}-1)+{}^{208}Pb_0 \end{cases} \tag{1.3.1}$$

式中，λ_{238}，λ_{235}和λ_{232}分别为^{238}U，^{235}U和^{232}Th的衰变常数。如果已知矿物形成时的铅同位素浓度$^{206}Pb_0$，$^{207}Pb_0$和$^{208}Pb_0$，则可由实测得到的^{238}U，^{235}U和^{232}Th与^{206}Pb，^{207}Pb和^{208}Pb计算得到3个年龄值。原则上说，如果测

年条件满足，3 个年龄值应当是一致的。对于自然界存在的 4 种铅同位素 ^{204}Pb，^{206}Pb，^{207}Pb和^{208}Pb，后 3 种是 3 个放射系的衰变产物，^{204}Pb被认为是无源的，因此可以建立以下等时线方程。

$$\begin{cases}\dfrac{^{206}Pb}{^{204}Pb}=\dfrac{^{238}U}{^{204}Pb}(e^{\lambda_{238}t}-1)+\dfrac{^{206}Pb_0}{^{204}Pb}\\[2ex]\dfrac{^{207}Pb}{^{204}Pb}=\dfrac{^{235}U}{^{204}Pb}(e^{\lambda_{235}t}-1)+\dfrac{^{207}Pb_0}{^{204}Pb}\\[2ex]\dfrac{^{208}Pb}{^{204}Pb}=\dfrac{^{232}Th}{^{204}Pb}(e^{\lambda_{232}t}-1)+\dfrac{^{208}Pb_0}{^{204}Pb}\end{cases}\tag{1.3.2}$$

当存在两种以上同时形成的矿物时，可以用式(1.3.2)中的任何一个进行年代确定，有许多研究建立了 3 个放射系测年的多种等时线图。

2 裂变径迹法

2.1 方法原理

当带电粒子穿过固体介质时，使介质受到损伤，产生径迹。天然放射系的铀、钍和镤的同位素，同时也是可裂变核素，高能裂变碎片能量可达 200 MeV，与周围介质相互作用，在介质中产生径迹。介质形成时间越长，产生的径迹越多，所以测量介质中的径迹数可以测定介质形成年代。这些径迹较小，在高放大倍数的显微镜下才能看到。研究者发现用合适的溶液腐蚀，可以使这些径迹扩大，在光学显微镜下就可能看见，所以把这种方法叫径迹蚀刻法。

可用径迹蚀刻法测年的介质主要有玻璃和云母，还有磷灰石、榍石、锆石、绿帘石等。测年时将测年介质抛光，用溶剂腐蚀，然后用高倍显微镜统计径迹密度，同时径迹蚀刻法要求测量样品中^{238}U的浓度。

由于其他天然放射性核素的裂变半衰期比^{238}U长得多，或其他核素含量低得多，因此人们总是假设裂变径迹主要是由^{238}U的裂变碎片产生的，其他核素的影响可忽略。

2.2 年代计算方法

^{238}U的自发裂变半衰期为 6.5×10^{15} a，比衰变半衰期长得多，所以介质中的^{238}U浓度随时间变化是受衰变控制的。经历了 t 时间后，样品中剩余的$^{238}U(N_1)$和衰变掉的$^{238}U(N_2)$之间的关系可以表示为

$$N_2 = N_1(e^{\lambda_{238}t} - 1) \tag{1.3.3}$$

自发裂变的核数量 N_f 为

$$N_f = \frac{\lambda_f}{\lambda_{238}} N_1(e^{\lambda_{238}t} - 1) \tag{1.3.4}$$

式(1.3.3)和式(1.3.4)中,λ_{238} 和 λ_f 分别为^{238}U的衰变半衰期和裂变半衰期。

设计数时抛光面上的裂变径迹密度 F_f 和 N_f 的比值为 q,则有

$$F_f = q N_f = \frac{\lambda_f}{\lambda_{238}} N_1(e^{\lambda_{238}t} - 1)q \tag{1.3.5}$$

裂变径迹法测年要刻度 q,一般用中子活化诱发^{235}U裂变法刻度。

3 热释光测年与光释光测年

含杂质的晶体形成的能带可以使受激发的电子和形成的空穴存在很长时间。矿物晶体中含有的天然放射性核素衰变发出的 α,β 和 γ 射线可能使晶体发生电离,产生电子-空穴对,随矿物形成时间的延长,这种电子-空穴对逐渐增加,其数目与时间成正比。

加热时含有电子-空穴对的晶体中的电子-空穴复合,退激发发光,形成热释光。

石英具有良好的热释光特性,而且在自然界中普遍存在,是普遍使用的热释光测年材料。

地质年代的热释光研究中,由于对受阳光照射影响的关注,人们发现强光照射会使热释光强度减弱——光晒退作用。光释光就是光使晶体中的电子-空穴对复合,退激发出的光。

热释光和光释光方法通过测量样品中的热释光或光释光强度和放射性核素的浓度,估算测年介质的形成年代。热释光和光释光方法在海洋沉积物测年中有较多的应用。

由于太阳光和加热会使测年材料光释放,因此热释光或光释光测量的是冷却年龄,即最后一次经历高温的年龄,或开始屏蔽太阳光的时间。

除了在地质年代学的应用外,热释光方法也用于考古测年、辐射防护和空间科学研究。由于器件小巧,热释光方法测量辐射剂量在辐射防护和

空间科学中得到了广泛应用(陈文寄等,1991,1999)。

4 电子自旋共振测年方法

1967 年,Zeller 等人首次将电子自旋共振(ESR)技术用于地质样品的断代。1975 年,Ikeya 用它来测定洞穴中堆积物的年龄(Ikeya,1975)。在中国,已用 ESR 法测定了金牛山、郧县、南京汤山、巫山、泥河湾等古人类与旧时期的年代。金牛山人的测年结果表明中国的早期智人时代并不比非洲和西亚的早期智人晚,有力地支持了现代人类进化的多地区连续假说。

4.1 方法原理

物质由原子构成,原子由原子核和电子构成,电子具有自旋。由于泡利不相容原理,原子中成对的电子自旋大小相等,方向相反,自旋角动量互相抵消,只有不成对的单个电子自旋产生的自旋磁场。

ESR 是一种物理现象,它是电子自旋能级在外磁场的作用下发生塞曼分裂,同时在外加微波能量的激发下电子从低能级向高能级跃迁的共振现象。

4.2 年代计算方法

ESR 测年法的基本原理就是利用 ESR 的方法直接测定样品自形成以来由于辐射损伤所产生的顺磁中心的数目(即所接受的射线照射和本身的累积效应)。天然放射性主要来自铀、钍衰变链中的核素和^{40}K的衰变。

在 ESR 测年法中,被测样品实际是一剂量计。原理上测年公式非常简单,即

$$T=\frac{P}{D} \tag{1.3.6}$$

式中,P 为样品古剂量(自样品形成后累积的辐射年剂量),也就是累积剂量;T 为样品年龄(a);D 是样品的年剂量(样品每年接受的天然辐射剂量率,Gy/a),D 是随时间而变化的,$D=D(t)$。

4.3 讨论

与热释光和光释光相比,ESR 有以下优点:

(1)测年范围广,从几千年到几百万年,几乎覆盖了整个第四纪,但主要用于几十万年的范围。

(2)测定对象广泛,洞穴的碳酸盐沉积物、软体动物贝壳、珊瑚、古脊椎

动物和古人类骨骼、牙齿等都可作为测试样品。

(3)测试条件简单,测试信号受周围环境影响小。ESR 很少产生表面效应,所以样品粉碎不影响测量结果;ESR 样品不怕光照,所以样品分析简化了操作与保存的麻烦。

(4)ESR 是一种非破坏性的分析方法,对样品不存在损伤;不会退激发,样品可反复使用,提高测量精度。

ESR 测年依赖于铀的加入模式,样品含铀量、α 辐照有效系数等一系列因素。特别是对于接近或早于 1 Ma 万年的样品,样品埋藏期间 ESR 信号的衰退可能会导致 ESR 年龄偏低。对于老样品,在未做衰退校正前,早期铀加入 ESR 模式年龄只能看成是真实年龄的上限。ESR 和古地磁结合,有时可得出较可靠的年龄值。ESR 与铀系测年可互补互检。

第四节　沉积速率与生长速率测定原理

沉积速率是沉积物在单位时间累积的厚度,一般以 cm/a 或 mm/ka 表示。另一个更直观地表示沉积物质量大小的量是沉积通量,它是单位时间单位面积沉积的物质量,常用单位是 $kg/(a \cdot m^2)$,$g/(a \cdot cm^2)$ 或$mol/(a \cdot m^2)$。

与沉积速率测定方法类似的,还有极地冰雪、高山冰雪的累积速率,珊瑚、多金属结核等的生长速率。研究较多的是海洋和湖泊沉积物,还有极地冰芯。

沉积速率将沉积物岩芯所涵盖的的时间范围和岩芯长度(空间)联系起来,如果沉积速率为常数,设为 v,岩芯长度为 L,T 为累积 L 长度的岩芯经历的时间,则有 $L = v \cdot T$。

1　方法原理

海洋放射年代学研究在很多情况下是一种系列年代测定问题,所以只要认为在所测年时间区间内沉积速率或生长速率及其中的测年核素累积速率不随时间变化,则可利用指数衰减规律来推断某一时间段的沉积速率或生长速率。

还有一种原因是,在海洋放射年代学研究中,有一大部分研究工作测年核素的初始浓度值(N_0或A_0)不是已知的,或是不准确的,需通过沉积速率或生长速率推算各层位的年代。

以下以沉积速率测定为例。实验结果证明,在合适的年度范围内,放射性核素在沉积物中随深度的增加呈指数衰减趋势(见图1.4.1),沉积物中放射性核素活度随深度变化可表示为

$$A_l = A_{l_0} e^{-d(l-l_0)} \tag{1.4.1}$$

式中,A_l和A_{l_0}是l和l_0深度沉积物中的核素活度;d为由实验数据拟合得到的实验参数。设所研究岩芯关注层段具有不变的沉积速率,即每年沉积物厚度的增加是常数,设为v,则有

$$v\Delta t = l - l_0 \tag{1.4.2}$$

式中,Δt为沉积物从l累积到l_0深度经历的时间。将式(1.4.2)代入式(1.4.1),得

$$A_l = A_{l_0} e^{-dv\Delta t} \tag{1.4.3}$$

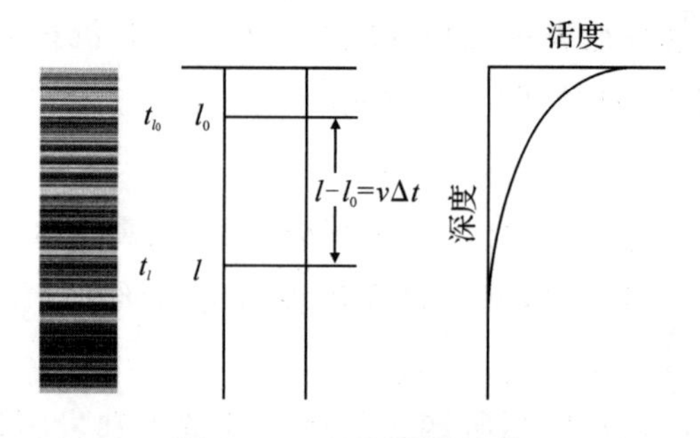

图1.4.1 沉积速率计算

对于沉积速率不变的层段,设不同深度初时沉积物中的放射性核素比活度是相等的,为A_0,所以l深度处沉积物中初时放射性核素比活度也为A_0,经过t_l时间后其中的放射性核素比活度由A_0衰减为A_l,所以有

$$A_l = A_0 e^{-\frac{\ln 2}{T} t_l} \tag{1.4.4}$$

同样在l_0深度有

$$A_{l_0} = A_0 e^{-\frac{\ln 2}{T} t_{l_0}} \tag{1.4.5}$$

式(1.4.4)和式(1.4.5)相比,得

$$A_l = A_{l_0} e^{-\frac{\ln 2}{T}\Delta t} \tag{1.4.6}$$

式中,$\Delta t = t_l - t_{l_0}$。

比较式(1.4.3)和式(1.4.6)可得沉积速率为

$$v = \frac{\ln 2}{dT} \tag{1.4.7}$$

如果 $l_0 = 0$,即所研究沉积物在岩芯表层,则 $t = \Delta t$ 就是 l 深度处的年龄。

从式(1.4.1)可以看出,只要测得 l 和 l_0 深度处沉积物中的核素比活度 A_l 和 A_{l_0} 就可得到 d 值,实际情况下总是测定 l 至 l_0 深度多个深度处沉积物的核素比活度值,然后用最小二乘法求得 d 值。对式(1.4.1)取对数得

$$\ln A_l = \ln A_{l_0} - d(l - l_0) \tag{1.4.8}$$

即在对数坐标中核素比活度随深度的变化是一直线。

利用子体过剩法测量沉积速率,式(1.4.8)改写为

$$\ln A_{l\text{ex}} = \ln A_{l_0\text{ex}} - d(l - l_0) \tag{1.4.9}$$

关于 $A_{l\text{ex}}$ 和 $A_{l_0\text{ex}}$ 的意义在本章第二节中有解释。

第五节 测年时间尺度与时间分辨率

1 天然放射性核素测年时间尺度与半衰期规则

地质年代学研究中,测年时间尺度是人们最为关心,也是选择测年方法必须考虑的。表 1.3.1 中的测年范围可以作为参考。通常也以测年核素半衰期为参考,一般认为测年核素半衰期的 0.5~5 倍是可能的测年时间尺度,我们将其称为半衰期规则。例如,^{210}Pb 半衰期为 22.3 a,则可测年的时间尺度为 10~100 a;^{14}C 半衰期为 5 730 a,则可测年的时间尺度为 2 500~30 000 a。

在半衰期规则的基础上,所能拓展的时间范围取决于测量技术的发展

与测年介质中核素的浓度。人们为拓展核素可测年的时间尺度进行着不懈的努力，^{14}C的测年上限已扩展到 5×10^4 a，甚至 10^5 a。^{40}K半衰期为 1.28×10^9 a，按半衰期规则，钾-氩法测年的最短时间尺度为 5×10^8 a，但已有报道称钾-氩法可测年的最短时间达 10^5 a。^{14}C法和钾-氩法测年时间范围的增加就是人们对测量技术探索的结果。由于一些核素在测年介质中的浓度低，测量方法还达不到宽范围测年水平，因此测年时间范围受到限制，可测年时间范围比半衰期规则的范围要窄，利用宇生核素的测年经常是这样的。

2 人工放射性核素测年的时间尺度

人工放射性核素所能测年的时间区间是一定的，为从人类利用原子能起到现在一段时间。1945 年，美国开始核试验。1962 年，美国和苏联的大气层核试验达到高潮，产生的放射性物质进入平流层，通过平流层的大气环流输运到全球，1 年后这些放射性物质又返回对流层并沉积在地表，所以 1963 年成为全球最大放射性沉降年。利用人工放射性核素的测年通常把 1963 年作为参考时间，在沉积物岩芯中会在该时间出现人工放射性核素分布的峰。也有文章将人工放射性核素的测年扩展到 20 世纪 50 年代。

3 海洋放射年代学测年的时间尺度

海洋放射年代学测年的时间尺度主要在晚白亚纪和新生代。海洋放射年代学的主要测年材料是海洋沉积物，还有生长在海底岩石上，或沉积物上的铁锰结壳、结核，珊瑚等。由于大洋壳的最长年龄仅 2 亿年，因此其上的沉积物或矿物不会老于这个时间，而且实际大洋洋壳的年龄在 1 亿年以上的很少。

海洋放射年代学测年时间尺度需着重考虑测年材料的沉积速率或生长速率，以及人们采样所能分割的样品大小。大洋或深海的沉积物沉积速率为 mm/ka 量级，人们所能分割的最小样品厚度为几毫米，所以深海沉积物所能测年的最短时间为 ka 量级。依此类推，半深海沉积速率为 cm/100 a量级，可测年最短时间为 100 a；近岸沉积物沉积速率为 cm/a 量级，测年最短时间为 1 a。铁锰结壳的生长速率为 mm/Ma 量级，所能分割的最薄厚度为 0.1 mm，所以能测定的最短时间为 0.1 Ma。珊瑚的生长速率为 mm/a 量级，所能测年的最短时间为 1 a。测年时必须选择与测年材料可测年时间尺度相当的核素。

4 时间分辨率问题

时间分辨率受两方面的限制。

4.1 分样的影响

以海洋沉积物为例,样品可分割的厚度限制了时间分辨率。沉积物岩芯可分割的厚度在 1 cm 左右,当沉积速率为 1 cm/a 时,分辨率为 1 a。该时间与可测年最短时间一致。

4.2 测量精度的影响

决定时间分辨率的第二个主要因素是测量精度。很明显,如果两个相邻样品的年代在误差范围内是一致的,则是不可分辨的。

测量方法的精度是影响年代分辨率的主要因素。海洋放射年代学研究中,以沉积速率测量为例,好的测量结果总是在核素活度变化大,但又适合于分样操作的时间和空间尺度。当核素活度随深度变化不大,或者说这种变化在误差允许的范围内时,测年结果受到怀疑。对于小于和大于半衰期规则的年代的测量,即岩芯顶部和底部测年,必须注意这种影响。

4.3 测年核素半衰期

核素半衰期是放射年代学的标度。表 1.5.1 列出了国内出版的几种核数据书籍中测年核素的半衰期。从表中可以看出,不同书籍中给出的大部分核素半衰期是一致的。由于海洋放射年代学所能达到的精度有限,据笔者的看法,能准确到 1%已经很好了,所以不同的核素半衰期并不能给出年代实质上的不同。但也有一些核素,如^{32}Si,不同书籍给出的半衰期相差很大。一些文献引用的半衰期数据也可能与多数核数据表的数值有差异(Maher et al.,2004)。

表 1.5.1 测年核素半衰期 单位:a

核　素	格拉希维里等,2004	卢玉楷,2004	刘运祚,1982	核素图表编制组,1977	Faure and Mensing,2005	Ivanovich and Harmon,1992
^{238}U	4.468×10^9	4.4683×10^9	4.468×10^9	4.51×10^9	4.468×10^9	4.5×10^9
^{234}Th	24.1 d	24.1 d	24.1 d	24.1 d	24.1 d	24.1 d
^{234}U	2.455×10^5	2.455×10^5	2.45×10^5	2.44×10^5	2.45×10^5	2.48×10^5
^{230}Th	7.538×10^4	7.538×10^4	7.7×10^4	7.7×10^4	7.54×10^4	7.52×10^4

续表

核　素	格拉希维里等，2004	卢玉楷，2004	刘运祚，1982	核素图表编制组，1977	Faure and Mensing，2005	Ivanovich and Harmon，1992
^{226}Ra	1 600	1 600	1 600	1 602	1 599	1 602
^{210}Pb	22.3	22.3	22.26	22.3	22.6	22.3
^{210}Po	138.376 d	138.376 d	138.38 d	138.4 d		138 d
^{235}U	7.038×10^{8}	7.038×10^{8}	7.038×10^{8}	7.1×10^{8}	7.038×10^{8}	7.1×10^{8}
^{231}Pa	3.276×10^{4}	3.276×10^{4}	3.276×10^{4}	3.25×10^{4}	3.25×10^{4}	3.43×10^{4}
^{227}Ac	21.773	21.773	21.773	21.77	21.77	
^{227}Th	18.718 d	18.72 d	18.718 d	18.2 d		
^{232}Th	1.405×10^{10}	1.405×10^{10}	1.41×10^{10}	1.4×10^{10}	1.401×10^{10}	1.39×10^{10}
^{228}Ra	5.75	5.75	5.75	5.75	5.76	5.75
^{228}Th	1.912 6	1.911 6	1.913 13	1.913	1.913	1.918
^{14}C	5 700	5 730	5 730	5 692	5 730	5 730
^{10}Be	1.51×10^{6}	1.51×10^{6}		1.6×10^{6}	1.51×10^{6}	1.5×10^{6}
^{32}Si	172	172		～450	140	～100
^{129}I	1.61×10^{7}	1.57×10^{7}	1.6×10^{7}	1.57×10^{7}	1.57×10^{7}	1.64×10^{7}

参考文献

陈好寿，1994. 同位素地球化学研究[M]. 杭州：浙江大学出版社：340.

陈文寄，彭贵，1991. 年青地质体系的年代测定[M]. 北京：地震出版社：297.

陈文寄，计凤桔，王非，1999. 年青地质体系的年代测定(续编)——新方法，新进展[M]. 北京：地震出版社：269.

范嗣昆，伍勤生，1975. 同位素地质年龄测定[M]. 北京：科学出版社：115.

福尔，1983. 同位素地质学原理[M]. 潘曙兰，乔广生译. 北京：科学出版社：351.

格拉希维里，契切夫，帕塔尔肯，等，2004. 核素数据手册[M]. 3 版. 北京：原子能出版社：336.

核素图表编制组，1977. 核素常用数据表[M]. 北京：原子能出版社：547.

黄奕普，邢娜，何明，等，2006. 太平洋富钴结壳基于^{10}Be的生长速率与生成年代[C]//黄奕普，陈敏，刘广山，等. 同位素海洋学研究文集：第四卷，海洋放射年代学. 北京：海洋出版社：212-230.

库兹涅佐夫，1981. 海洋放射年代学[M]. 夏明，等译. 北京：科学出版社：280.

刘广山，2006. 海洋放射性核素测量方法[M]. 北京：海洋出版社：303.

刘广山，黄奕普，李静，等，2003. 不平衡铀系和钍系核素的 γ 谱测定[J]. 海洋学报，25(5)：65-75.
刘运祚，1982. 常用放射性核素衰变纲图[M]. 北京：原子能出版社：521.
卢玉楷，2004. 简明放射性同位素应用手册[M]. 上海：上海科学普及出版社：483.
陆志仁，1981. 不平衡钍系的放射性计算[J]. 辐射防护，1(5)：66-71.
陆志仁，1984. 不平衡铀系和锕铀系放射性活度计算[J]. 辐射防护，4(5)：366-376.
沈渭州，1997.同位素地质学教程[M]. 北京：原子能出版社：287.
涂光炽，等，1984. 地球化学[M]. 上海：上海科学技术出版社：447.
魏菊英，王关玉，1988. 同位素地球化学[M]. 北京：地质出版社：166.
夏明，1982. 海洋放射年代学的若干问题[J]. 海洋学报，4(6)：703-712.
夏明，1985. 海洋放射年代学的现状和趋势[J]. 地质论评，31(3)：276-281.
业渝光，2002. 地质测年与天然气水合物实验技术研究及其应用[M]. 北京：海洋出版社：245.
伊凡诺维奇，哈蒙，1991. 铀放射系的不平衡及其在环境研究中的应用[M]. 陈铁梅，赵树森，原思训，等译.北京：海洋出版社：392.
袁海华，1987. 同位素地质年代学[M]. 重庆：重庆大学出版社：220.
中国科学院贵阳地球化学研究所^{14}C实验室，1977. ^{14}C年龄测定方法及其应用[M]. 北京：科学出版社：135.
Doney S C, Jenkins W J, Bullister J L, 1997. A comparison of ocean tracer dating techniques on a meridional section in the eastern North Atlantic[J]. Deep-Sea Research Ⅰ,44(4):603-626.
Faure G, Mensing T M, 2005. Isotopes: principles and applications[M]. 3rd ed. New Jersey:John Wiley and Sons:897.
Ikeya M, 1975. Dating a stalactite by electron paramagnetic resonance[J]. Nature, 255: 48-50.
Ivanovich M, Harmon R S, 1992. Uranium-series disequilibrium: applications to earth, marine, and environmental sciences[M]. 2nd ed. Oxford:Clarendeon Press:910.
Maher K, DePaolo, Lin C F, 2004. Rates of silicate dissolution in deep-sea sediment: in situ measurement using $^{234}U/^{238}U$ of pore fluids[J]. Geochimica et Cosmochimica Acta, 68(22):4629-4648.

第二章　铀系之子体累积法测年

大多数长时间尺度的同位素地质年代学方法是基于子体累积的测年方法，只是由于这些测年核素的子体核素为稳定核素，因此公式比较简单。海洋学测年中用得最多的测年方法是基于天然放射系的测年方法，通常叫铀系法测年。用于测年的子体核素大都仍是放射性的，使计算过程复杂化。如果测年材料中子体核素的活度高于母体核素，则称子体是过剩的；反之，如果测年材料中子体核素的活度低于母体核素，则称子体是亏损的。子体累积法测年的基本假设是体系形成时测年材料中子体核素是亏损的。如果体系形成时子核原子数为零，则测年材料中的子体核素均是母体核素衰变产生的。珊瑚的测年采用这种假设。

为书写清楚，文献经常直接用核素符号表示核素活度。衰变常数的角标指明是哪一种核素，例如 λ_{230} 为 ^{230}Th的衰变常数。一般来说，一个方程式中不会出现两个质量相同的不同核素，所以这种用法不致混淆。本书将在理论推导时用 N 和 A 分别表示核素原子数和活度，而在具体方法和事例中用核素符号表示之。

子体累积法测年包括^{231}Pa累积法、^{230}Th累积法、^{4}He累积法和^{228}Th累积法。测年材料包括珊瑚礁、海洋磷灰石、生物遗骸和海底热液硫化物。另外，本章对考古样品的铀系测年方法也做了介绍。

第一节　^{231}Pa累积法测年

^{231}Pa累积法与^{231}Pa过剩法统称为^{231}Pa/^{235}U比值法。^{231}Pa半衰期为 3.276×10^{4} a，按半衰期规则，适合进行 $1.5\times10^{4}\sim1.5\times10^{5}$ a时间尺度的年代测定。应用^{231}Pa累积法测年的主要介质是碳酸盐，包括石笋、珊瑚礁等。由于测量方法繁杂，环境介质中^{231}Pa和^{235}U含量低，应用^{231}Pa/^{235}U比

值法测年远比^{230}Th/^{234}U/^{238}U比值法测年的研究要少，但是^{231}Pa和^{235}U之间的衰变关系简单，或者说可以得到理想的衰变模型，容易叙述，因此我们将其放在第一节论述。

1 ^{231}Pa的海洋地球化学

^{231}Pa是天然锕放射系核素，母体^{235}U通过短寿命子体^{231}Th衰变生成^{231}Pa。从^{235}U到^{231}Pa的衰变链如图 2.1.1 所示。

$$\begin{array}{llll} \text{衰变链} & {}^{235}\mathrm{U} \xrightarrow{\alpha} & {}^{231}\mathrm{Th} \xrightarrow{\beta} & {}^{231}\mathrm{Pa} \\ \text{半衰期} & 7.038\times10^{8}\ \mathrm{a} & 25.52\ \mathrm{d} & 3.276\times10^{4}\ \mathrm{a} \end{array}$$

图 2.1.1 ^{231}Pa及母体衰变链

开阔海域铀以铀酰络合离子 $UO_2(CO_3)_3^{4-}$ 形式存在，难以被颗粒物吸收，所以海水中铀是保守性元素，大洋水中^{238}U的平均浓度为 40.4 Bq/m^3（刘广山，2010），^{235}U与^{238}U的天然丰度比为 0.007 258，按天然丰度比的活度比 0.046 04 计算可以得到海水中的^{235}U浓度为 1.86 Bq/m^3。与铀的性质相反，^{231}Pa是典型的颗粒活性核素，易吸附于颗粒物表面并随颗粒物沉降。因此在海洋中形成这样一种图象，即^{231}Pa不断由均匀分布于海水中的^{235}U产生，并很快吸附于颗粒物上，随颗粒物沉降，从上层水体中迁出。以上过程的结果是海水中^{231}Pa是亏损的，而沉积物中^{231}Pa是过剩的。关于利用过剩^{231}Pa进行的海洋沉积物测年将在第三章论述。由于^{231}Pa是颗粒活性的，又由于海水中的^{231}Pa是亏损的，使得生物吸收海水中微量元素的结果是海洋生物骨骼中^{231}Pa是亏损的。随着时间的推移，由于^{235}U衰变，介质中^{231}Pa不断累积，因此可以进行^{231}Pa累积法测年。

2 测年方法原理

2.1 体系形成时^{231}Pa浓度为零的测年方程

^{235}U半衰期为 7.038×10^{8} a，与^{231}Pa之间的中间子体^{231}Th半衰期仅 25.52 h，地质学研究中总可以认为^{231}Th与^{235}U达到了衰变平衡，所以可直接计算^{235}U和^{231}Pa的活度关系。如果体系形成时测年材料中不存在^{231}Pa，根据衰变动力学关系可得到^{231}Pa与^{235}U的活度关系为

$$^{231}\mathrm{Pa}=\frac{\lambda_{231}\,{}^{235}\mathrm{U}_0}{\lambda_{231}-\lambda_{235}}\left(e^{-\lambda_{235}t}-e^{-\lambda_{231}t}\right) \tag{2.1.1}$$

式中，^{231}Pa和^{235}U分别为测年材料中^{231}Pa和^{235}U的活度；λ_{231}和λ_{235}分别为其衰变常数。在^{231}Pa累积法所能测年的时间尺度内，可以认为^{235}U的活度是不随时间变化的，即$^{235}U={}^{235}U_0$。由于$\lambda_{231} \gg \lambda_{235}$，因此式(2.1.1)可以简化为

$$^{231}Pa = {}^{235}U(1 - e^{-\lambda_{231} t}) \tag{2.1.2}$$

写成比值形式，即

$$\frac{^{231}Pa}{^{235}U} = 1 - e^{-\lambda_{231} t} \tag{2.1.3}$$

$$t = \frac{-1}{\lambda_{231}} \ln\left(1 - \frac{^{231}Pa}{^{235}U}\right) \tag{2.1.4}$$

显然只要测得样品中^{231}Pa与^{235}U的活度比就可由上式计算得到体系的形成年代，所以又称为$^{231}Pa/^{235}U$比值法。得到式(2.1.2)～式(2.1.4)的条件是$\lambda_{235} \ll \lambda_{231}$。

2.2 体系形成时^{231}Pa浓度不为零的测年方程

用^{231}Pa累积法测年，当不能假设初始^{231}Pa为零时，由衰变动力学方程(第一章第二节)可以得到测年方程：

$$^{231}Pa = \frac{\lambda_{231}{}^{235}U_0}{\lambda_{231} - \lambda_{235}}(e^{-\lambda_{235} t} - e^{-\lambda_{231} t}) + {}^{231}Pa_0 e^{-\lambda_{231} t} \tag{2.1.5}$$

与以上讨论同理，在^{231}Pa累积法所能测年的时间尺度内，有$^{235}U = {}^{235}U_0$。由于$\lambda_{231} \gg \lambda_{235}$，因此式(2.1.5)可以简化为

$$^{231}Pa = {}^{235}U(1 - e^{-\lambda_{231} t}) + {}^{231}Pa_0 e^{-\lambda_{231} t} \tag{2.1.6}$$

将式(2.1.6)整理为

$$^{231}Pa - {}^{235}U = ({}^{231}Pa_0 - {}^{235}U_0) e^{-\lambda_{231} t} \tag{2.1.7}$$

式中，^{231}Pa和^{235}U为样品的测量量；$^{231}Pa_0$和t为未知数，如果没有能力得到$^{231}Pa_0$，则要用等时线方法(Luo and Ku，1991)。

3 ^{231}Pa与^{235}U测量方法讨论

有多种^{231}Pa和^{235}U测量方法，大致可分为两类：一类是质谱学方法，多

用的是电感耦合等离子体质谱(inductively coupled plasma mass spectrometer,ICP-MS)和热电离质谱;另一类是放射性计数测量方法,α 谱、β 计数和 γ 谱方法都有用(郑爱榕等,1989;Anderson and Fleer,1982;张宏俊等,2014;刘广山等,2002)。

3.1　放射性计数法测量^{231}Pa

^{231}Pa是 α 放射性核素,所以正统的做法是用 α 谱方法测量^{231}Pa。但是由于 α 谱测量自身的特点,环境样品 α 计数测量需要复杂的化学处理与制样过程,需要示踪化学过程的回收率,且镤没有稳定同位素,仅一种长寿命的放射性同位素,即^{231}Pa,人们用 α 方法测量^{231}Pa都用半衰期仅 27 d 的^{233}Pa作为示踪剂(郑爱榕等,1989;Anderson and Fleer, 1982)。由于^{233}Pa半衰期短,存储困难,纯^{233}Pa不适合常规测量用,通常的做法是利用^{237}Np(半衰期 2.14×10^{6} a)衰变产生的^{233}Pa,即实验室保存^{237}Np 源,使用时将^{237}Np产生的^{233}Pa分离出来用作示踪剂(郑爱榕等,1990)。由于操作繁杂,使用者需要经过专业训练,因此该方法在实际工作中很难普及。

^{231}Pa之后的衰变链如图 2.1.2 所示,^{231}Pa的子体^{227}Ac半衰期为 21.77 a,是^{231}Pa的子体核素中半衰期最长的。从^{231}Pa所能测年的时间尺度看,测年材料中子体与^{231}Pa是衰变平衡的,实际研究也证实^{231}Pa是与子体衰变平衡的,所以可以利用测量某一子体核素的方法测量^{231}Pa。笔者所在实验室曾用γ 谱方法测量深海沉积物的锕放射系的^{235}U,^{231}Pa和^{227}Ac,从结果数据看,^{227}Ac和^{231}Pa是衰变平衡的(刘广山,2006;刘广山等,2002)。γ 谱方法测定^{231}Pa需要有较多的样品,样品中的^{231}Pa含量要高,而且^{231}Pa要与子体达到衰变平衡(张宏俊等,2014;刘广山等,2002)。

衰变链	$^{231}Pa \xrightarrow{\alpha}$	$^{227}Ac \xrightarrow{\beta}$	$^{227}Th \xrightarrow{\alpha}$	$^{223}Ra \xrightarrow{\alpha}$	$^{219}Rn \xrightarrow{\alpha}$
半衰期	32 760 a	21.77 a	18.7 d	11.4 d	3.96 s
衰变链	$^{215}Po \xrightarrow{\alpha}$	$^{211}Pb \xrightarrow{\beta}$	$^{211}Bi \xrightarrow{\alpha}$	$^{207}Tl \xrightarrow{\beta}$	^{207}Pb
半衰期	0.001 78 s	36.1 min	2.14 min	4.77 min	稳定

图 2.1.2　锕放射系中^{231}Pa及子体衰变链

也有通过测量^{227}Th和^{215}Po测量^{231}Pa的报道。原思训等(1990)对通过^{227}Th测量^{231}Pa的方法和影响因素进行了研究,并将其用于骨化石年代测定;陈英强等(1987)通过测定^{227}Th研究了地质样品中的^{231}Pa。陈英强(1996)对通过测量^{215}Po测定矿石样品中的^{231}Pa的方法进行了研究。

^{227}Th是钍的同位素，可以在测量其他钍同位素时同时测量，但是由于环境样品中锕系核素浓度低，因此^{227}Th浓度也低，再加上^{227}Th的 α 射线能量分散、分支比低，测量困难也是显而易见的。

^{215}Po的 α 射线能量为 7 386 keV，比较高，在 α 谱中容易识别，通过测量^{215}Po测量^{231}Pa，需要等^{227}Th与^{231}Pa达到衰变平衡，且中间子体^{219}Rn是气体，测量中需要考虑逸出问题。

^{231}Pa的第四代子体^{219}Rn是惰性气体，可以用射气法测量。目前已有利用^{219}Rn射气法测量海水中的^{227}Ac和^{223}Ra的研究报道（Shaw and Moore，2002；Moore and Arnold，1996），所以可以期望用^{219}Rn射气法测量海洋沉积物中的^{231}Pa。

3.2　放射性计数法测量^{235}U

^{235}U是 α 放射性核素，所以可以用 α 谱方法测量^{235}U。在天然丰度比的情况下，^{235}U的活度比^{234}U和^{238}U低两个量级，测量^{235}U远比测量^{234}U和^{238}U困难得多，所以经常通过测定样品中的^{238}U来推算^{235}U的活度，天然丰度比^{235}U/^{238}U的活度比为 1/21.7。关于^{238}U测量可看本章第二节的测量方法讨论。

也可用 γ 谱方法测量^{235}U。^{235}U衰变发出的 γ 射线按强度依次为 185.7 keV（54%）、143 keV（10.5%）和 163.4 keV（4.7%）（刘运祚，1982）。185.7 keV γ 射线与^{226}Ra 186.2 keV（3.2%）γ 射线不可分辨，通常环境样品中^{226}Ra的活度比^{235}U高一个量级，这两种 γ 射线的强度在同一水平，所以用 185.7 keV γ 射线测量^{235}U，要扣除^{226}Ra的影响，会引起较大的误差。143 keV 和 163.4 keV 这两条 γ 射线分支比较小，用其测量^{235}U的误差也较大。

第二节　^{230}Th累积法测年

^{230}Th累积法与^{230}Th过剩法统称为^{230}Th/^{234}U比值法。^{230}Th半衰期为 7.7×10^4 a，按半衰期规则，适合于进行 $4\times10^4\sim4\times10^5$ a 时间尺度的测年，文献报道的^{230}Th测年上限亦为 3.5×10^5 a。应用^{230}Th累积法测年的介质主要是碳酸盐、磷灰岩和火山岩（Ivanovich and Harmon，1992）。铀系法测年中，^{230}Th是子体累积法测年用得最多的核素，其中原因：一是^{230}Th

的半衰期是很多海洋学研究的时间尺度；二是环境样品中的^{230}Th和^{234}U，^{238}U浓度比锕系的^{231}Pa和^{235}U高两个量级，测量比锕系核素容易得多。因此^{230}Th累积法得到了广泛应用。

1　^{238}U，^{234}U和^{230}Th的海洋地球化学

^{230}Th，^{234}U和^{238}U处于图 2.2.1 所示的衰变链中，该衰变链中^{234}Th的半衰期为 24.1 d，^{234m}Pa的半衰期为 1.17 min，在^{230}Th测年的时间尺度内，^{234}Th和^{234m}Pa与^{238}U达到了衰变平衡，所以测年时只需考虑^{238}U，^{234}U和^{230}Th三者之间的不平衡。

衰变链	^{238}U $\xrightarrow{\alpha}$	^{234}Th $\xrightarrow{\beta}$	^{234m}Pa $\xrightarrow{\beta}$	^{234}U $\xrightarrow{\alpha}$	^{230}Th
半衰期	4.468×10^9 a	24.1 d	1.17 min	2.45×10^5 a	7.7×10^4 a

图 2.2.1　从^{238}U 到^{230}Th 的衰变链

^{238}U半衰期为 4.468×10^9 a，如上一节所述，在大洋水中以铀酰络合离子 $UO_2(CO_3)_3^{4-}$ 形式存在，难以被颗粒物吸收。大洋中的^{238}U呈保守分布，停留时间可能达 10^5 a。大洋水中的^{238}U为 40.4 Bq/m^3，^{234}U/^{238}U活度比为 1.14，^{234}U和^{238}U之间呈不平衡状态，但^{234}U和^{238}U保持保守特性。与^{231}Pa性质相似，^{230}Th是典型的颗粒活性核素，易吸附于颗粒物表面并随颗粒物沉降。这样在海洋中，^{230}Th不断由均匀分布于海水中的^{234}U产生，并很快吸附于颗粒物上，随颗粒物沉降，从上层水体中迁出。以上过程的结果是海水中^{230}Th是亏损的，而沉积物中^{230}Th是过剩的。关于利用过剩^{230}Th进行的海洋沉积物测年将在第三章论述。由于^{230}Th是颗粒活性的，又由于海水中的^{230}Th是亏损的，使得生物吸收海水中微量元素的结果是海洋生物骨骼中^{230}Th是亏损的。随着时间的推移，由于^{234}U衰变，介质中^{230}Th不断累积，因此可以进行^{230}Th累积法测年。

2　方法原理

从图 2.2.1 衰变链可以看出，由于^{234}Th和^{234m}Pa半衰期较短，在^{230}Th所能测年的时间尺度内，^{238}U，^{234}U和^{230}Th形成三级衰变，相比较而言，^{234}U半衰期不是很长，且以上还有母体核素^{238}U，所以^{230}Th活度随时间变化比较复杂。如果体系形成时测年材料中不含^{230}Th，则解衰变动力学方程可以得到体系封闭后 t 时刻^{230}Th的活度。

$$^{230}\mathrm{Th}=\frac{\lambda_{230}\ {}^{234}\mathrm{U}_0}{\lambda_{230}-\lambda_{234}}(e^{-\lambda_{234}t}-e^{-\lambda_{230}t})+{}^{238}\mathrm{U}_0\left[\frac{\lambda_{234}\lambda_{230}}{(\lambda_{234}-\lambda_{238})(\lambda_{230}-\lambda_{238})}e^{-\lambda_{238}t}+\frac{\lambda_{234}\lambda_{230}}{(\lambda_{238}-\lambda_{234})(\lambda_{230}-\lambda_{234})}e^{-\lambda_{234}t}+\frac{\lambda_{234}\lambda_{230}}{(\lambda_{238}-\lambda_{230})(\lambda_{234}-\lambda_{230})}e^{-\lambda_{230}t}\right] \tag{2.2.1}$$

式中,λ 的下角标 238,234 和 230 分别表示^{238}U,^{234}U和^{230}Th。如果初时测年介质中^{230}Th不为零,则有

$$^{230}\mathrm{Th}={}^{230}\mathrm{Th}_0e^{-\lambda_{230}t}+\frac{\lambda_{230}\ {}^{234}\mathrm{U}_0}{\lambda_{230}-\lambda_{234}}(e^{-\lambda_{234}t}-e^{-\lambda_{230}t})+{}^{238}\mathrm{U}_0\left[\frac{\lambda_{234}\lambda_{230}}{(\lambda_{234}-\lambda_{238})(\lambda_{230}-\lambda_{238})}e^{-\lambda_{238}t}+\frac{\lambda_{234}\lambda_{230}}{(\lambda_{238}-\lambda_{234})(\lambda_{230}-\lambda_{234})}e^{-\lambda_{234}t}+\frac{\lambda_{234}\lambda_{230}}{(\lambda_{238}-\lambda_{230})(\lambda_{234}-\lambda_{230})}e^{-\lambda_{230}t}\right] \tag{2.2.2}$$

在^{230}Th可测年的时间尺度内,^{238}U的活度不会发生明显的变化,$^{238}\mathrm{U}={}^{238}\mathrm{U}_0$,且有 $\lambda_{234}\gg\lambda_{238}$,$\lambda_{230}\gg\lambda_{238}$,做以下近似:$e^{-\lambda_{238}t}\approx1$,$\lambda_{234}-\lambda_{238}\approx\lambda_{234}$,$\lambda_{230}-\lambda_{238}\approx\lambda_{230}$,式(2.2.1)简化为

$$\frac{^{230}\mathrm{Th}}{^{234}\mathrm{U}}=\frac{\lambda_{230}}{\lambda_{230}-\lambda_{234}}[1-e^{-(\lambda_{230}-\lambda_{234})t}]+\frac{1}{^{234}\mathrm{U}/{}^{238}\mathrm{U}}\left[1-\frac{\lambda_{230}}{(\lambda_{230}-\lambda_{234})}e^{-\lambda_{234}t}-\frac{\lambda_{234}}{(\lambda_{234}-\lambda_{230})}e^{-\lambda_{230}t}\right] \tag{2.2.3}$$

这就是初时不含^{230}Th的^{230}Th累积法测年方程。

如果可以假设^{234}U与^{238}U是衰变平衡的,则^{234}U的活度等于^{238}U的活度,而且是按^{238}U的半衰期随时间变化的,测年方程可简化为

$$^{230}\mathrm{Th}={}^{234}\mathrm{U}(1-e^{-\lambda_{230}t}) \tag{2.2.4}$$

式(2.2.4)与式(2.1.2)完全相同,只是用于不同的核素,写成比值形式,即

$$\frac{^{230}Th}{^{234}U}=(1-e^{-\lambda_{230}t}) \tag{2.2.5}$$

$$t=\frac{-1}{\lambda_{230}}\ln(1-\frac{^{230}Th}{^{238}U}) \tag{2.2.6}$$

3 ^{238}U,^{234}U和^{230}Th测量方法讨论

^{238}U,^{234}U和^{230}Th半衰期较长,在环境样品中有一定的含量,可用质谱方法测量。随着质谱技术的发展,有较多的用质谱测量这3种核素的研究(李献华,1994;马志邦等,1998;彭子成,1997)。以下就用于铀系法测年的放射性计数方法和热电离质谱方法测定3种核素进行部分讨论。

3.1 放射性计数法测量^{230}Th

^{230}Th的一级子体^{226}Ra半衰期为1 600 a,在海洋环境中,^{226}Ra与^{230}Th的地球化学差异很大,很难假设^{226}Ra与^{230}Th达到了衰变平衡,所以一般不用测量子体的方法测量^{230}Th。

大部分研究用α谱方法测量^{230}Th,用^{229}Th或^{228}Th做化学过程回收率(刘广山,2006;陈绍勇等,1991;罗尚德等,1986a,1986b)。也由于人们对^{232}Th进行了大量研究,因此将^{232}Th的测量方法移植到^{230}Th测量上,当然α谱方法可以同时测量^{230}Th和^{232}Th。

也可用γ谱方法测量^{230}Th。^{230}Th衰变发出的γ射线,能量与分支比均比较低。在海洋学研究中,仅深海表层沉积物中的^{230}Th可用γ谱方法测量(刘广山,2006),子体累积法测年不能用γ谱方法测量^{230}Th。

3.2 放射性计数法测量^{238}U和^{234}U

用α谱方法测量^{234}U和^{238}U的研究与应用比较多。

用γ谱方法测量^{238}U的也比较多。γ谱方法测量^{238}U,利用其子体^{234}Th衰变发出γ射线,^{234}Th半衰期为24.1 d,测量前要将样品放置120 d,以保证^{234}Th和^{238}U达到衰变平衡,要不然要进行两次测量。由于^{234}Th发出的γ射线能量和分支比均较低,因此测量精度受到限制。

也可用β计数法测量^{238}U。有较多的文章用^{234m}Pa衰变发出的β射线测量^{234}Th。与γ谱方法测量^{238}U一样,β计数法测量^{238}U也需要将样品放置120 d以上的时间。

最简单、灵敏的测量^{238}U的方法是激光荧光法(刘广山,2006),该方法测定样品中的总铀,由于环境样品中的铀主要是由^{238}U组成的,因此通过

测量总铀可以推算得^{238}U含量。

3.3 热电离质谱法测量铀和钍同位素

热电离质谱法测量铀和钍同位素比值和含量已有近 90 年的历史,但对铀系子体,如^{234}U和^{230}Th的直接测定,一直持续到 80 年代中期才得以初步解决,原因是这些子体核素含量很低,在百年左右的珊瑚样品中,^{230}Th含量只有 10^8 atoms/g,在 120 ka 的珊瑚样品中,^{230}Th含量也只有 10^{11} atoms/g。要对^{234}U和^{230}Th进行高精度测量,应该做到以下两点:①质谱仪器有高的电离效率,使铀和钍在质谱测量中有高的离子流强度;②质谱仪器有高的丰度灵敏度,使强峰^{238}U或^{232}Th的拖尾对弱峰^{234}U或^{230}Th的影响减至很小。

热电离质谱法比放射性计数方法有很多优点(彭子成,1997):①样品用量少,对珊瑚测年千年以下样品用 3～5 g,万年以上样品仅用几百毫克,样品用量不到 α 谱仪方法的 1/10;②计数时间短,测量铀和钍同位素约需 3 h,α 谱仪方法可能要几十小时的计数时间;③测量精度高,1 ka～10 ka 的精度为 1%～3%,10 ka～200 ka 的精度小于 1%,而 α 谱仪方法在 5%～10%范围;④测年范围宽,可以进行 100 a～500 ka 时间尺度的测年,使^{230}Th过剩法测年比半衰期规则期望的范围拓展两个量级。

第三节 ^4He累积法测年

^4He累积法测年也称为$^4He/U$ 比值法。由图 1.2.1 可知,3 个天然放射系的每一次从头到尾的衰变,分别产生 8 个、7 个和 6 个 α 粒子。如果测年介质是封闭体系,则随测年介质形成时间的增加,测年样品中的^4He将逐渐增加。所以测量其中的^4He和 3 个放射系的母体^{238}U,^{235}U和^{232}Th的浓度就可进行年代计算。

天然放射性核素衰变发出 α 粒子,如果体系形成时测年材料中无 α 粒子,且可以保证体系是封闭的,则可以用测年材料中积累的^4He与母体核素的含量测定体系形成的年代。由于^4He是惰性气体核素,因此体系形成时可能不存在^4He,使测年假设成立。同样由于是气体核素,因此天然放射性衰变产生的^4He逃逸可能产生测年误差。

在根据^4He累积法计算百万年的化石样品的年龄时,一般假定^4He的产生率是稳定的，等于样品所含铀产生^4He的通量，且认为子体核素与母体均达到衰变平衡。对于小于百万年的样品，必须考虑初始不平衡状态。一般计算中经常假设样品中不含^{232}Th，而且^{235}U的贡献可以忽略。

同位素地质年代学是从^4He累积法测年开始的。放射性发现不久，1905年卢瑟福就提出用氦累积的数量来测定铀矿物的年龄；之后人们用铀/钍-铅法测量铀矿样品的年龄；随后人们大量开展了利用同位素地质年代学方法研究地球年龄的工作。

海洋学研究中，^4He累积法的测年介质主要是碳酸盐和磷灰岩，目前所报道的可测年时间尺度为$0\sim10^6$ a。

1 方法原理

由于^4He不是放射性的，因此^4He累积法测年不是铀系不平衡意义上的子体累积测年方法，不存在由于子核继续衰变产生的复杂计算（第一章第二节）。但是由于环境样品中总是同时存在3个放射系，因此又使测年过程复杂化。可以将图1.2.1的3个衰变系写成如下方程式。

$$\begin{cases} \text{铀系} \quad {}^{238}U \longrightarrow {}^{206}Pb + 8\ {}^{4}He + 6\beta + Q_1 \\ \text{锕系} \quad {}^{235}U \longrightarrow {}^{207}Pb + 7\ {}^{4}He + 4\beta + Q_3 \\ \text{钍系} \quad {}^{232}Th \longrightarrow {}^{208}Pb + 6\ {}^{4}He + 4\beta + Q_2 \end{cases} \tag{2.3.1}$$

在衰变平衡假设条件下，^4He的产生速率是一定的，在体系封闭t时间后，其中的^4He的量为

$$^{4}He = 8\ {}^{238}U(e^{\lambda_{238}t} - 1) + 7\ {}^{235}U(e^{\lambda_{235}t} - 1) + 6\ {}^{232}Th(e^{\lambda_{232}t} - 1) \tag{2.3.2}$$

在^4He累积法可测年时间尺度内，^{238}U，^{235}U和^{232}Th的活度不会发生明显变化，式(2.3.2)可以简化为

$$^{4}He = (8\lambda_{238}\,{}^{238}U + 7\lambda_{235}\,{}^{235}U + 6\lambda_{232}\,{}^{232}Th)t \tag{2.3.3}$$

也就是说，^4He累积法测年需要同时测量样品中的^{238}U，^{235}U，^{232}Th和^4He。

对海洋碳酸盐和磷灰岩的研究发现，这两种介质中的钍同位素含量很低，所以建立了^{230}Th累积测年方法（本章第二节）。同样的原因，可以假设体系形成时^{232}Th含量为零，由于^{235}U丰度很低，人们提出海洋碳酸盐和磷

灰岩的^{4}He主要是^{238}U及其子体衰变产生的，从方程(2.3.2)可以建立以下测年方程：

$$^{4}\mathrm{He}=8\,^{238}\mathrm{U}(\mathrm{e}^{\lambda_{238}t}-1) \tag{2.3.4}$$

得到

$$t=\frac{1}{\lambda_{238}}\ln\left(\frac{^{4}\mathrm{He}}{8\,^{238}\mathrm{U}}+1\right)=\frac{T_{238}}{\ln 2}\ln\left(\frac{^{4}\mathrm{He}}{8\,^{238}\mathrm{U}}+1\right) \tag{2.3.5}$$

从式(2.3.4)出发，做级数展开，忽略高级项得到 $\mathrm{e}^{\lambda_{238}t}=1+\lambda_{238}t$，所以有

$$t=\frac{^{4}\mathrm{He}}{8\lambda_{238}\,^{238}\mathrm{U}}=\frac{T_{238}\,^{4}\mathrm{He}}{8\,^{238}\mathrm{U}\,\ln 2} \tag{2.3.6}$$

对式(2.3.3)，略去^{235}U和^{232}Th项，也得到式(2.3.6)。

2 ^{4}He测量方法讨论

^{4}He累积方法测年需要测量^{4}He和^{238}U，^{235}U，^{232}Th，简化假设条件下需要测量^{4}He和^{238}U。测量这些核素最普遍使用的测量方法是质谱法。测量^{238}U，^{235}U，^{232}Th多用热电离质谱(thermal ionization mass spectrometer，TIMS)和 ICP-MS。也用放射性计数法测量^{238}U，^{235}U和^{232}Th，本章第一节和第二节已对^{238}U和^{235}U的测量做了讨论，可用 α 谱和 α 计数法测量^{232}Th。环境样品中的钍主要由^{232}Th组成，也可用分光光度法测量总钍，推算^{232}Th。关于更多^{232}Th测量的内容可参看笔者的《海洋放射性核素测量方法》一书。

通常用气体质谱法测量^{4}He(蒋毅和常宏等，2012)。20 世纪末，加州理工学院的科研人员曾采用双样品法来测试^{238}U，^{232}Th和^{4}He的含量，但双样品法的误差较大。后来随着测试技术的发展开发出了单样品法，克服了双样品法的天然缺陷。如今几乎所有的(U-Th)/He 测年实验室都采用单样品法来测试^{238}U、^{232}Th和^{4}He的含量。单样品法进行^{4}He/^{238}U比值法的磷灰石测年有 3 个步骤：①样品制备。采集的岩石样品首先要进行矿物的分选，包括破碎、碾磨、过筛、淘洗、重液分离和磁选分离，得到磷灰石矿物颗粒，然后在显微镜下从分选出来的重矿物中挑选磷灰石晶体。②磷灰石晶体的释气与氦浓度测试。将单颗粒样品放入金属箔容器中，用激光束恒温加热，温度为 1 000～1 300 ℃，时间为 3～5 min，然后对提取出来的^{4}He加

入约 9×10^{-9} mL 的 ^{3}He,在低温条件下(16 K)用活性炭进行富集、纯化,将提纯后 ^{4}He 输入质谱仪,在静态模式下测量 $^{4}He/^{3}He$ 的值。③测量 ^{238}U 和 ^{232}Th 含量。在测试完 $^{4}He/^{3}He$ 的样品中加入示踪剂,如 ^{229}Th 和 ^{233}U 溶液,然后将样品在浓度约 30%的 HNO_3 中溶解,待样品完全溶解并混合均匀后,用等离子质谱仪来测量 $^{238}U/^{233}U$ 和 $^{232}Th/^{229}Th$ 的值。

该实验流程为目前大多数实验室所采用,但不同实验室在具体的细节上可能会有所不同,如加热选用的温度可能有差别,恒温加热时间也不同;测量 ^{238}U 和 ^{232}Th 时,HNO_3 的溶解时间可能不同,而且有的实验室可能会采用加热方式来加速溶解。不同的样品所采用的实验流程可能也会有细微差别。

第四节 ^{228}Th 累积法测年

^{228}Th 累积法也称为 $^{228}Th/^{228}Ra$ 比值法。^{228}Th 半衰期为 1.913 a,适合于 1～10 a 时间尺度的年代测定。文献报道用 $^{228}Th/^{228}Ra$ 比值法,通过测量甲壳中的 ^{228}Th 和 ^{228}Ra,估算甲壳生物的生长年龄。

1 ^{228}Ra 与 ^{228}Th 的海洋生物地球化学

在 3 个天然放射系中,镭同位素都是钍同位素的子体。海水中钍是颗粒活性的,极易吸附在颗粒物上沉积到海底。在沉积物中,钍同位素衰变生成镭同位素,镭同位素解吸进入间隙水,扩散进入上覆水。^{228}Ra 是钍系母体 ^{232}Th 的第一级子体。陆源物质中包含的 ^{232}Th 进入海水后,或与碎屑物质沉积在海底;海水中溶解态的 ^{232}Th 也会吸附在颗粒物上沉积向深层水体,或进入沉积物。在沉积物中,^{232}Th 衰变生成 ^{228}Ra,^{228}Ra 又解吸进入间隙水,向上扩散进入上覆水。海水中的 ^{228}Ra 衰变生成 ^{228}Ac,^{228}Ac 半衰期仅 6.13 h,很快衰变为 ^{228}Th,^{228}Th 又吸附在颗粒物上向海底沉积。海水中具有低的 ^{232}Th 和 ^{228}Th 浓度,和较高的 ^{228}Ra 浓度,且由海水沉积物界面向上,^{228}Ra 浓度逐渐降低。在开阔深水海域,^{228}Ra 浓度呈表层和底层高、中间层低的分布。

镭是亲骨性元素,生物吸收后沉积在骨骼中。由于海水中 ^{232}Th 浓度低,或由于钍同位素生物地球化学特性影响,生物骨骼中 ^{228}Th 亏损,因此可以利用^{228}Ra衰变产生的^{228}Th累积法进行生物年龄测定。

2 方法原理

^{228}Ra和^{228}Th是合适的成对测年核素。^{228}Ra和^{228}Th是钍系核素，从^{228}Ra到^{228}Th衰变链如图 2.4.1 所示，中间子体^{228}Ac半衰期仅 6.13 h，所以假设^{228}Ac与^{228}Ra达到了衰变平衡。

衰变链	^{228}Ra $\xrightarrow{\beta}$	^{228}Ac $\xrightarrow{\beta}$	^{228}Th
半衰期	5.75 a	6.13 h	1.913 a

图 2.4.1 从^{228}Ra 到^{228}Th 的衰变链

^{228}Th累积法通过测定生物甲壳中^{228}Ra和^{228}Th的含量，由壳内^{228}Th/^{228}Ra的活度比计算年龄。对甲壳类生物，假设蜕皮后甲壳在很短时间内生成，从海水中吸收镭和钙，但^{228}Th不被生物吸收，钙化后，其中的^{228}Ra衰变生成^{228}Th，可以得到甲壳中^{228}Ra和^{228}Th的活度随时间按以下关系变化：

$$^{228}\mathrm{Ra}={}^{228}\mathrm{Ra}_0\,\mathrm{e}^{-\lambda_{\mathrm{Ra}}t} \tag{2.4.1}$$

$$^{228}\mathrm{Th}=\frac{\lambda_{\mathrm{Th}}}{\lambda_{\mathrm{Th}}-\lambda_{\mathrm{Ra}}}{}^{228}\mathrm{Ra}\left[1-\mathrm{e}^{-(\lambda_{\mathrm{Th}}-\lambda_{\mathrm{Ra}})t}\right] \tag{2.4.2}$$

式(2.4.1)和式(2.4.2)中，下角标 Ra 表示^{228}Ra，Th 表示^{228}Th。

3 ^{228}Ra与^{228}Th测量方法讨论

^{228}Ra是 β 放射性核素，β 射线能量较低，很少有用自身衰变发出的射线测量^{228}Ra的报道。^{228}Ra的子体^{228}Ac半衰期为 6.13 h，测量时总可等到^{228}Ra与^{228}Ac达到衰变平衡，从而通过测量^{228}Ac达到测量^{228}Ra的目的，可用 β 计数法和 γ 谱方法测量^{228}Ac。

^{228}Th是 α 放射性核素，所以可以用 α 谱方法测量^{228}Th。^{228}Th子体半衰期都很短，^{228}Th之后的衰变链如图 2.4.2 所示，可以利用测量子体衰变发出的射线的方法测量^{228}Th。海洋学中利用^{220}Rn射气法测量海水的^{224}Ra，所以也可用^{220}Rn射气法测量^{228}Th；也用^{212}Pb和^{208}Tl发射的 γ 射线 γ 谱方法测量^{228}Th。

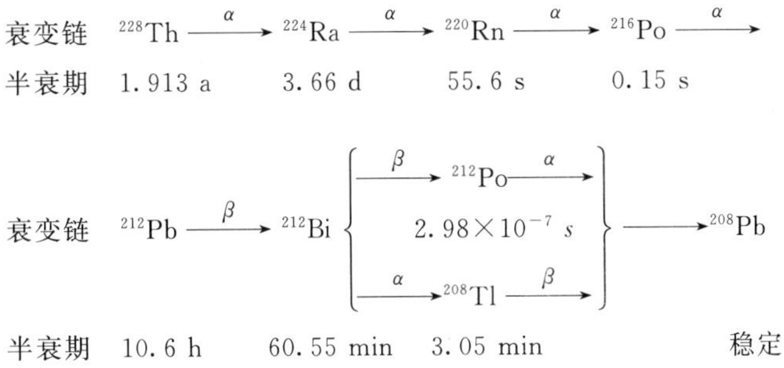

衰变链 $^{228}\mathrm{Th} \xrightarrow{\alpha} {}^{224}\mathrm{Ra} \xrightarrow{\alpha} {}^{220}\mathrm{Rn} \xrightarrow{\alpha} {}^{216}\mathrm{Po} \xrightarrow{\alpha}$

半衰期 1.913 a 3.66 d 55.6 s 0.15 s

$$\text{衰变链}\quad {}^{212}\mathrm{Pb} \xrightarrow{\beta} {}^{212}\mathrm{Bi} \left\{ \begin{array}{c} \xrightarrow{\beta} {}^{212}\mathrm{Po} \xrightarrow{\alpha} \\ 2.98\times 10^{-7}\ s \\ \xrightarrow{\alpha} {}^{208}\mathrm{Tl} \xrightarrow{\beta} \end{array} \right\} \longrightarrow {}^{208}\mathrm{Pb}$$

半衰期 10.6 h 60.55 min 3.05 min 稳定

图 2.4.2 ^{228}Th及子体衰变链

4 活软体生物甲壳年龄的测定

Reyss 等(1996)用^{228}Th累积法测定了蜘蛛蟹(spider crabs *maja squinado*)的年龄,数据结果列于表 2.4.1。从表中数据可能看出蜘蛛蟹甲壳中的^{228}Th相对于^{228}Ra是亏损的,所以用^{228}Th累积法测年的基本假设是近似成立的。

表 2.4.1 蜘蛛蟹甲壳中^{226}Ra,^{228}Ra,^{228}Th含量数据和推算的年龄(Reyss et al.,1996)

样品编号	长度/mm	^{226}Ra/Bq·kg^{-1}	^{228}Ra/Bq·kg^{-1}	^{228}Th/Bq·kg^{-1}	年龄/m
1	136	1.65	3.83	0.38	3.4
2	150	2.18	4.72	1.20	9.2
3	98	2.37	4.88	1.32	9.8
4	146	1.73	4.33	0.28	2.2
5	146	1.92	4.97	0.33	2.3
6	102	3.13	4.43	2.38	22.0
7	119	4.30	5.18	3.73	32.5
8	99	3.82	4.65	3.55	35.3
9	98	4.40	6.37	4.45	31.1
10	109	5.42	7.43	6.07	39.0
11	94	2.35	3.55	0.82	8.3
12	105	2.37	3.83	1.10	10.5
13	114	2.08	3.63	1.08	10.9
14	145	2.07	4.52	0.38	2.9

续表

样品编号	长度/mm	$^{226}Ra/Bq\cdot kg^{-1}$	$^{228}Ra/Bq\cdot kg^{-1}$	$^{228}Th/Bq\cdot kg^{-1}$	年龄/m
15	118	1.97	4.05	0.43	3.6
16	92	2.30	3.53	0.68	6.8
17	138	2.32	4.68	0.93	7.0
18	61	2.47	3.90	0.45	4.0
19	75	1.90	3.95	0.48	4.3
20	110	2.18	3.72	0.62	5.8

假设生物蜕壳后甲壳在短时间内生成，并且在生成过程中从海水中吸收^{228}Ra，但不吸收^{228}Th，之后^{228}Ra衰变生成^{228}Th，在甲壳内累积。甲壳内的^{228}Ra和^{228}Th的活度分别满足式(2.4.1)和(2.4.2)。将文献实测得到的^{228}Ra和^{228}Th(Reyss et al.,1996)代入式(2.4.2)得到的年龄列于表2.4.1中的右边第1列。Bennett 和 Turekian(1984)曾用该方法测定了采集自热液对流区中的蟹壳的年龄，Le Foll 等(1989)测定了浅水中蜘蛛蟹和龙虾壳的年龄。

Reyss 等的研究还发现蜘蛛蟹甲壳中^{226}Ra含量和年龄呈线性关系，如图2.4.3所示。甲壳中^{226}Ra含量 A 与测定得到的年龄 t 存在以下关系：

$$t = 11.333A - 17.449 \quad (2.4.3)$$

$$R^2 = 0.92 \quad (2.4.4)$$

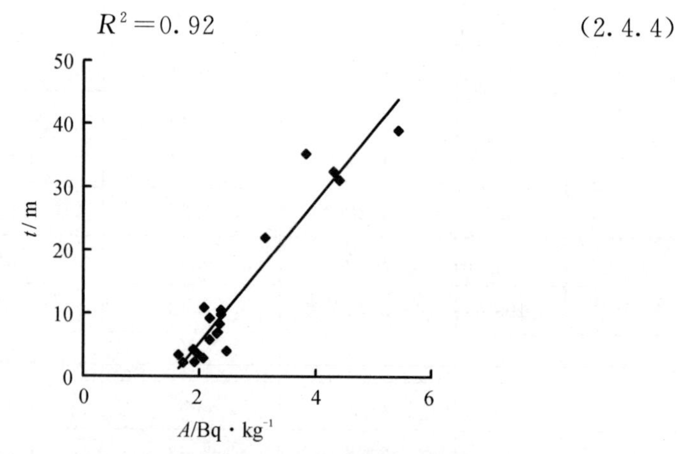

图2.4.3 蜘蛛蟹甲壳中^{226}Ra活度和年龄的关系

(由 Reyss et al.,1996 数据绘制)

第五节 珊瑚礁测年

子体累积法的主要用途是进行碳酸盐年代学研究，典型的测年材料是石笋和珊瑚礁。珊瑚礁由于对生存环境有严格的要求，因此成了研究海平面和气候变化的理想介质。海水中，铀主要以溶解态的形式存在，而钍和镤则是颗粒活性核素，由于颗粒清除，水体中钍和镤的含量会远低于铀，加上海洋生物地球化学过程的影响，生长过程中可以近似认为珊瑚只累积铀，而子体钍和镤来源于铀同位素的衰变。这样就可以用子体累积方法测定珊瑚和珊瑚礁的年龄了。

1 珊瑚和珊瑚礁

珊瑚是腔肠动物门珊瑚虫纲动物的统称，也称珊瑚虫。现生珊瑚约有6 500种，化石珊瑚有数万种。珊瑚均海产，在海洋中分布很广，但主要产于热带和亚热带海域。单体珊瑚虫大小在毫米量级，人们看到的是宏观的珊瑚虫群体。珊瑚幼虫自动固定在先辈的遗骸上，一些会分泌出碳酸盐形成骨架，并与钙质海藻类和贝壳胶结在一起，也称这种胶结体为珊瑚。珊瑚的主要化学成分是碳酸钙($CaCO_3$)，也有一定的有机质。

随时间推移，聚集在一起的群体珊瑚骨架不断扩展，形成珊瑚礁，这种珊瑚又称为造礁珊瑚，主要是石珊瑚。

造礁珊瑚的生长对水温、盐度、水深和浊度有严格的要求：①海水温度不低于18 ℃不高于36 ℃，最佳水温为25～30 ℃；②盐度为27～48 ℃，最适盐度为34～36；③在低潮面与水深50 m间，最佳水深为0～20 m。以上条件是利用珊瑚礁研究海洋环境变化的基础，包括海平面变化、海水温度变化、海水化学成分变化等。这些都是全球变化研究，特别是全球气候变化研究的重要课题。

研究表明，海洋碳酸钙的氧同位素和碳同位素组成是海水温度的函数，所以测量珊瑚化石氧同位素和/或碳同位素组成变化可以用来研究海水温度的变化，最直观的推测是冰期和间冰期交替过程。

海洋生物碳酸盐形成过程中结合海水中的其他元素，像锶(Sr)、铬(Cr)、镁(Mg)等，当然形成珊瑚礁的胶结过程也会结合以上元素。珊瑚中这些元素含量的变化反映海水化学成分的变化。

研究发现，海平面稳定时，珊瑚礁在海平面下平铺发展，但厚度不大；当海平面上升或岛礁下沉时，珊瑚礁向上生长，发育成塔形或柱形。如果某时间段海平面是下降的，则珊瑚礁会露出海面，珊瑚虫会死亡，珊瑚礁停止生长。

2 珊瑚礁测年方法

用于珊瑚礁测年的放射年代学方法有^{14}C方法、^{231}Pa累积法、^{230}Th累积法、^{234}U过剩法、^{210}Pb过剩法、^{4}He累积法和 ESR 法。

2.1 条带法

珊瑚生长具有年轮结构，与树轮类似，我们将其称为条带结构。珊瑚中的条带明暗相间，最可能以年为周期，由于肉眼观察困难，人们建立了 X 射线照相和紫外光成相方法，以及电子显微照相等方法。对现生珊瑚，可以从当年数起，建立年代序列；对化石珊瑚，要找到参考时间点才能确定绝对年代。

2.2 ^{231}Pa累积法

最早应用^{231}Pa累积法测年的是珊瑚礁样品（Ku，1968）。之后，特别是随着质谱学方法的发展，珊瑚礁样品的^{231}Pa累积法测年得到了广泛应用，但是由于样品中的^{231}Pa和^{235}U含量远比^{230}Th和^{234}U低，相对而言，^{230}Th和^{234}U测量比较容易，因此人们更愿意用^{230}Th过剩法进行珊瑚礁测年。

Ku（1968）用^{231}Pa累积法测量了 4 个采集自巴巴多斯的珊瑚礁样品和 1 个活体珊瑚样品。实验取样量为 60～100 g，测量采用化学分离 α/β 计数测量^{231}Pa，用 α 谱方法测量^{235}U。结果给出 4 个珊瑚礁样品和活珊瑚样品的铀含量为 2.62×10^{-6}～3.27×10^{-6} g/g，钍含量在$<0.01\times10^{-6}$～0.01×10^{-6} g/g；珊瑚礁的$^{234}U/^{238}U$活度比为 1.08～1.13，活体珊瑚为 1.14，这是海水中$^{234}U/^{238}U$活度比为 1.14 的最早证据；活体珊瑚$^{230}Th/^{234}U$和$^{231}Pa/^{235}U$活度比小于 0.002，支持体系形成时^{231}Pa为零，其中的^{231}Pa是^{235}U衰变产生的假设。4 个珊瑚礁样品的$^{231}Pa/^{235}U$比值为 0.798～0.987，推算得年龄为 7.9×10^{4}～2.15×10^{5} a，与^{230}Th累积法得到的结果一致。

2.3 ^{230}Th累积法

Barnes 等（Thurber and Broecker，1965）最早提出用^{230}Th累积法进行碳酸岩测年。他们证明活体珊瑚的铀含量为 mg/kg 量级，而且几乎不含

^{230}Th，在珊瑚礁上钻孔越深，其中的$^{230}Th/^{238}U$比值越大，并在更深处(30 m)达到近似平衡比值。这种变化趋势与研究者想用^{230}Th累积法进行珊瑚礁测年的期望一致，之后^{230}Th累积法进行珊瑚礁测年得到了广泛应用。

2.4　^{234}U过剩法

全球范围内，海水中的$^{234}U/^{238}U$活度比等于1.14。珊瑚中的铀源于海水，所以活珊瑚或新形成的珊瑚礁具有与海水相同的$^{234}U/^{238}U$活度比，即珊瑚中^{234}U相对于^{238}U过剩。随时间推移，作为封闭体系，珊瑚礁中过剩的^{234}U将趋于与^{238}U达到衰变平衡，这是^{234}U过剩法测年的基本思想。有较多的研究应用^{234}U过剩法进行珊瑚测年，但是由于^{234}U相对于^{238}U过剩不甚，因此测年效果不如^{230}Th累积法好。

2.5　^{4}He累积法

^{4}He累积法测年报道研究较早，新生代的测年有较多的应用，也有用^{4}He累积法进行珊瑚礁测年的报道。

2.6　^{210}Pb方法

应用^{210}Pb的珊瑚测年研究并不普及，文献所说的铀系不平衡法测年中，对珊瑚的测年主要是子体累积法，即^{230}Th累积法和^{231}Pa累积法。用于珊瑚测年的^{210}Pb方法是子体过剩法。珊瑚中的^{210}Pb过剩可能是^{210}Pb颗粒活性和珊瑚礁胶结形成过程共同作用的结果。国内张晓笛等(2015)用^{210}Pb方法对西沙金银岛和海南鹿回头珊瑚的径向生长速率进行了研究。

2.7　^{14}C方法

在可测年的时间尺度内，^{14}C测年是含碳物质测年首选的方法。珊瑚的化学成分主要是$CaCO_3$，所以人们也用^{14}C方法对珊瑚进行年代学研究。中国应用^{14}C进行珊瑚测年的报道更多一些(见表2.5.1)，但从国外的研究看，铀系法可能更适合于珊瑚测年，时间范围大，准确率也高(见表2.5.2)。

2.8　ESR法

业渝光等对南海珊瑚用ESR方法进行了测年(2003)，对ESR法进行珊瑚礁测年存在的问题进行了研究，并将ESR法与加速器质谱(accelerator mass spectrum，AMS)^{14}C测年、^{230}Th过剩法测年进行了比较研究。

表 2.5.1 中国南海珊瑚礁年代

海域/地区	测年方法	年代/a BP	生长速率	研究目标	研究者
西沙东岛	^{14}C方法	960～1 360		灾难事件记录	孙立广等,2007
西沙金银岛	^{210}Pb过剩法	14～267	20.6～26.5 μm/a	珊瑚径向生长速率	张晓笛等,2015
海南鹿回头	^{210}Pb过剩法	38～237	17.8 μm/a	珊瑚径向生长速率	
海南鹿回头	^{14}C方法	412～7 366		珊瑚礁发育演化	黄德银等,2004
海南鹿回头	^{230}Th累积法	4 270～7 300		TIMS 铀系测年	马志邦等,1998
雷州半岛	^{14}C方法	5 300～6 550		海平面变化	聂宝符等,1997
海南三亚	^{14}C方法、ESR 方法	5 375～9 100		测年方法对比	业渝光和 Donahue 等,1993
琼海东北青葛海域	X 射线照相、^{230}Th累积法	5 308～5 406	1～12 mm/a	亚洲季风季节与年变化	孙东怀等,2007
南沙永暑礁	X 射线照相		10～16 mm/a	气候变化记录	余克服等,2001
南沙永暑礁	^{14}C方法、铀系法	47～1 010		珊瑚礁结构与环境变化记录	余克服和赵建新,2004

3 珊瑚礁的年代学

珊瑚的年生长速率为 mm/a 量级,所以月,甚至周时间尺度的环境参数,像水温、水深、盐度变化都可能被记录并被分辨、释读。也就是说,珊瑚的最低分辨可达 10 d 左右。珊瑚可测年的时间尺度是海底在海平面下停留的时间,按铀系法可测年的时间尺度,应当在 10^5 a。

3.1 珊瑚礁测年条件

(1)待测样品中含有很少的方解石(不超过百分之几)。珊瑚形成时为纯文石,方解石的存在表明可能有再结晶和胶结作用发生,破坏了封闭体系。

(2)珊瑚样品中的铀浓度应为 2～3 mg/kg。经验表明,珊瑚生长时以同样的比例从海水中吸收 Ca,Sr,Ra 和 U,而且珊瑚中具有与海水中相近比例的 U/Ca 含量比。没有证据表明在更新世这种条件发生了变化,所以如果珊瑚化石中的 U/Ca 比发生了变化,则表明珊瑚曾产生过严重的化学

表 2.5.2　太平洋埃尼威托克珊瑚样品中铀含量，铀、钍同位素及其和^{226}Ra的比值与年龄

(Thurber and Broecker, 1965)

序　号	深　度	^{238}U含量		核素含量比					年代/ka BP		
	m	mg/kg	Bq/kg	$^{232}Th/^{238}U$	$^{234}U/^{238}U$	$^{230}Th/^{238}U$	$^{226}Ra/^{234}U$	^{230}Th累积法	^{14}C法	^{234}U过剩法	^{4}He累积法
MU-7-4	3.9～7.2	2.5±0.1	31.1±1.2			0.042±0.008					
		2.5±0.3	31.1±3.7				0.035±0.003	4.5±0.9	3.80±0.15		
MU-7-10	7.2～7.8	3.2±0.1	39.8±1.2			0.061±0.003		6.6±0.4	5.60±0.15		
		2.8±0.3	34.8±0.4		1.15±0.01		0.053±0.004				
MU-7-11	7.2～7.8	2.72±0.03	33.8±3.7	0.002±0.001	1.14±0.01	0.046±0.003	0.037±0.003	5.0±0.3	5.00±0.15		
MU-7-12	10.2～10.8	3.1±0.1	38.6±1.2					5.7±0.6	5.90±0.15		
		3.1±0.3	38.6±3.7				0.041±0.003				
MU-7-13	14.4～15.3	2.9±0.1	36.1±1.2	0.001±0.001		0.58±0.05		100±10			
			2.98±0.03	37.1±0.4		1.08±0.01	0.66±0.02	0.63±0.06			

续表

序号	深度	^{238}U 含量		核素含量比					年代/ka BP		
	m	mg/kg	Bq/kg	$^{232}Th/^{238}U$	$^{234}U/^{238}U$	$^{230}Th/^{238}U$	$^{226}Ra/^{234}U$	^{230}Th 累积法	^{14}C 法	^{234}U 过剩法	^{4}He 累积法
MU-7-23	19. 2～20. 7	2. 7±0. 1	33. 6±1. 2			0. 67±0. 05		115±15	33		
		2. 6±0. 3	32. 4±3. 7		1. 09±0. 01		0. 62±0. 06				
		2. 74±0. 03	34. 1±0. 4	0. 002±0. 001	1. 11±0. 02	0. 68±0. 06	0. 63±0. 06	120±15			120
MU-7-32	24. 0～25. 5	2. 95±0. 06	36. 7±0. 7	0. 020±0. 005	1. 05±0. 02	0. 92±0. 06	0. 84±0. 08	＞220		400±150	175
MU-7-34	24. 0～25. 5	2. 7±0. 1	33. 6±1. 2			0. 79±0. 06		＞220		275±50	
		2. 32±0. 03	28. 9±0. 4	0. 003±0. 001	1. 09±0. 01	1. 02±0. 04	1. 00±0. 05	160±30			
		2. 40±0. 05	29. 9±0. 6	0. 004±0. 001	1. 05±0. 02	1. 02±0. 04	0. 92±0. 07				
MU-7-41	27. 0～29. 1	2. 5±0. 1	31. 1±0. 1			0. 79±0. 06		160±30			
		2. 4±0. 3	29. 9±0. 4		1. 08±0. 01		0. 90±0. 06	210		225±35	
		1. 96±0. 02	24. 4±0. 2	0. 003±0. 001	1. 06±0. 01	0. 82±0. 04	0. 80±0. 08	175±25		325±75	
EN-6-31	30. 0	2. 32±0. 04	28. 9±0. 5	0. 020±0. 005	1. 03±0. 02	0. 91±0. 04	0. 95±0. 07	225±40		550±200	340
EN-9-45	33. 0	2. 22±0. 02	27. 6±0. 2	0. 004±0. 001	1. 06±0. 01	0. 98±0. 04	0. 91±0. 07	＞220		325±75	
AO-1-23	42. 0	4. 45±0. 04	55. 4±0. 5	0. 005±0. 001	1. 00±0. 01	0. 91±0. 04	0. 98±0. 05	235±40		＞700	400
2-9-13	47. 4～48. 9	3. 63±0. 04	45. 2±0. 5	0. 043±0. 005	1. 06±0. 01	0. 75±0. 03	0. 94±0. 07	165±10		325±50	
K-1-16	51. 0	3. 31±0. 03	41. 2±0. 4	0. 002±0. 001	1. 13±0. 01	0. 87±0. 05	0. 77±0. 06	200±40		50±25	900
F-1-1	51. 0～57. 3	3. 20±0. 06	39. 8±0. 7	＜0. 001	1. 08±0. 01	0. 98±0. 03	0. 98±0. 06	＞250		240±20	400

交换。再结晶的珊瑚经常有低的铀含量。

(3)由于海水中^{232}Th的含量极低，珊瑚样品中几乎探测不到^{232}Th，因此珊瑚样品中的$^{230}Th/^{232}Th$活度比应大于 20，当$^{230}Th/^{232}Th$活度比小于 20 时，样品的可用性受到怀疑。

3.2 珊瑚礁铀系核素的地球化学与不同方法珊瑚礁测年的一致性

Thurber 和 Broecker(1965)用^{230}Th累积法测定了珊瑚的年龄，并与^{234}U过剩法、^{14}C法和^{4}He累积法的测年结果进行了比较。表 2.5.2 是测年用核素活度比和测定得到的年龄。通常认为^{230}Th累积法得到的年代数据比较准确，所以经常将其他方法得到的结果与^{230}Th累积法的结果进行比较。

(1)在表 2.5.2 中，不同样品中的铀含量是一致的，在 24.5～55.4 Bq/kg。

(2)珊瑚礁中的钍(^{232}Th)含量低，测年的假设是成立的。

(3)$^{226}Ra/^{230}Th$比值与样品的年龄是一致的。当年龄超过 70 000 a 时，样品中的$^{226}Ra/^{230}Th$比值在实验误差范围内应当等于 1；当样品年龄在 7 000～70 000 a时，样品中的^{226}Ra随时间的推延增长；年龄小于 7 000 a 的样品受形成时，^{226}Ra含量的影响。

(4)在已有^{14}C年代数据的范围内，^{230}Th累积法得到与^{14}C法一致的年龄。

(5)^{234}U过剩法的年代数据与^{230}Th累积法离散较大，珊瑚中$^{234}U/^{238}U$比大于 1，说明珊瑚中的铀来源于海水。

3.3 中国南海一些珊瑚礁测年

中国的珊瑚主要生长于南海，而且整个南海均可见分布，但以南沙海域为主。中国的珊瑚礁测年以^{14}C方法为主，其次是^{230}Th累积法。测定的样品年龄在 14～9 100 a，^{14}C的年代数据远远超出半衰期规则的可测年下限。表 2.5.1 所列珊瑚生长速率差异并不大，纵向生长速率为 10～16 mm/a，径向生长速率为 17.8 ～26.5 μm/a。除对珊瑚生理学研究外，南海珊瑚研究的主要目的是了解海洋环境变化。

3.4 一些海域珊瑚礁测年研究结果

表 2.5.3 是一些海域珊瑚礁的测年方法和测年结果，所用的方法主要有条带法和铀系法，^{230}Th累积法，用得最多，给出珊瑚年代在 19 a～550 ka，年度跨度很大。除测年外，研究内容大都是环境变化。

表 2.5.3 一些海域珊瑚礁年代

海域/地区	测年方法	年代/ka BP	生长速率	研究内容	研究者
西南太平洋大堡礁	紫外线和X射线条带法	0.420		用 $\delta^{18}O$、Sr/Ca比、U/Ca比研究表层水温、盐度变化	Hendy et al., 2002
美国佛罗里达	密度条带法	0.240	7.87 mm/a	用 $\delta^{18}O$ 方法研究降水变化	Swart et al., 1996
太平洋埃尼威托克环礁	^{230}Th 累积法、^{234}U 过剩法、^{4}He 累积法、^{14}C 法	0.4～550		铀系测年	Thurber and Broecker, 1965
巴哈马	^{230}Th 累积法	80～195		铀系测年	Broecker and Thurber, 1965
佛罗里达	^{230}Th 累积法	90～>300		铀系测年	
热带中太平洋巴尔米拉	^{230}Th 累积法	0.048～0.684		活体珊瑚和年青珊瑚礁铀系法测年	Cobb et al., 2003
巴巴多斯	^{231}Pa 累积法	<0.100～215		珊瑚礁 ^{231}Pa 测年方法	Ku, 1968
瓦努阿图	条带法、^{230}Th 累积法	0.019～6.162		地震记录研究	Edwards et al., 1988
波照间岛	^{230}Th 累积法、^{234}U 过剩法	1.6～309.7		珊瑚成岩过程	Henderson et al., 1993
巴巴多斯	^{230}Th 累积法	0.132～402		过去的海平面变化	Gallup et al., 1994
夏威夷、土阿莫土、库克岛、西澳大利亚、毛里求斯、塞舌尔	^{230}Th 累积法、^{234}U 过剩法	80～180		上新世海平面研究	Veeh, 1966

第六节　海洋磷灰岩测年

磷灰岩(phophorite),或称磷钙土,是矿产资源,主要用途是农业用肥和各种形态的磷与化合物生产原料。磷灰石的形成研究一直是地质学家关心的课题,而且磷灰石也可用作海洋与陆地环境变化的记录介质。

1　海洋磷灰岩

磷灰石是磷灰岩的主要组成成分,是一类含钙的磷酸盐矿物的总称,化学通式为$(X_5ZO_4)_3(F,Cl,OH)$,式中X代表Ca,Sr,Ba,Pb,Na,Ce,Y等,Z主要为P,还可为As,V,Si等。最常见的矿物是氟磷灰石$Ca_5(PO_4)_3F$,其次有氯磷灰石$Ca_5(PO_4)_3Cl$、羟磷灰石$Ca_5(PO_4)_3(OH)$、氧硅磷灰石$Ca_5[(Si,P,S)O_4]_3(O,OH,F)$、锶磷灰石$Sr_5(PO_4)_3F$等。一般磷灰石晶体呈带锥面的六方柱;集合体呈粒状、致密块状、结核状;呈胶体形态的变种称为胶磷灰石,其矿石称为胶磷矿。

磷灰石有3种生成方式,分别生成于火成岩、沉积岩和变质岩中。生成于火成岩中的为内生磷灰石,一般作为副产物,在基性或碱性岩石中富集;生成于沉积岩中的为外生磷灰石,是由生物沉积或生物化学沉积形成的,一般为结核状;生成于变质岩中的磷灰石是经区域变质生成的。

陆地,包括海岛和海底,赋存大量磷灰岩。海洋磷灰岩有磷灰石、磷块岩、磷钙土、磷酸盐小球体、鸟粪石、磷灰石结核等说法,英文名有phosphorite,phosphate rock,phosphorite pellet,apatite,phosphate nodule;是一种复杂的磷酸盐岩,以碳氟磷灰石$[Ca_{10}(P,C)_6(O,F)_{26}]$为主要成分,还含有氯磷灰石$[Ca_5(PO)_3Cl]$、羟基磷灰石$[Ca_{10}(PO_4)_6(OH)_2]$、和氟磷灰石$[Ca_5F(PO_4)_3]$(刘晖等,2014)。磷灰石类矿物中,$P_2O_5$的含量变化较大,由百分之几至百分之十几变化,但很少超过30%。

海洋磷灰岩可以分为大陆边缘型和海山型。大陆边缘磷灰岩主要产于大陆架浅海区,可能与沿岸上升流、边界流有关,主要分布于非洲西岸、北美东岸、美洲西岸等陆架及陆坡区;海山型磷灰岩主要产于西太平洋海山区,少量分布于西南太平洋和印度洋东部海山区(见图2.6.1)。另外,一些岛屿上也有以鸟粪石形式存在的磷灰岩,如太平洋的瑙鲁岛、大洋岛、马塔伊瓦岛和印度洋的圣诞岛等(刘晖等,2014)。

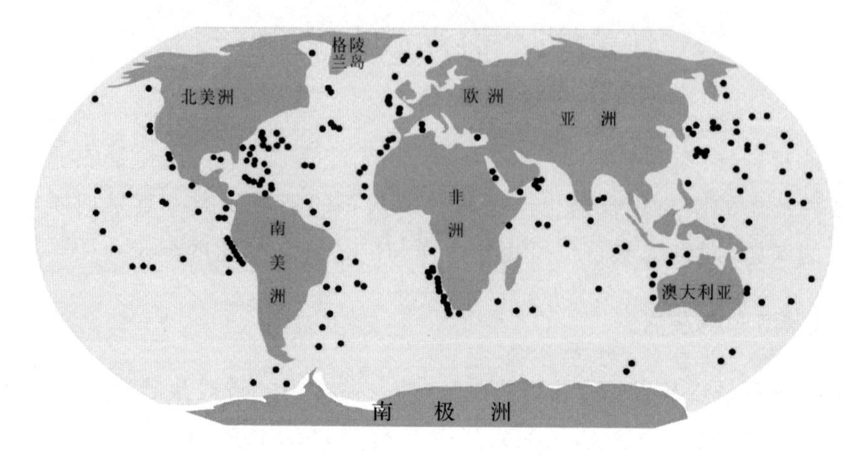

图 2.6.1　海底磷灰石分布(据刘晖等,2014 改绘)

2　测年方法

见报的用于磷灰石测年的方法主要有铀系法、锶同位素方法、^{4}He累积法和裂变径迹法。用于海洋磷灰石测年的主要是^{230}Th累积法,也有用^{231}Pa累积法和^{226}Ra方法进行海洋磷灰石测年研究的报道(Veeh,1982)。^{4}He累积法和裂变径迹法在陆地磷灰岩研究中得到了广泛应用。

2.1　铀系法

磷灰石铀含量很高,可达 10～500 mg/kg,而钍含量又相当低(Батурин and Коченов,1976;伊凡诺维奇和哈蒙,1991;Ivanovich and Harmon,1992;金庆焕,2001),形成与珊瑚极为相似的测年体系,即磷灰石是一个初始只含铀的测年体系,所以可以用子体累积法测年。

陆地磷灰岩和老的海底磷灰岩的^{234}U/^{238}U活度比小于海水比值 1.14,甚至小于 1,意味着磷灰石中^{234}U比^{238}U易于丢失。在新形成的海洋磷灰石中,具有与海水相近的^{234}U/^{238}U活度比。与珊瑚生长于氧化性好的开阔水域不同,磷灰岩形成于富含有机物质的缺氧沉积物中,其中的铀可能来源于沉积物孔隙水,而不是上覆水,所以磷灰岩中的^{234}U/^{238}U活度比甚至比海水的 1.14 还高。

研究发现,海洋磷灰石具有低的^{232}Th含量,由于不能假设体系形成时的^{230}Th为零,一些研究假设海底磷灰石中的^{230}Th和^{232}Th均来自上覆水中的颗粒物沉积,应当与海洋表层沉积物有相同的初始^{230}Th/^{232}Th活度比。

Burnett 和 Veeh(1977)曾建议初始$^{230}Th/^{232}Th$活度比等于 4。对封闭体系,在铀系法测年的时间尺度内,由于衰变^{232}Th浓度不会发生明显变化,因此可以通过测定^{232}Th推算初始^{230}Th活度。后来的研究认为磷灰石中$^{230}Th/^{232}Th$活度比可能小于 4。Jahnke 等(1983)给出下加利福尼亚滨外上升流区的磷灰岩酸可溶份额中的$^{230}Th/^{232}Th$比值为 1.4～1.7。

铀系法进行磷灰岩测年受到一些限制。海洋磷灰岩除磷灰石外,组成成分还有海绿石、生物蛋白石、碳酸盐和有机质。研究表明,铀在磷灰石中,但钍在其他成分中,早期的分析方法通常并不能将磷灰石和其他成分分离,特别是年青样品,测量时会引进误差。

2.2 锶同位素方法

经过多年的研究,人们建立了海水中锶同位素$^{87}Sr/^{86}Sr$比随时间变化曲线——海洋锶同位素曲线(McArthur et al.,2001)。通过测定沉积物或其他记录介质的$^{87}Sr/^{86}Sr$比值,与海洋锶同位素曲线进行比较可以得到沉积物形成的年代。目前的海洋锶同位素曲线已扩展到 500 Ma(Gradstein et al.,2012),图 2.6.2 所示是 0～260 Ma BP 的海洋锶同位素曲线。Hein 等(1993)对铁锰结壳磷灰岩层进行了锶同位素测年。

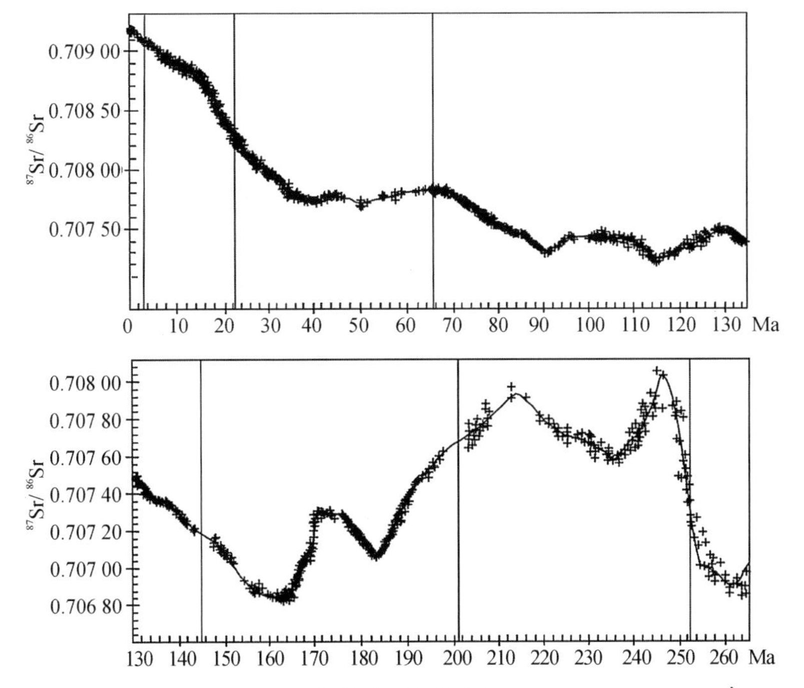

图 2.6.2 0～260 Ma 的海洋锶同位素曲线(Gradstein et al., 2012)

2.3 ^{4}He累积法

磷灰石的He封闭温度是目前的定年体系中最低的，所以它能用来研究低温环境的历史，在低温年代学领域有很好的应用前景(蒋毅和常宏，2012)。

影响^{4}He累积法测年的主要因素是^{4}He在样品介质中的扩散、α粒子射出和辐射损伤。

人们将^{4}He累积法用于造山带地质体的演化研究、古地形研究、盆地演化研究和矿床年代学研究(邬宁芬和周祖翼，2001；蒋毅和常宏，2012)，研究的时间尺度1 Ma～100 Ma。

2.4 裂变径迹法

裂变径迹法在磷灰石测年中也得到了广泛应用，但海洋磷灰石测年的应用还很少报道。

地质历史时期，有3个重要的成磷期(路凤香和桑隆康，2002)：①新元古至早寒武纪；②二叠纪；③白垩纪晚期到第三纪。白垩纪到第三纪包含海底磷灰岩形成时期，而前两个时期的磷灰岩主要分布在陆地环境中。裂变径迹法研究包括沉积盆地的演化、造山带古地形重建、新生带岩石剥蚀过程等(周祖翼，2014)。

3 年代学特征

3.1 海洋磷灰岩

由于海洋磷灰石仍在生长中，因此可以预期有非常新的磷灰石样品。研究给出海洋磷灰岩的年龄分布为从0到^{230}Th累积法可测年的时间尺度(Burnett and Veeh，1992)。

对采自秘鲁-智利附近海域、东澳大利亚附近海域、纳米比亚陆架、太平洋加利福尼亚外海和西印度陆架的磷灰石样品作$^{234}U/^{238}U$-$^{230}Th/^{234}U$等时线图，发现实验数据形成满足期望测年条件的趋势，即铀在矿物形成时，或与^{230}Th半衰期相比，短时间内进入磷灰石，$^{234}U/^{238}U$活度比等于现代海水的比值1.14；磷灰石对铀及其子体是封闭体系；很少数据落在标准偏差2倍范围之外，对不同形态的磷灰石不存在明显的差异。

开阔海域海底磷灰岩为球状结核。Burnett等(1982)对采集自秘鲁近海陆架的磷酸盐结核用^{230}Th累积法测年进行了生长速率研究，得出结核的生长速率为1～10 mm/ka，进一步的计算发现结核底层的磷累积速率等于沉积物空隙水溶解态磷向上的扩散通量。随后的研究发现可能存在更低的生长速率和生长间断(Kim and Burenett,1985)。

Kim 和 Burnett(1986)用^{226}Ra和^{230}Th方法研究结壳状磷灰岩,给出的生长速率为 12～13 mm/ka,并发现其中铀与磷酸盐含量相关,而钍与酸不溶的成分紧密相关,结壳最老部分包含高含量的碳酸盐,但氟与磷酸盐的比值比较恒定。

3.2 铁锰结壳磷灰岩层的年龄

海洋铁锰结壳主要由铁和锰的氧化物和氢氧化物组成,是最具潜在经济价值的海底矿产资源之一(Manheim,1986;Halbach et al.,1982)。一些结壳中具有较高含量的钴、镍、铜、锌等贵重金属,又被称为富钴结壳或多金属结壳。作为矿藏,在进行储量分布调查及开采方式研究的同时,生长过程成为铁锰结壳的主要基础研究内容(Burns and Burns,1975)。研究表明,海洋铁锰结壳主要生长在新生代(0～65 Ma),最早可能形成于晚白垩纪。构造运动和气候变化可能使进入海洋的物质成分发生变化,与大洋环流变化相叠加,使海水温度和水体化学成分发生变化(Zachos et al.,2001)。自然条件下,矿物的形成与生长受环境条件的制约。各种机制引发的铁锰结壳所处水体参数发生变化,从而使结壳的生长过程及其中结合的成分随时间发生变化。

厚度在 5 cm 以上的铁锰结壳可以分为新壳层和老壳层两个部分,老壳层形成于新壳层形成之前,其中的磷灰石含量远高于新壳层,文献认为磷酸盐化事件的发生使之前形成的结壳(old generation)成分发生交代过程(replacement),一些元素进入结壳,取代另外一些元素,增加进来的元素主要有 Ca、P 等。锶同位素年代学得到铁锰结壳磷灰岩层的形成年代主要在21 Ma～27 Ma 和34 Ma～39 Ma,而且主要形成于后一个年代(Hein et al.,1993)。由于 Hein 等使用锶同位素测年,用与海水锶同位素曲线比较的方法,给出的海山磷灰石的生成年代主要在 34 Ma～39 Ma,因此该方法存在不确定性。当年龄在 35 Ma～60 Ma 时,海水锶同位素曲线变化不明显(见图 2.6.2,McArthur et al.,2001),所以 35 Ma 的老样品与 60 Ma 的老样品可能有相近的锶同位素值。实际上,Hein 等(1993)将结壳作为一个样品测年的,所得到的年代数据是整个老壳层的平均值。从这一点上来说,对磷酸盐化研究,需要对含磷酸盐的老壳层进行分层测年。

3.3 岛屿磷灰石

岛屿上的磷灰石被认为是由鸟粪形成的,所以其中的铀和钍既可能源于海洋,也可能源于陆地。

Roe 等(1983)在斐济劳群岛(Lau Group)的瓦努阿瓦图(Vanua Vatu)和图武卡(Tuvuca)分别采集样品,用等时线方法,估算了两个岛磷灰岩的形成年代,所用等时线方程为

$$\frac{^{230}\mathrm{Th}}{^{232}\mathrm{Th}}=\frac{^{234}\mathrm{U}}{^{232}\mathrm{Th}}(1-\mathrm{e}^{-\lambda_{230}t})+\left(\frac{^{230}\mathrm{Th}}{^{232}\mathrm{Th}}\right)_0\mathrm{e}^{-\lambda_{230}t} \tag{2.6.1}$$

结果给出瓦努阿瓦图岛的磷灰岩的年龄为(111±15)ka,图武卡岛的磷灰石年龄大于 300 ka。研究发现,样品中的^{234}U/^{238}U活度比接近 1,说明两个岛上的磷灰岩的物源不是海水。

Veeh 和 Burnett(1978)用^{230}Th累积法测年,研究了密克罗尼西亚埃邦环礁(Ebon atoll)磷灰岩和珊瑚(文石)的形成时间分别为 4 ka 和 5 ka。研究发现,两种样品中钍含量均很低,^{230}Th是亏损的,^{230}Th/^{234}U活度比分别为 0.035 和 0.043。

对采自太平洋和印度洋岛屿磷灰岩作^{234}U/^{238}U-^{230}Th/^{234}U等时线图,落在标准偏差 2 倍之外的数据占 25%,海拔较高的岛屿较老的样品,可能是地表风化的产物,具有低的^{234}U/^{238}U活度比(Burnett and Veeh,1992)。

第七节　海洋热液沉积测年

海底热液沉积是人们发现的海底贵重金属矿藏。为了与热液矿床区分,人们建议用热水表示,包括热水矿物、热水矿床、热水沉积等说法(陈先沛等,1992;钟大康等,2015)。依笔者的理解是,两者都是热液,只是作用过程中参与者不同,过程有差别,结果也不同而已,因此本书仍用“热液”两字,分别有热液矿床、热液矿物和热液沉积的说法,并在之前加上“海洋”或“海底”作为定语。

尽管人们注意到海底热液沉积是潜在的矿物可追溯到 19 世纪初,但较大量的研究是最近几十年的时间(Depowski et al.,2001)。海底热液沉积的形成机制在很多方面还有待研究,由于大多数赋存于约 2 000 m 以上水深的海底热液活动区,开采难度大,因此仍处于研究与调查阶段。热液沉积测年研究矿物形成持续时间和形成到现在的时间。目前见报的热液矿物形成持续时间在几年到几百年的时间尺度;热液矿物形成到现在的时

间尺度在 10～10^5 a。较多的文章研究热液沉积形成到现在的时间，通过测年研究形成持续时间的文章较少。

形成于扩张中心热液口的热液沉积，由于海底扩张，随板块向远离扩张轴的方向移动，因此对离热液口有一定距离的热液沉积测年，可以研究洋壳运动速率。

1　海底热液矿物

海底热液活动多发生在地质构造不稳定的区域，像洋中脊、热点、弧后盆地等（杜同军等，2002；吴世迎，2000），以洋中脊研究为多。在这些海域，岩石圈存在裂隙，海水顺着地壳裂隙下渗至地壳深部被加热，流动过程中，沥取岩层中的金、银、铜、铁、锌、铅等金属后从热液口喷出。进入上覆水，热液中的这些元素，与海水进一步反应，形成化合物，沉积在附近的海底，形成海底矿床——热液多金属矿物。在热液研究过程中发现，以上过程可以形成许多矿物，如金属硫化物、硫酸盐、氧化物、氢氧化物、碳酸盐、硅酸盐等，但目前的研究认为，最有价值和开发远景的是硫化物，所以通常称为热液硫化物（volcanogenic massive sulphide ore deposits，VMS）。

喷出热液口的热液与上覆海水混合后形成的化合物，会像天女散花般地四散落下，沉积于热液口周围，形成堆积物，日积月累，在热液口周围堆积物越垒越高，形成中空的柱，柱中会喷出热液，人们形象地称之为烟囱。这一过程历经的时间很短，一般来说，从一个热液口开始喷发到最终"死亡"，可能只要十几年到几十年，但累积的矿物量却很大。如果喷发的热液是低温的（100～320 ℃）与海水反应生成白色化合物，则堆积而成的是"白烟囱"；如果喷发的是高温热液（320～400 ℃）与海水反应生成黑色化合物，则堆积而成的是"黑烟囱"（钟大康等，2015）。

研究发现，热液沉积过程有一定的规律，它们依一定的次序逐步沉积下来，最先沉积出来的是硫化物，包括闪锌矿、黄铜矿、黄铁矿、白铁矿、方铅矿等，其次是硅酸铁，最后是氧化铁和氧化锰。所以不同热液矿物沉积物代表着矿化溶液演化的不同阶段（Binns and Scott，1993；杜同军等，2002），硫化物沉积物发生于演化阶段的早期，铁锰氧化物形成于晚期。

2　测年方法

见报的用于热液沉积测年的方法有 ^{230}Th 累积法、^{210}Pb/Pb 比值法、

^{228}Th累积法、$^{228}Ra/^{226}Ra$比值法和 ESR 法，以^{230}Th累积法用得最多。

2.1 ^{230}Th累积法

^{230}Th累积法是见报的热液沉积测年应用最多的。大多数研究者在测定^{230}Th和^{234}U的同时，测定了样品中的^{232}Th和^{238}U，发现样品中的^{232}Th浓度比^{238}U低 3 个量级，同时^{230}Th的活度低于^{234}U；年龄小的样品中的$^{234}U/^{238}U$活度比接近海水中这两种核素活度比 1.14，年龄稍老的样品中的$^{234}U/^{238}U$活度比稍低于 1.14，但仍大于 1。以上表明，样品中的铀同位素源于海水，即在热液与海水反应时颗粒物吸取了海水中的铀，同时也表明，可用子体累积法测年。对钍，有两方面可能的推测：一是海水中具有低的钍浓度，所以热液沉积矿物形成时样品中具有低的钍同位素浓度；二可能是由于反应过程中颗粒物结合钍的效率低造成的。

2.2 $^{210}Pb/Pb$ 比值法

用$^{210}Pb/Pb$ 比值法进行热液沉积物测年的文章较多。研究认为，热液矿物中的 Pb 来自热液从玄武岩的沥取。

假设母核半衰期比子核长得多，由第一章式(1.2.12)可以得到$^{210}Pb/Pb$ 比值法的测年方程为

$$^{210}Pb = {}^{226}Ra_0(1-e^{-\lambda_{210}t}) + {}^{210}Pb_0 e^{-\lambda_{210}t} \tag{2.7.1}$$

或写成如下形式：

$$^{210}Pb - {}^{226}Ra = ({}^{226}Ra - {}^{210}Pb_0)e^{-\lambda_{210}t} \tag{2.7.2}$$

$$^{210}Pb_0 = \left(\frac{^{210}Pb}{Pb}\right)_p Pb_m \tag{2.7.3}$$

式(2.7.1)～式(2.7.3)中，^{210}Pb，Pb_m和^{226}Ra分别表示测量得到的热液硫化物样品中的^{210}Pb活度(Bq/kg)、Pb 浓度(mg/kg)和^{226}Ra活度(Bq/kg)；λ_{210}为^{210}Pb的衰变常数；$\left(\frac{^{210}Pb}{Pb}\right)_p$ 为热液口颗粒物的^{210}Pb和 Pb 浓度比(Bq/mg)。

^{210}Pb可测年的时间尺度在 100 a 内，一些文章认为在 200 a 以内。

从文章发表的数据看，热液硫化物中^{210}Pb相对于^{226}Ra过剩，所以$^{210}Pb/Pb$比值法是子体过剩法测年(第三章和第四章)。海底热液硫化物测年是一个样品测年，不像第四章要叙述的是系列样品测年，主要估算沉积速率，通

过沉积速率建立年代序列。

在^{210}Pb测年的时间尺度，可以认为半衰期为 1 600 a 的^{226}Ra的活度不存在明显的变化。用式(2.7.1)和式(2.7.2)计算年代，式中的$^{210}Pb_0$是必须知道的，也属于子体核素不为零的测年方法。之所以称为^{210}Pb/Pb 比值法，是因为^{210}Pb的初始活度$^{210}Pb_0$要通过测量样品中的 Pb 浓度，并根据热液口颗粒物的^{210}Pb/Pb 比值计算得到。

2.3 ^{228}Th累积法

Moore 和 Stakes(1990)用^{228}Th 累积法对马里亚纳海沟烟囱硫化物——重晶石进行了测年，数据结果表明，样品中^{228}Th相对于^{228}Ra是亏损的，所以可以用子体累积法测年，测年时间尺度为 1～10 a。与其他钍同位素的情况类似，热液与海水反应过程中可能很少结合^{228}Th，而结合^{228}Ra，在海水沉积物界面有高的镭同位素浓度，所以热液硫化物可结合较多的^{228}Ra。研究测定的同批样品中有高的^{226}Ra，^{226}Ra在硫化物和海水之间的分配系数可达 10^3～10^4，富集效率很高，也支持^{228}Th累积法测年。

2.4 ESR 法

重晶石($BaSO_4$)在海底沉积物环境中普遍存在，早在 1991 年 Kasuya 等就提出由于具有剂量响应和热稳定性，重晶石是可能的 ESR 测年材料。Okumura 等(2010)首先将 ESR 法应用于热液重晶石测年。Takamasa 等(2013)用^{230}Th累积法和 ESR 法对采集自南马里亚纳海沟的含重晶石硫化物壳进行了测年。

通常重晶石具有低的铀、钍和钾含量，但却有高的^{226}Ra含量，这就意味着重晶石矿物中的^{226}Ra是产生自旋共振电子的主要辐射源(Takamasa et al.,2013)。

3 年代学特征

海底热液矿物发现的初期，人们并不重视热液活动的时间问题。随着研究的深入，巨大的热液水羽伴随着火山活动被发现，并发现有突然的热液活动变化，时间尺度成了一个问题，热液活动长期变化在矿床形成方面也引起注意。

表 2.7.1 是一些海洋热液沉积的测年结果。从表中可以看出，主要的测年介质是硫化物，黑烟囱样品其实也是硫化物。^{230}Th累积法和^{210}Pb/Pb

比值法用得最多，但这两种方法测量的不是同一批样品。王叶剑给出的两种方法的结果尚有可比性，其他作者给出的两种方法的结果差异较大。^{210}Pb/Pb方法得到的硫化物年龄在 0～256 a，该法用于测量还在活动的热液口附近的硫化物沉积，或刚刚不再喷发的热液口附近的硫化物矿物样品；^{230}Th累积法测定的年代在 1 ka～400 ka，测定的样品可能离热液口有一定距离，或是一定时间未喷发的热液沉积。

表 2.7.1 一些热液沉积的测年结果

采样海区	样　品	测年方法	年代/BP	研究者
东太平洋海隆，21°N	硫化物沉积	^{230}Th累积法	2.4 ka～36.5 ka	Lalou and Bricket，1982
		^{210}Pb/Pb 比值法	23～61 a	
大西洋中脊 TAG 区	块状硫化物沉积	^{230}Th累积法	2.63 ka～38.15 ka	You and Bickle，1998
大西洋中脊	块状硫化物	^{230}Th累积法	63.3 ka～176.2 ka	Kuznetsov et al.，2015
西南印度洋扩张脊，63°56′E	块状硫化物	^{230}Th累积法	12.5 ka～69.8 ka	Münch et al.，2001
南马里亚纳海槽	硫化物壳	^{230}Th累积法	300～2 170 a	Takamasa et al.，2013
		ESR	370～1 690 a	
中印度洋中脊 Kairei，25°S	硫化物，水深 2 430～2 443 m	^{230}Th累积法	8.4 ka～96.3 ka	Wang et al.，2012
		^{210}Pb/Pb 比值法	83～173 a	
马里亚纳海槽	烟囱重晶石硫化物	^{228}Th累积法	0.47～2.30 a	Moore and Stakes，1990
大西洋中脊 TAG 区	化石黑烟囱样品	^{230}Th累积法	9.4 ka～>400 ka	Lalou et al.，1993
	新黑烟囱样品	^{210}Pb/Pb 比值法	0～<9 a	
大西洋中脊 Snakepit	化石黑烟囱样品	^{230}Th累积法	0.875 ka～4.2 ka，350 ka	
	新黑烟囱样品	^{210}Pb/Pb 比值法	<4～256 a	
中印度洋脊 Edmond 热液区	硫化物	^{230}Th累积法	906 a	王叶剑等，2013
		^{210}Pb/Pb 比值法	88～>200 a	

Takamasa 等(2013)用铀系法和 ESR 法测量了同一批样品，而且得到

的结果是一致的。

文献报道的测量样品均采集自洋中脊，更大年龄的热液沉积可能由于远离热液口，已被沉积物覆盖，不再裸露在沉积物表面，可能要钻取岩芯研究。

热液沉积测年研究还很不系统，也很少就同一海区不同年代形成的热液硫化物矿物进行测年，并研究海底热液硫化物的形成过程，推演热液口的喷发历史。

第八节　考古样品铀系法测年

考古学根据人类社会的遗存研究人类的历史。人类学界大多认为人类进化系统是按从前人（以南方古猿为代表）到能人再到直立人、早期智人和晚期智人的顺序演化的。

世界各地均发现有人类化石。根据分子人类学的研究，最早从猿分化出来人的时间在距今 7 Ma～8 Ma，发现的能够直立行走的东非南方古猿化石是 4 Ma 年前；最早的能人化石距今 2.4 Ma BP，直立人最早在约 2 Ma BP出现于非、欧、亚各洲；继直立人之后出现智人。智人一般分为早期智人和晚期智人，早期智人在距今大约 200 ka 前出现，在亚、非、欧的许多地点都有化石发现。晚期智人也叫现代智人，是指解剖结构上的现代人，在距今大约 100 ka 前出现。

按以上所叙，人类考古测年的时间尺度为 7 Ma BP 至历史时期。考古测年的铀系法主要有 ^{231}Pa 累积法、^{230}Th 累积法和 $^{231}Pa_{ex}/^{230}Th_{ex}$ 比值法，可能的测年时间尺度为 10 ka～1 Ma。

1　考古样品与测年方法

用于考古测年的样品是在考古遗址中发现的物品。地质历史时期的考古测年样品包括人类和动物的遗骸，火山碎屑，植物化石、孢粉等。历史考古的测年样品除以上物品外，制品也是测年的主要材料，包括生活用品、棺椁用材料、艺术品等陪葬用品。木制品、人类遗骨及动物遗骸，由于特别适合于 ^{14}C 测年，因此是考古测年的主要样品。

^{14}C 测年是应用最多的考古测年方法，但是仅适合于 2 ka～50 ka 时间

尺度的测年。通过几十年的对方法学研究的努力，人们将^{14}C的测年上限提高到100 ka。历史考古、新石器时期考古，或者旧石器时期晚期，即晚期智人出现后，可用^{14}C方法测年；对旧石器时期早期的考古，^{14}C测年不再可行。

目前已有很多其他方法用于考古测年，包括K-Ar法、裂变径迹法、热释光法、光释光法和ESR法。测年样品是火山碎屑岩、碳酸盐、磷灰盐等。利用火山碎屑的测年，适用于人类活动地层和火山碎屑交替沉积的地层剖面测年，剖面中应当包含相当量的火山喷发物碎屑岩，满足这种条件的考古遗址其实很少。

生物地层法主要利用脊椎动物化石进行地层划分，也是考古测年的常用方法。孢粉法、氨基酸外消旋法及磁地层法也用于考古测年。

如果能在考古遗址找到合适的指示参数（proxy）与冰期旋回对应，也可用冰期旋回方法进行地层定年。

2 铀系考古测年

铀系法考古测年的主要样品是动物骨骼和碳酸盐沉积物，其应用机理与珊瑚等测年类似。在考古遗址中有各种化学和生物成因的碳酸盐沉积物，这些沉积物形成时铀系是衰变不平衡的。利用铀系法的各种方法可测年的时间尺度为$10\sim10^6$ a，应用铀系的考古测年方法主要是子体累积法。尽管铀系法在考古研究中的应用还不是很成熟，但至今仍没有可替代的方法出现。铀系法可以分为利用3类样品的测年。

2.1 人类和脊椎动物骨骼与牙齿测年

考古学主要研究目标之一是建立古人类历史年表，对人类化石和同时期动物化石测年是本质的考古年代学研究。常用的测年化石包括骨化石和牙齿化石。

研究发现，新近死亡的脊椎动物骨骼中具有低的铀含量，而化石中经常有高于新近死亡动物骨骼上千倍的铀含量，因而推测动物死亡后骨骼可能与周围介质进行了铀同位素交换。为利用铀系法测年，这种交换快速达到平衡。另外铀系测年需要假设动物死亡后骨骼中有低的子体含量，这种假设从骨骼化石中具有高达20的$^{230}Th/^{232}Th$活度比得到证实。

2.2 无脊椎动物钙质壳

早期人类逐水而居，所以沿海或湖泊周边也最有可能存在人类遗址。

古人亦以海生或湖生无脊椎动物为食物。一直到旧石器时代早期的遗址，考古发现有贝丘，人们用铀系法进行了测年。但在^{14}C可测年的时间尺度，铀系法的结果与^{14}C的结果经常出现明显的差异。

研究认为，类似于脊椎动物骨骼，动物贝壳在生物死亡之后，其存在的环境中对铀不是封闭体系，但在埋葬后很短时间内，骨骼中的铀含量会快速增加。研究者也认为，可能需要对样品进行X射线分析，以确定甲壳未由文石转化为方解石。

2.3　无机碳酸盐

有4种无机碳酸盐已用于考古测年，分别是洞穴沉积物、泉华类沉积物、土壤钙结层和湖相碳酸盐沉积。

(1)洞穴沉积物。洞穴沉积物可用于环境或气候变化研究，是铀系法测年很多的一种沉积物。洞穴作为居住和掩蔽所，已被考古学界公认。碳酸盐易形成洞穴，目前所发现的洞穴古人类遗址大都是碳酸盐洞穴，其中的沉积层中会夹杂着人类和/或脊椎动物遗骨和碳酸盐碎屑。当能确认碳酸盐碎屑与所在地层的年代一致时，则可利用碳酸盐碎屑进行铀系法测年。

(2)泉华。在干旱地区，或某地区的干旱时期，人类以水泉为中心进行活动。一些古水泉边的人类遗址沉积层中含有人类遗物，所以测定古泉水形成的石灰华——泉华的年龄，可以进行考古测年。同样，喀斯特地区溪流的急滩和瀑布形成的上水石，如果夹挟着人类遗骨或石器，也可通过测定上水石的年龄估算古人类存在的年代。

(3)钙结层。在干旱地区，因毛细作用，溶有碳酸盐的水在土壤中积聚可形成碳酸盐结核、砾岩或结层，一些地区的这些积聚作用非常迅速，堆积成有序的地层剖面，对应着湿润和干燥气候交替变化，得到的信息可用来推测人类活动。

(4)湖相无机碳酸盐沉积。一些不与外流连通的盆地的盐湖，会周期性地沉积出方解石和文石，气候干燥时期湖泊可能会干枯，测定这类沉积层的年龄可以用于弄清楚气候旋回及阐明人类的迁移过程。

无机碳酸盐在埋葬过程中，特别是在水中沉积的情况，可能在文石和方解石之间相互转化，引起铀和钍在测年岩屑和周围介质之间重新分配，甚至会使放射性时钟置零，测年时必须对采样环境进行详察。

3 铀系法测定的一些考古样品的年代

表 2.8.1 所列是一些考古样品的测年结果。这些样品除人与动物骨化石和牙化石外，还有钙板、石笋和木炭、方解石。在测年前，显然已对这些样品进行了时代确定，已确定是考古遗址形成时期形成的样品。从测年结果看，除个别样品，江苏溧水神仙洞的獾下颌外，其他都是旧石器时期晚期遗址，年代在 15.1 ka～561 ka，刚好是铀系测年的时间尺度，测年使用的方法主要是^{230}Th累积法，还有^{231}Pa累积法、^{234}U过剩法和^{231}Pa/^{230}Th比值法。

表 2.8.1 铀系法得到的一些考古遗址或样品的年代

遗　址	测年材料	铀系测年方法	年代/ka	研究者
北京猿人遗址	钙板	热电离质谱和 α 谱 ^{230}Th累积法	398～436	沈冠军等，1996
南京葫芦洞	小洞钙板 小洞牙化石 北洞石笋 北洞牙化石	热电离质谱 ^{231}Pa累积法 ^{230}Th累积法	523～561 138～284 159～463 148～188	程海等，2003
贵州桐梓马鞍山	鹿牙	^{231}Pa累积法， ^{230}Th累积法 ^{231}Pa/^{230}Th比值法	17～18	原思训等，1990
	木炭		15.1	
云南呈贡龙谭山三号洞	牛牙		21～23	
	木炭		18.6	
辽宁本溪庙后山	动物牙齿		18	
	野牛胫骨		24.57	
旧石器时期西班牙洞穴	方解石沉积	^{230}Th累积法 ^{234}U过剩法	22.1～41.4	Pike et al.，2012
江苏溧水神仙洞	鹿角	^{230}Th累积法 ^{231}Pa/^{230}Th比值法	102～109	王红等，2006
	骨片	^{230}Th累积法	69	
	马牙珐琅	^{230}Th累积法 ^{231}Pa/^{230}Th比值法	71～78	
	獾下颌骨	^{230}Th累积法	7.0	
贵州六枝桃花洞	鹿牙	^{230}Th累积法， ^{231}Pa/^{230}Th比值法	24～32	沈冠军，2007
	石笋	^{230}Th累积法	35	

续表

<table>
<tr><th>遗　址</th><th>测年材料</th><th>铀系测年方法</th><th>年代/ka</th><th>研究者</th></tr>
<tr><td rowspan="2">贵州水城硝灰洞</td><td>化石</td><td>^{230}Th累积法</td><td>35</td><td rowspan="10">沈冠军，2007</td></tr>
<tr><td>石笋</td><td>^{230}Th累积法</td><td>135</td></tr>
<tr><td rowspan="2">广西来宾麒麟山</td><td>化石</td><td>^{230}Th累积法</td><td>82</td></tr>
<tr><td>钙板</td><td>^{230}Th累积法</td><td>114</td></tr>
<tr><td rowspan="2">安徽巢湖银山</td><td>鹿牙</td><td>^{230}Th累积法
^{231}Pa累积法
^{231}Pa/^{230}Th比值法</td><td>114～188</td></tr>
<tr><td>方解石</td><td>^{230}Th累积法</td><td>223</td></tr>
<tr><td rowspan="2">广东韶关马坝</td><td>鹿牙</td><td>^{230}Th累积法</td><td>125</td></tr>
<tr><td>钙板</td><td>^{230}Th累积法</td><td>255</td></tr>
</table>

参考文献

陈绍勇，施文远，李文权，等，1991. 海洋沉积物中^{226}Ra、^{210}Pb和U、Th同位素联合分离测定的研究[J]. 海洋学报，13(1)：68-74.

陈英强，1996. ^{215}Po法测定矿石样品中的^{231}Pa[J]. 铀矿地质，12(5)：301-306.

陈英强，张庆文，林朝，等，1987. 通过^{227}Th测定地质试样中的^{231}Pa[J]. 铀矿地质，3(5)：314-318.

陈先沛，高计元，陈多福，等，1992. 热水沉积作用的概念和几个岩石学标志[J]. 沉积学报，10(3)：124-132.

程海，艾思本，汪永进，2003. 南京直立人的U/Th和U/Pa年代[J]. 高校地质学报，9(4)：667-677.

崔汝勇，2000. 热液沉积物的地质年代学研究及其意义[J]. 海洋地质动态，16(7)：4-6.

杜同军，翟世奎，任建国，2002. 海底热液活动与海洋科学研究[J]. 青岛海洋大学学报，32(4)：597-602.

韩非，尹功明，刘春茹，等，2012. 中国早更新世考古遗址电子自旋共振-铀系联合法牙齿化石测年问题研究[J]. 第四纪研究，32(3)：492-498.

黄德银，施祺，张叶春，等，2004. 海南岛鹿回头造礁珊瑚的^{14}C年代及珊瑚礁的发育演化[J]. 海洋通报，23(6)：31-37.

蒋毅，常宏，2012. 磷灰石(U-Th)/He定年方法综述[J]. 岩石矿物学杂志，31(5)：757-766.

库兹涅佐夫，1981. 海洋放射年代学[M]. 夏明，等译. 北京：科学出版社：280.

金庆焕，2001. 海底矿产[M]. 北京：清华大学出版社：179.

李献华，1994. 不平衡铀系定年的新技术突破——高精度、高灵敏^{238}U-^{234}U-^{230}Th同位素质谱测定和应用[J]. 地球科学进展，9(3)：79-84.

刘晖，卢正权，梅燕雄，等，2014. 海洋磷块岩形成环境与资源分布[J]. 海洋地质与第四纪地质，34(3)：49-56.

刘广山，2006. 海洋放射性核素测量方法[M]. 北京：海洋出版社：303.

刘广山，2010. 同位素海洋学[M]. 郑州：郑州大学出版社：298.

刘广山，黄奕普，彭安国，2002. 深海沉积物岩芯锕放射系核素的 γ 谱测定[J]. 台湾海峡，21(1)：86-93.

刘运祚，1982. 常用放射性核素衰变纲图[M]. 北京：原子能出版社：521.

路凤香，桑隆康，2002. 岩石学[M]. 北京：地质出版社：399.

罗尚德，施文远，陈真，等，1986a. 深海锰结核铀、钍分离与测定新方法的研究[J]. 海洋学报，8(3)：324-330.

罗尚德，陈真，施文远，等，1986b. 海洋样品铀、钍的阴离子交换分离与测定[J]. 厦门大学学报(自然科学版)，25(4)：492-495.

马志邦，夏明，张承蕙，等，1998. 南海全新世珊瑚礁的高精度热电离质谱(TIMS)铀系年龄研究[J]. 科学通报，43(20)：2225-2229.

聂宝符，陈特固，梁美桃，等，1997. 雷州半岛珊瑚礁与全新世高海面[J]. 科学通报，42(5)：511-514.

潘家华，刘淑琴，杨忆，等，2004. 太平洋水下海山磷酸盐的成因及形成环境[J]. 地球学报，25(4)：453-458.

潘家华，刘淑琴，DeCarlo E，2002. 大洋磷酸盐化作用对富钴结壳元素富集的影响[J]. 地球学报，23(5)：403-407.

彭子成，1997. 第四纪年龄测定的新技术——热电离质谱铀系法的发展近况[J]. 第四纪研究，(3)：258-264.

沈冠军，顾德隆，Gahleb B，等，1996. 高精度热电离质谱铀系法测定北京猿人遗址年代初步结果[J]. 人类学学报，15(3)：210-217.

沈冠军，2007. 洞穴地点骨化石铀系年龄可信度的讨论[J]. 第四纪研究，27(4)：539-545.

孙东怀，苏瑞侠，程海，等，2007. 中全新世(5400 a BP)亚洲季风气候季节性与年际变率的南海珊瑚氧同位素记录[J]. 自然科学进展，17(8)：1078-1090.

孙立广，刘晓东，赵三平，等，2007. 记录：1024AD 前后南中国海最强烈的灾难事件[J]. 中国科学技术大学学报，37(8)：986-994.

王红，浓冠军，房迎三，2006. 江苏溧水神仙洞动物化石的铀系年代[J]. 东南文化，(3)：6-9.

王叶剑，韩喜球，杨海丽，等，2013. 中印度洋脊 Edmond 热液区热液硫化物的元素富集与年代学特征[J]. 矿物学报，增刊：668-669.

吴世迎，2000. 世界海底热液硫化物资源[M]. 北京：海洋出版社：326.

武光海，周怀阳，张海生，等，2006. 中太平洋地区两个铁锰结壳的生长幕研究[J]. 地质学报，80(4)：577-588.

邬宁芬，周祖翼，2001. (U-Th)/He 年代学及其地质应用[J]. 矿物岩石地球化学通报，

20(4):454-457.

徐茂泉,陈友飞,2010. 海洋地质学[M]. 2 版. 厦门:厦门大学出版社:284.

业渝光,Donahue D J,1993. 南海全新世珊瑚礁 AMS ^{14}C ,$^{230}Th/^{234}U$和 ESR 年龄的对比研究[J]. 海洋科学,17(2):63-65.

业渝光,2003. 地质测年与天然汽水合物实验技术研究及应用[M]. 北京:海洋出版社:245.

业渝光,2003. 地质年代学理论与实践[M]. 北京:地质出版社:383.

伊凡诺维奇,哈蒙,1991. 铀放射系不平衡及其在环境研究中的应用[M]. 陈铁梅,赵树森,原思训,等译. 北京:海洋出版社:392.

尹观,倪军师,2009. 同位素地球化学[M]. 北京:地质出版社:409.

余克服,陈特固,黄鼎成,等,2001. 中国南沙群岛滨珊瑚 $\delta^{18}O$的高分辨率气候记录[J]. 科学通报,46(14):1199-1204.

余克服,赵建新,2004. 南沙永暑礁表层珊瑚年代结构及其环境记录[J]. 海洋地质与第四纪地质,24(4):25-28.

原思训,陈铁梅,高世君,1990. 通过^{227}Th测定骨化石的^{231}Pa年代和$^{231}Pa/^{230}Th$年代[J]. 地球化学,(3):216-224.

张宏俊,任忠国,熊忠华,等,2014. $N(^{231}Pa)/N(^{235}U)$ γ 谱法测定高浓铀年龄研究[J]. 核电子学与探测技术,34(5):587-601.

张晓笛,毕倩倩,蔡炜颖,等,2015. 应用^{210}Pb南海黑角珊瑚定年[J]. 核化学与放射化学,37(2):120-128.

郑爱榕,施文远,黄奕普,1989. 锰结核中^{231}Pa分离测定的研究[J]. 厦门大学学报(自然科学版),28(5):527-532.

郑爱榕,施文远,黄奕普,1990. 从^{237}Np 中分离高纯度的^{233}Pa的新方法[J]. 原子能科学技术,24(3):69-72.

曾志刚,2011. 海底热液地质学[M]. 北京:科学出版社:567.

钟大康,姜振昌,郭强,等,2015. 热水沉积作用的研究历史、现状及展望[J]. 古地理学报,17(3):285-296.

周祖翼,2014. 低温年代学:原理与应用[M]. 北京:科学出版社:230.

Anderson R F, Fleer A P,1982. Determination of natural actinides and plutonium in marine particulate material[J]. Analytical Chemistry,54(7):1142-1147.

Bennett J T,Turekian K K,1984. Radiometric ages of brachyuran crabs from the Galapagos spreading-centre hydrothermal ventfield[J]. Limnology and Oceanography,29:1088.

Binns R A,Scott S D,1993. Actively forming polymetallic sulfide deposits associated with felsic volcanic rocks in the eastern Manus back-arc basin, Papua New Guinea[J]. Economic Geology,88:2226-2236.

Broecker W S, Thurber D L, 1965. Uranium-series dating of corals and oolites from

Bahaman and Florida Key limestones[J]. Science,149:58-60.

Burnett W C, Beers M J, Roe K K, 1982. Growth rates of phosphate nodules from the continental margin off Peru[J]. Science,215:1616-1618.

Burnett W C, Cullen D J, McMurtry G M, 1987. Open-ocean phosphorites—in a class by themselves? [M]//Teleki P G, Dobson M R, Moore J R, Von Stackelberg U. Marine Minerals. Dordrecht: D Reidel, 119-134.

Burnett W C, Roe K K, Piper D Z, 1983. Upwelling and phosphorite formation in the ocean [M]//Suess E, Thiede J. Coastal upwelling: its sediment record. New York: Plenum Press: 377-397.

Burnett W C, Veeh H H, 1977. Uranium-series disequilibrium studies in phosphorite nodules from the west coast of South America[J]. Geochimica et Cosmochimica Acta, 41:755-764.

Burnett W C, Veeh H H, 1992. Uranium-series studies of marine phosphates and carbonates [M]//Ivanovich M, Harmon R S. Uranium-series disequilibrium: applications to earth, marine, and environmental sciences. 2nd ed. Oxford: Clarendon Press: 487-512.

Burns R G, Burns V M, 1975. Mechanism for nucleation and growth of manganese nodules [J]. Nature, 255:130-131.

Chiu T-C, Fairbanks R G, Mortlock R A, et al., 2006. Redundant $^{230}Th/^{234}U/^{238}U$, $^{231}Pa/^{235}U$ and ^{14}C dating of fossil corals for accurate radiocarbon age calibration[J]. Quaternary Science Reviews, 25:2431-2440.

Cobb K M, Charles C D, Cheng H, et al., 2003. U/Th-dating living and young fossil corals from the central tropical Pacific[J]. Earth and Planetary Science Letters, 210:91-103.

Cronan D S, 2000. Handbook of marine mineral deposits [M]. Boca Raton: CRC Press: 404.

Edwards R L, Taylor F W, Wasserburg G J, 1988. Dating earthquakes with high-precision thorium-230 ages of very young corals[J]. Earth and Planetary Science Letters, 90: 371-381.

Finkel R C, Macdougall J D, Chung Y C, 1980. Sulfide precipitates at 21°N on the east Pacific rise: ^{226}Ra, ^{210}Pb and ^{210}Po[J]. Geophysical Research Lettters, 7(9):685-688.

Gallup C D, Edwards R L, Johnson R G, 1994. The timing of high sea level over the past 200 000 years[J]. Science, 263:796-800.

Gradstein F M, Ogg J G, Schmitz M D, et al., 2012. The geologic time scale 2012: Volume 1[M]. Amsterdam: Elsevier: 435.

Halbach P, Manheim F T, Otten P, 1982. Co-rich ferromanganese deposits in the marginal seamount regions of the central Pacific basin—results of the midpac'81[J]. Erzmetall,

35(9):447-453.

Hein J P, Yeh H W, Gunn S H, et al., 1993. Two major Cenozoic episodes of phosphogenesis recorded in Equatorial Pacific seamount deposits[J]. Paleoceanography, 8(2):293-311.

Henderson G M, Cohen A S, O'Nions R K, 1993. $^{234}U/^{238}U$ ratios and ^{230}Th ages for Hateruma atoll corals: implications for coral diagenesis and seawater $^{234}U/^{234}U$ ratios [J]. Earth and Planetary Science Letters, 115:65-73.

Hendy E J, Gagan M K, Alibert C A, et al., 2002. Abrupt decrease in Tropical Pacific sea surface salinity at the end of little Ice Age[J]. Science, 295:1511-1514.

Ivanovich M, Harmon R S, 1992. Uranium-series disequilibrium: applications to earth, marine, and environmental sciences[M]. 2nd ed. Oxford: Clarendon Press: 910.

Jahnke R A, Emerson S R, Roe K K, et al., 1983. The present day formation of apatite in Mexican continental margin sediments [J]. Geochimica et Cosmochimica Acta, 47: 259-266.

Kadko D, Butterfield D A, 1998. The relationship of hydrothermal fluid composition and crustal residence time to maturity of vent fields on the Juan de Fuca Ridge [J]. Geochimica et Cosmochimica Acta, 62(9):1521-1533.

Kasuya M, Kato M, Ikeya M, 1991. ESR signals of natural barite ($BaSO_4$) crystals: possible application to geochronology [J]. Geology, Professor Nakagawa Commemorative Volume: 95-98.

Kim K H, Burnett W C, 1985. ^{226}Ra in phosphate nodules from the Peru/Chile seafloor[J]. Geochimica et Cosmochimica Acta, 49:1073-1081.

Kim K H, Burnett W C, 1986. Uranium-series growth history of a quaternary phosphatic crust from the Peruvian continental margin[J]. Chemical Geology, 58:227-244.

Kolodny Y, 1981. Phosphorites [M]//Emiliani C. The Sea. Vol 7. New York: Wiley, 981-1023.

Koschinsky A, Stascheit A, Bau M, et al., 1997. Effects of phosphatization on the geochemical and mineralogical composition of marine ferromanganese crusts[J]. Geochimica et Cosmochimica Acta, 61(19):4079-4094.

Ku T L, 1968. Protactinium 231 method of dating coral from Barbados island[J]. Journal of Geophysical Research, 73(6):2271-2276.

Kuznetsov V, Tabuns E, Kuksa K, et al., 2015. The oldest seafloor massive sulfide deposits at the Mid-Atlantic Ridge: $^{230}Th/U$ chronology and composition[J]. Geochronometria, 42:100-106.

Lalou C, Brichet E, 1982. Ages and implications of East Pacific Rise sulphide deposits at 21°N[J]. Nature, 300:169-171.

Lalou C, Reyss J L, Brichet E, et al., 1993. New age data for Mid-Atlantic Ridge hydrothermal sites: TAG and Snakepit chronology revisited [J]. Journal of Geophysical Research, 98: 9705-9713.

Lalou C, Reyss J L, Brichet E, et al., 1996. Initial chronology of a recently discovered hydrothermal field at 14°45′N, Mid-Atlantic Ridge[J]. Earth and Planetary Science Letters, 144: 483-490.

Le Foll D, Brichet E, Ress JL, et al., 1989. Age determination of the Spider Crab *Maja squinado* and the European Lobster *Homarus gammarus* by $^{228}Th/^{228}Ra$ chronology: possible extension to other crustaceans[J]. Canadian Journal of Fisheries and Aquatic Sciences, 46(4): 720-724.

Luo S D, Ku T L, 1991. U-series isochron dating: a generalized method employing total-sample dissolution[J]. Geochimica et Cosmochimica Acta, 55: 555-564.

Manheim F T, 1986. Marine cobalt resources[J]. Science, 232: 600-608.

McArthur J M, Howarth R J, Bailey T R, 2001. Strontium isotope stratigraphy: LOWESS version 3: best fit to the marine Sr-isotope curve for 0-509 Ma and accompanying look-up table for deriving numerical age[J]. The Journal of Geology, 109: 155-170.

Moore W S, Arnold P, 1996. Measurement of ^{223}Ra and ^{224}Ra in coastal waters using a delayed coincidence counter[J]. Journal of Geophysical Research, 101(C1): 1321-1329.

Moore W S, Stakes D, 1990. Ages of barite-sulfide chimneys from the Mariana Trough[J]. Earth and Planetary Science Letters, 100: 265-274.

Münch U, Lalou C, Halbach P, et al., 2001. Relict hydrothermal events along the super-slow Southwest Indian spreading ridge near 63°56′E—mineralogy, chemistry and chronology of sulfide samples[J]. Chemical Geology, 177: 341-349.

Okumura T, Toyoda S, Sato F, et al., 2010. ESR dating of marine barite in chimneys deposited from hydrothermal vents[J]. Geochronometria, 37: 57-61.

Pike A W G, Hoffmann D L, García-Diez M, et al., 2012. U-series dating of paleolithic art in 11 caves in Spain[J]. Science, 336: 1409-1413.

Reyss J L, Schmidt S, Latrouite D, et al., 1996. Age determination of Crustacean carapaces using $^{228}Th/^{228}Ra$ measurements by ultra low level gamma spectrometry[J]. Applied Radiation and Isotopes, 47(9-10): 1049-1053.

Riggs S R, 1984. Paleoceanographic model of Neogene phosphorite deposition, U S Atlantic continental margin[J]. Science, 223: 123-131.

Roe K K, Burnett W C, Lee A I N, 1983. Uranium disequilibrium dating of phosphate deposits from the Lau Group, Fiji[J]. Nature, 302: 603-606.

Shaw T J, Moore W S, 2002. Analysis of ^{227}Ac in seawater by delayed coincidence counting [J]. Marine Chemistry, 78: 197-203.

Swart P K, Dodge R E, Hudson H J, 1996. A 240-year stable oxygen and carbon isotopic record in a coral from south Florida: implications for the prediction of precipitation in southern Florida[J]. Palaios, 11: 362-375.

Takamasa A, Nakai S, Sato F, et al., 2013. U-Th radioactive disequilibrium and ESR dating of a barite-containing sulfide crust from South Mariana Trough[J]. Quaternary Geochronology, 15: 38-46.

Thurber D L, Broecker W S, 1965. Uranium-series ages of Pacific atoll coral[J]. Science, 149: 55-58.

Veeh H H, 1982. Concordant ^{230}Th and ^{231}Pa ages of marine phosphorites[J]. Earth and Planetary Science Letters, 57: 278-284.

Veeh H H, 1966. ^{230}Th/^{238}U and ^{234}U/^{238}U ages of Pleistocene high sea level stand[J]. Journal of Geophysical Research, 71(14): 3379-3386.

Veeh H H, Burnett W C, 1978. Uranium-series dating of insular phosphorite from Ebon atoll, Micronesia[J]. Nature, 274: 460-462.

Walker M, 2005. Quaternary dating methods [J]. Chichester: John Wiley and Sons Ltd.: 286.

Wang Y, Han X, Jin X, et al., 2012. Hydrothermal activity events at Kairei Field, central Indian Ridge 25°S[J]. Resource Geology, 62(2): 208-214.

You C F, Bickle M J, 1998. Evolution of an active sea-floor massive sulphide deposit[J]. Nature, 394: 668-671.

Zachos J, Pagani M, Sloan L, et al., 2001. Trends, rhythms, and aberrations in global climate 65 Ma to present[J]. Science, 292: 686-693.

Depowski S, Kotliński R, Hühle E, Szamalek K, 2001. 海洋矿物资源[M]. 熊传治，邹伟生，译.北京：海洋出版社：287.

Батурин Г Н, Коченов А В, 1976. 海洋磷灰岩中的铀含量[J]. 韩文超，译. 地质地球化学，(10): 26-30.

第三章　铀系之子体过剩法测年

如果某对母子体核素的子体活度高于母体，则称子体核素相对于母体过剩。水循环过程中，天然放射系核素发生自然分馏，导致颗粒活性的子体核素在沉积物中过剩，过剩部分的活度将以自身衰变速度变化，这是子体过剩测年方法的基础。

子体过剩法包括^{234}U过剩法（^{234}U过剩用$^{234}U_{ex}$表示，下同）、^{230}Th过剩法（$^{230}Th_{ex}$）、^{231}Pa过剩法（$^{231}Pa_{ex}$）、^{226}Ra过剩法（$^{226}Ra_{ex}$）、^{210}Pb过剩法（$^{210}Pb_{ex}$）、^{228}Th过剩法（$^{228}Th_{ex}$）和^{234}Th过剩法（$^{234}Th_{ex}$）。本章将讨论^{234}U过剩法、^{230}Th过剩法、^{231}Pa过剩法和^{226}Ra过剩法、^{210}Pb过剩法将在第四章中论述。

子体过剩法测年时间标度是子体的半衰期。海洋沉积物测年是海洋放射年代学研究的主体，而沉积物又来自上覆水体，所以在测年时间尺度内，每一种测年方法均有以下相同的条件：①海水中测年母子体核素的含量应当是常数；②测年核素母子体的沉积速率是常数；③在沉积物中测年核素不发生迁移——对测年核素而言，测年材料为封闭体系。

第一节　海洋沉积物天然放射系核素的地球化学

海洋沉积物主要由碎屑成分、生源矿物、生源有机物和自生矿物4种组分组成。①碎屑成分主要由黏土和来自大陆岩石风化的矿物组成。②生源矿物的分布与地形高度和海区纬度有关，在中纬度和赤道高地是钙质的，主要是有孔虫介壳和颗石藻；而深海区和高纬度地区是硅质的，主要是硅藻和放射虫骨骼。其他生物成因的矿物，如珊瑚碎屑、鱼齿、翼足目等的含量很少。③生源有机物主要是软体动物残骸。在缺氧海区、高生产力海区，如大洋边缘上升流区，沉积物中的生源有机物含量较高。④自生组分包括多金属结核、结壳，含金属的沉积物，成岩磷灰石，以及自生黏土。

很多情况下，除可能利用自生矿物外，放射年代学研究并不区分沉积物组分，而是通过测量整个沉积物样品（全样）中的放射性同位素含量进行测年。以上沉积物组分划分也与通常的海洋沉积物地质学划分方法稍有不同，通常会认为深海沉积物物源主要为陆源物质、生源物质和自生矿物3种，而生源物质又分为硅质和钙质两种，所以论及深海沉积物时总是将其分为黏土矿物、硅质沉积物和钙质沉积物（徐茂泉和陈友飞，2010）。

1　总铀和总钍

在环境介质中，总铀的贡献主要是^{238}U，总钍的贡献主要是^{232}Th，可以通过质量-活度关系将铀和钍在质量和活度之间换算。表3.1.1所列是海洋沉积物不同组分的铀和钍含量。从表中可以得到以下结论：铀主要在还原性沉积物、含金属沉积物、珊瑚礁和磷灰石中富集；钍在碎屑物质、水成铁锰结核和结壳、重晶石中富集；鱼齿富集两种元素，但鱼齿在海洋沉积物中占的比例很小。

表3.1.1　海洋沉积物不同组分的铀和钍含量（由 Huh and Kadko，1992 编辑）

成因	性质	U	^{238}U	Th	^{232}Th	研究者
		10^{-6} g/g	Bq/kg	10^{-6} g/g	Bq/kg	
碎屑	黏土	1～4	12.4～49.8			Ku，1966
				9.1～18.4	37～74.4	Ku et al.，1968
				10±3	40±12	Heye，1969
生源矿物	钙质样品	0.1～0.13	1.2～1.6	＜0.2～2	0.81～8.09	Holmes et al.，1968
	墨西哥湾有孔虫	0.27～1.20	3.36～14.90			Mo et al.，1973
	翼足类	＞1.0	＞12.4			Sackett and Cook，1969
	硅质样品	＜0.5	＜6.2			Ku，1966
	鱼齿	21～49	261～610	63～230	255～930	Bernat et al.，1970
	珊瑚	0.9～4.4	11.2～54.7			Cherry and Shannon，1974
	珊瑚	2.17～3.19	27.0～39.7	0.005～0.988	0.02～4.00	Chiu et al.，2006
	珊瑚	2.17～2.85	27.0～35.5	0～1.115	0～4.51	Cobb et al.，2003

续表

成因	性质	U	^{238}U	Th	^{232}Th	研究者
		10^{-6}g/g	Bq/kg	10^{-6}g/g	Bq/kg	
生源有机质	加利福尼亚湾还原性沉积物	4.8～39	59.7～485			Veeh，1967
	圣莫尼卡还原性沉积物	2.3～10	28.6～124	6～10	24.3～40.5	Huh et al.，1987
	大西洋中脊还原性沉积物	40	498			Turekian and Bertine，1971
	平均还原性沉积物	130	1 618			Baturib，1973
	地中海腐泥	47	585			Mangini and Dominik，1979
自生矿物	红海卤水含金属沉积	6～31	74.6～385.6	0.1～0.5	0.4～2.0	Ku，1969
	大西洋中脊含金属沉积物	38	473			Bertine et al.，1970
	深海锰结核	5～15	62.2～187	34～320	137～1294	Huh，1982
	浅海锰结核	10～20	124～249	2.31～5	9.34～20.2	Ku and Glasby，1972
	富锰热液结壳	9～16	112～199	2.3～4.0	9.47～16.0	Scott et al.，1974
		3～6.7	37.3～83.4	0.7～1.5	2.83～6.07	Lalou et al.，1977
	富铁热液结壳	0.25～1.25	3.11～15.6			Piper et al.，1975
	重晶石	2.6	32.4	35	142	Goldberg et al.，1969
				50～120	202～485	Somayajulu and Goldberg，1966
	钙十字沸石	0.25～0.69	3.11～8.59	13	52.6	Bernat et al.，1970
	秘鲁外海磷灰石	23～187	286～2327	2～4	8.09～16.2	

以上铀和钍在不同物质中富集的主要原因可以理解为，铀在海水中含量远高于钍，约高4个量级（刘广山，2010），所以在海水中形成的很多物质会富集铀，只有少数自生矿物富集钍。因为陆源物质中含与铀水平相当的

钍含量，所以碎屑成因的沉积成分中含有较高的钍含量。

2 铀同位素

表 3.1.2 列出了一些海域沉积物天然放射系长寿命核素的含量水平。海洋沉积物中^{234}U和^{238}U含量在同一水平，除个别研究给出较低的含量水平外，主要在 10～70 Bq/kg；沉积物中^{235}U的研究较少，与^{238}U比，也在天然丰度相当的水平。

海水中的^{234}U/^{238}U活度比为 1.14。Ku(1965)的研究给出沉积物水界面^{234}U/^{238}U比值为 0.95，之下随深度的增加而降低，在 200 cm 深度为 0.80，之后又逐渐升高，到^{234}U和^{238}U达到衰变平衡。海洋沉积物中^{234}U亏损被认为是由于^{238}U衰变发射 α 粒子反冲，使^{234}Th易于从矿物晶格中逃逸进入间隙水，^{234}Th衰变生成的^{234}U会扩散进入上覆水，从而使上层沉积物^{234}U相对于^{238}U亏损。

3 钍同位素

用于海洋学研究的天然钍同位素包括^{227}Th，^{228}Th，^{230}Th，^{232}Th和^{234}Th，用于测年研究的主要是^{230}Th，其他核素在测年中应用较少。环境中的钍主要由^{232}Th组成，所以人们对^{232}Th也进行了较多的研究。

由表 3.1.2 可以看出，大部分海洋沉积物中的^{232}Th水平在 10～60 Bq/kg，仅个别研究报道的^{232}Th水平低于或高于这个范围(邹汉阳等，1988；Slowey et al.，1996；Moon et al.，2003)。

在表 3.1.2 中，海洋沉积物^{230}Th的含量主要在 10～1 000 Bq/kg 水平，离散较大。与^{232}Th源于陆源碎屑物质不同，海洋沉积物中的^{230}Th主要来源于海水中^{234}U的衰变，并经颗粒物清除而致。海水中的铀同位素浓度是恒定的，不考虑侧向输运时，由于^{230}Th在海水中的停留时间远小于^{230}Th的半衰期，所以海洋沉积物中的^{230}Th含量可能存在与水深的正相关关系，也就是深海表层沉积物具有高的^{230}Th浓度，浅海沉积物具有低的^{230}Th含量。

表 3.1.2　一些海区沉积物中铀、钍同位素，^{231}Pa 和 ^{226}Ra 含量 (Bq/kg)

	海　区	^{238}U	^{235}U	^{234}U	^{230}Th	^{232}Th	^{231}Pa	^{226}Ra	文　献
太平洋	东太平洋柱样 (0～17 cm)		0.934～2.12		934～1 710		17.0～59.9		刘广山等，2002b
	中太平洋北部 (0～410 cm)	1.42～4.30		1.94～5.61	2.38～78.3	1.85～8.82			邹汉阳等，1988
	冲绳海槽	10.6～49.9				28.3～52.9		14.7～83.9	李培泉等，1984
	南海北部	12.8～56.1		14.3～57.5	15.7～73.7	16.2～58.3			温孝胜等，1997
	南海表层沉积物	12.3～44.5		7.05～57.5	15.6～70.6	1.09～53.9			刘韶等，1996
	西北太平洋海盆	9.8～33.0			224～1 532	13.6～58.6		108～1 020	Moon et al.，2003
	西加罗林海盆	3.9～34.4			197～951	16.8～35.9		124～551	
大西洋	东北大西洋	3.6～15.7		3.5～16.5	54.3～143.3	5.9～29.1			Thomson et al.，1995
	百慕大，<62 μm 部分	34.9～69.2			9.1～54.5				Slowey et al.，1996
	北大西洋	7.2～33.6		6.97～37.6					Maher et al.，2004
印度洋	印度洋	50.0～71.7			183～1 750		4.67～53.3	367～1 167	Yokoyama and Nguyen，1990
	印度洋表层沉积物	1.24～34.8			22.4～1 210	5.25～149	1.75～77	7.4～1 332	库兹涅佐夫，1981
北冰洋	挪威海-格陵兰海	11.0～71.7			18.0～107.2	17.8～68.3			Scholten et al.，1994
	北冰洋中部	9.56～36.5			16.2～674.8	13.4～58.8	0.86～29.1		Hoffman et al.，2013
	北冰洋表层沉积物	18.0～38.6	0.12～1.78	16.6～38.1	31.1～482.8	26.6～47.5	1.95～22.1		Moran et al.，2005
	楚可奇海	27.6～53.4						10.4～20.9	杨伟锋等，2002，2005
	门捷列夫海岭				16.7～500		8.3～19.2		Not and Hillair-Marcel，2010
	西北冰洋	25.5～36.1		22.5～31.8	34.2～483	32.2～47.7	<1.4～19.0	156.5～338.0	Ku and Broecker，1967

4 ^{231}Pa

表 3.1.2 中列出的海洋沉积物中的^{231}Pa含量主要在 1～80 Bq/kg 水平，与^{238}U，^{234}U和^{232}Th在相当水平。海洋沉积物中^{231}Pa主要来源于海水中^{235}U的衰变，并经颗粒物清除而致。海水中的^{235}U远低于^{238}U，所以期望海洋沉积物中的^{231}Pa含量远低于^{230}Th。从表 3.1.2 中的数据可以看出，海洋沉积物中的^{231}Pa含量明显低于^{230}Th，但也与由海水中^{235}U和^{234}U衰变生成的^{231}Pa和^{230}Th不成比例。更多的研究表明，^{231}Pa是颗粒活性核素，但在海水中的停留时间比^{230}Th长，所以相对而言，海洋沉积物中的^{231}Pa/^{230}Th比值比海洋中生成的要低（Yang et al.，1986；Huh and Kadko，1992）。

5 ^{226}Ra

在海洋中，镭既不像铀那样是保守性核素，也不像钍和镤那样具有颗粒活性。一般认为，海水中的镭同位素来源于沉积物（刘广山，2010），海水中具有保守形为的^{234}U衰变产生^{230}Th；^{230}Th被颗粒物清除至海底沉积物中，衰变产生^{226}Ra；在沉积物中，^{226}Ra易迁移，^{226}Ra产生后进入间隙水，并向上扩散进入上覆水，海水中的镭同位素分布证明了这一点。按照这种观点，由于向上扩散，因此沉积物岩芯中的^{226}Ra含量将随采样深度增加到极大值，在极大值之下，^{226}Ra的浓度将代表^{230}Th的浓度，随深度增加逐渐与^{234}U达到衰变平衡。

6 南沙海域表层沉积物中的天然放射性核素与^{137}Cs

南沙海域位于南海南部 3°30′～12°00′N，109°30′～117°45′E 的海区。南沙群岛及其邻近海域东南以巴拉望岛和加里曼丹岛为界，经巴拉巴克海峡与苏禄海相通，西南有纳士纳群岛，西北面为中南半岛，北面是南海海盆，由南向北为逐级下降的三级阶梯地形（谢以萱，1993），第一级主要是南海南部大陆架，地形平坦，水深为 30～120 m；第二级为大陆坡，约占整个海区面积的 3/4，主要为 1 500～2 000 m 的平缓中陆坡台阶地形，南沙群岛位于其中，岛礁、暗沙、暗滩星罗棋布；第三阶是深海盆，位于海区北部，为南海海盆一部分，水深在 3 800～4 200 m。整个海域等深线绕东、南、西 3 面向中北部逐渐加深，直至海区北部的南海海盆。东南面大陆架窄而陡。

南沙各核素比活度等值线分布如图 3.1.1 所示。表 3.1.3 列出 3 个阶梯区域核素含量范围与平均值。7 种核素在不同区域表层沉积物具有不同含量水平，呈现出不同分布特征，陆坡区核素有异常分布特征。利用放射性核素进行沉积物测年时，表层沉积物中的核素含量水平可能成为年代推算和样品测量的重要参考。

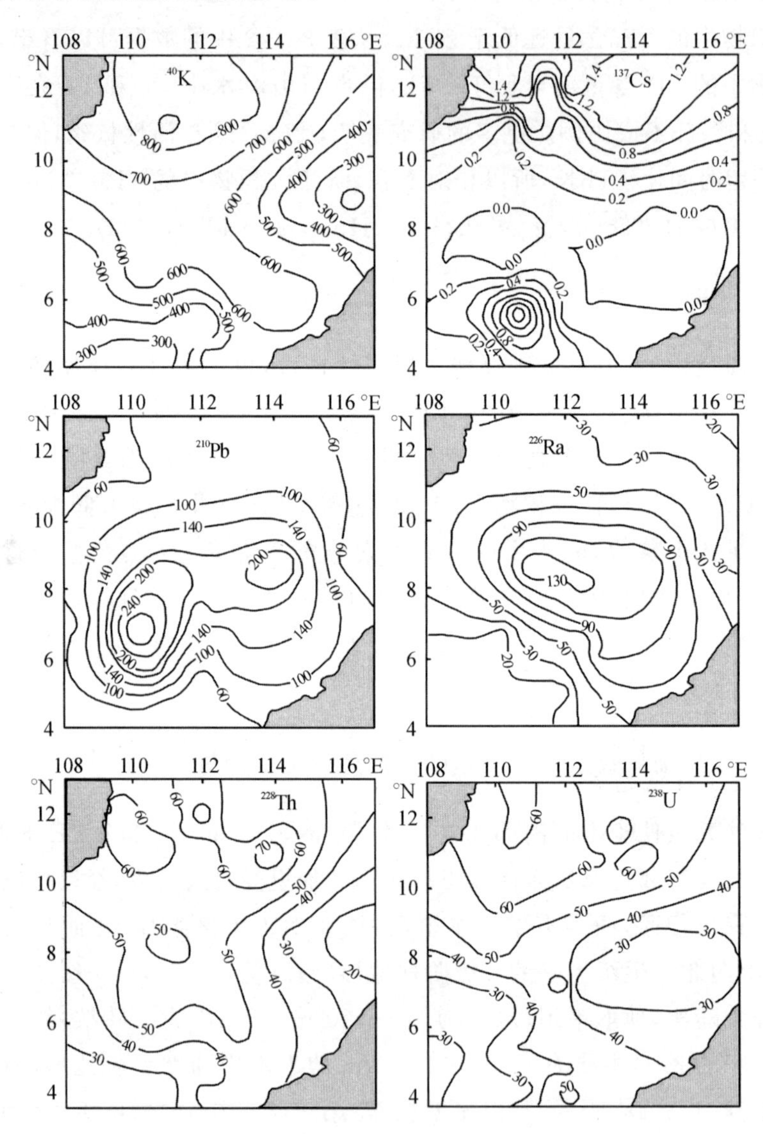

图 3.1.1　南沙海域表层沉积物天然放射性核素分布

表 3.1.3 南沙海区 3 个阶梯区域表层沉积物中的核素含量水平(Bq/kg)

核 素	陆架区		陆坡区		海盆区	
	范围值	平均值	范围值	平均值	范围值	平均值
^{40}K	218～553	358	155～676	554	742～868	820
^{137}Cs	0.32～1.67	0.72	未探测到		0.41～1.65	1.25
^{210}Pb	27.1～200	67.0	35.7～334	169	52.6～97.9	75.0
^{226}Ra	14.1～27.2	20.4	18.5～147	86.5	27.9～41.7	35.2
^{228}Ra	20.7～44.6	32.3	11.0～61.0	44.1	49.4～80.0	61.6
^{228}Th	20.8～44.2	32.2	10.5～56.6	42.0	49.0～78.5	58.2
^{238}U	25.5～56.3	36.0	19.9～60.1	39.0	43.0～70.2	60.8

6.1 ^{40}K

在海盆区，沉积物有高的^{40}K含量，而且含量差异较小，海盆西侧大陆坡上靠近海盆的沉积物中，^{40}K含量与深水区在同一水平，我们将其归于海盆区，全海区^{40}K平均值为 820 Bq/kg。

陆坡区沉积物^{40}K含量低于深水区，平均为 554 Bq/kg；位于由陆架区向陆坡区过渡的一个站，沉积物中^{40}K含量为 155 Bq/kg；位于南水道一个站为 339 Bq/kg，其余海区差异较小，为 582～676 Bq/kg，平均为 631 Bq/kg。

陆架区沉积物中^{40}K含量总体上低于陆坡区，而且含量差异较大，在 218～553 Bq/kg，平均为 358 Bq/kg；在陆架区，随水深增加，沉积物中^{40}K含量呈现出降低趋势。

按阶梯区而论，沉积物中^{40}K含量随水深增加。

6.2 ^{137}Cs

深水区和陆架区的大部分站探测到了^{137}Cs，陆坡区全部站未探测到^{137}Cs。深水区一个站，沉积物中^{137}Cs含量为 0.41；其余站为 1.12～1.65 Bq/kg，平均为 1.35 Bq/kg，在实验误差范围内是一致的；陆架区大部分站含量为 0.32～0.74 Bq/kg，平均为 0.48 Bq/kg，仅一个站的^{137}Cs含量较高，为 1.67 Bq/kg。

6.3 ^{210}Pb

3 个区中^{210}Pb含量平均值依次为陆坡区＞深水区＞陆架区。陆架区表层沉积物^{210}Pb含量为 27.1～71.5 Bq/kg，平均为 48 Bq/kg，但有一个站为 200 Bq/kg，更接近陆坡区^{210}Pb的含量水平。陆坡区沉积物^{210}Pb含量有两个站分别为 35.7 Bq/kg 和 334 Bq/kg；其余站为 98.2～334.0 Bq/kg，平均为 184 Bq/kg，均高于陆架区与海盆区。海盆区^{210}Pb含量平均为 75.0 Bq/kg。总体看，高^{210}Pb的样品均有低的比重，样品低比重是由于其中生物遗骸较多而粉砂少造成的。

6.4　^{226}Ra

与^{210}Pb相似，3 个区中^{226}Ra含量平均值依次为陆坡区＞深水区＞陆架区，但各区内未出现明显的含量水平与其余站偏离较大的站。陆架区^{226}Ra含量范围较宽，基本上涵盖了整个海区的含量范围。陆坡区与深水区含量范围较小。3 个阶梯区中，含量随水深均未出现任何趋势。

6.5　^{228}Ra与^{228}Th

^{228}Ra与^{228}Th呈现一致的变化趋势。3 个阶梯区中，^{228}Ra与^{228}Th含量均为深水区＞陆坡区＞陆架区，即整体为随水深增加，^{228}Ra与^{228}Th含量呈增加趋势。陆坡区东部海区沉积物^{228}Ra含量为 11.0～30.6 Bq/kg，平均为 22.3 Bq/kg，低于其余站，其余站为 47.6～61.0 Bq/kg；与^{228}Ra类似，东部海区的^{228}Th含量为 10.5～32.2 Bq/kg，平均为 22.2 Bq/kg，低于其余站位，其余站位为 49.3～56.6 Bq/kg。各个站的^{228}Ra与^{228}Th含量在误差范围内相等，并因此其范围与平均值非常接近，说明在实验误差范围内，^{228}Ra与^{228}Th已达到衰变平衡。将在同一经度的^{228}Ra与^{228}Th比活度相对于纬度作图，得到^{228}Ra与^{228}Th比活度随纬度增加。由于随纬度增加水深也增加，说明^{228}Ra与^{228}Th的比活度是随水深增加的。

6.6　^{238}U

[illegible]区，陆坡区与陆架区^{238}U含量范围在同一水平，平均值在误差范围内一致，但明显低于深水区。表 3.1.4 列出了一些文献给出的南沙海区沉积物中^{238}U的含量。从表中数据可以看出，陆架区和陆坡区不同文献给出的范围是一致的。对处于海盆区（水深3 910 m以下）各站的^{238}U含量相对于经度进行线性拟合得到以下方程：

$$A(^{238}\mathrm{U}) = -7.68L + 924.11 \qquad (R^2 = 0.85) \qquad (3.1.1)$$

式中，$A(^{238}\mathrm{U})$为^{238}U的比活度；L 为经度，说明海盆区沉积物中的^{238}U比活度由西向东逐渐降低。在海盆区未发现其他核素有这种趋势存在。

表 3.1.4　南沙海区沉积物中的^{238}U比活度(Bq/kg)

<table>
<tr><th>海区/样品</th><th>水深/m</th><th>测值范围</th><th>平均值</th><th>测量方法</th><th>参考文献</th></tr>
<tr><td>陆架区</td><td>75～224</td><td>25.5～56.3</td><td>36±11</td><td rowspan="3">HPGe γ谱方法</td><td rowspan="3">刘广山等，2001a</td></tr>
<tr><td>陆坡区</td><td>1 130～2 048</td><td>19.9～60.1</td><td>39±14</td></tr>
<tr><td>海盆区</td><td>1 800～4 306</td><td>43.0～70.0</td><td>60.8±8.0</td></tr>
<tr><td>南海表层沉积物</td><td></td><td>12.4～37.0</td><td>21.0</td><td rowspan="7">α谱方法</td><td rowspan="7">中国科学院南沙综合科学考察队，1996</td></tr>
<tr><td>曾母暗沙及南沙海域表层沉积物</td><td></td><td>19.9～44.5</td><td>30.2</td></tr>
<tr><td>非碳酸盐沉积区表层沉积物</td><td></td><td>12.4～36.9</td><td></td></tr>
<tr><td>南沙碳酸盐沉积区表层沉积物</td><td></td><td>19.9～44.5</td><td></td></tr>
<tr><td>南沙海盆柱样(12°0.50′N，116°1.66′E)</td><td>4 230</td><td>27.3～45.3</td><td></td></tr>
<tr><td>南沙珊瑚文石</td><td></td><td>35.88～37.4</td><td></td></tr>
<tr><td>南沙珊瑚低镁方解石</td><td></td><td>4.73～22.4</td><td></td></tr>
<tr><td>上大陆坡柱样(7°47′N，116°27′E)</td><td>800</td><td>39.7～63.6</td><td>49.4</td><td rowspan="4">α谱方法</td><td rowspan="4">中国科学院南沙综合科学考察队，1993</td></tr>
<tr><td>上大陆坡柱样(9°56.19′N，115°3.83′E)</td><td>995</td><td>28.9～58.8</td><td>41.1</td></tr>
<tr><td>下大陆坡柱样(11°11.54′N，110°23.91′E)</td><td>1584</td><td>20.8～46.8</td><td>37.3</td></tr>
<tr><td>下大陆坡柱样(7°01.07′N，114°09.18′E)</td><td>2452</td><td>19.3～47.5</td><td>32.5</td></tr>
<tr><td>南海沉积物柱样</td><td></td><td>12.8～56.1</td><td>31.3</td><td rowspan="4">α谱方法</td><td rowspan="2">温孝胜等，1997</td></tr>
<tr><td>中国浅海砂</td><td></td><td>2.49～51.00</td><td>19.9</td></tr>
<tr><td>中国浅海粉砂</td><td></td><td>8.71～48.5</td><td>23.6</td><td rowspan="2">罗又郎等，1989</td></tr>
<tr><td>中国浅海泥</td><td></td><td>11.2～74.4</td><td>28.6</td></tr>
</table>

6.7　^{226}Ra/^{238}U活度比与^{210}Pb过剩

^{238}U，^{226}Ra与^{210}Pb同属铀系核素，衰变平衡条件下其活度比为1∶1∶1。笔者在研究中发现，南沙海域沉积物中^{226}Ra/^{238}U活度比在 0.303～4.58，

其中陆坡区$^{226}Ra/^{238}U$活度比均小于1,为0.552~0.812,平均为0.642;陆架区一个站$^{226}Ra/^{238}U$活度比小于1,为0.303,其余站$^{226}Ra/^{238}U$活度比均大于1,为1.11~4.58,平均为2.4;海盆区$^{226}Ra/^{238}U$活度比均小于1,为0.456~0.729,平均为0.58,与陆架区相近。

全部站都出现^{210}Pb过剩,有两个站$^{210}Pb/^{226}Ra$活度比分别高达8.81和18.1,除此之外,陆架区、陆坡区和海盆区$^{210}Pb/^{226}Ra$活度比范围依次为1.60~3.78,1.27~2.01和1.45~2.89,平均值依次为2.46,1.61和2.18。整个海区的$^{210}Pb_{ex}$随水深没有明显的变化趋势,除个别站外,^{210}Pb和^{226}Ra含量呈正相关,相关系数$R^2=0.90$。

6.8　^{226}Ra与^{228}Ra

^{226}Ra和^{228}Ra为同位素,是钍同位素^{230}Th和^{232}Th的衰变产物。所研究海域中$^{228}Ra/^{226}Ra$活度比与$^{226}Ra/^{238}U$活度比呈完全相反的变化趋势,陆架区与海盆区$^{228}Ra/^{226}Ra$活度比大于1,小于2.19;陆坡区一个站$^{228}Ra/^{226}Ra$活度比为3.30,其余站均小于1。

第二节　基于子体过剩的测年方法

基于子体过剩的测年方法中,较长时间尺度的测年方法以^{231}Pa过剩法和^{230}Th过剩法最为常用,其次是^{234}U过剩法和^{226}Ra过剩法。

1　^{234}U过剩法测年

铀同位素是同位素海洋学研究最多的。^{234}U半衰期为2.45×10^5 a,按半衰期规则,可测年时间尺度为$10^5\sim10^6$ a。实际上,由于^{234}U和^{238}U是同位素,海洋环境介质中^{234}U相对于^{238}U过剩有限,可利用的^{234}U相对于^{238}U的过剩就是海水中的$^{234}U/^{238}U$比值为1.14,其他体系^{234}U和^{238}U之间的不平衡还没有被用来进行年代学研究。如果用计数法测量^{234}U和^{238}U,一两个半衰期后,$^{234}U/^{238}U$比值就在误差范围内一致了,所以实际^{234}U过剩法测年的时间尺度可能在100 ka~500 ka。人们用^{234}U过剩法尝试进行了珊瑚礁,海洋沉积物和铁锰结核、结壳测年。

1.1　*方法原理*

^{234}U过剩法测年的计算公式即式(1.2.16)。由于^{238}U的半衰期比^{234}U

长得多，即 $\lambda_2 \gg \lambda_1$，因此可用式(1.2.17)计算年代。其中 A_{10} 是体系形成时测年材料中 ^{238}U 的活度，A_{20} 是体系形成时测年材料中 ^{234}U 的活度，A_1 和 A_2 分别为测年时测年材料中 ^{234}U 和 ^{238}U 的比活度，所以有

$$A_{20ex} = A_{20}(^{234}U) - A_{10}(^{238}U) \tag{3.2.1}$$

$$A_{2ex} = A_2(^{234}U) - A_1(^{238}U) \tag{3.2.2}$$

将式(3.2.1)和式(3.2.2)代入式(1.2.17)或式(1.2.20)，并用核素符号表示活度 A，注意到 $^{238}U = {}^{238}U_0$，就得到文献中常见 $^{234}U/^{238}U$ 法测年计算公式。

$$\frac{^{234}U}{^{238}U} - 1 = \left(\frac{^{234}U_0}{^{238}U_0} - 1\right)e^{-\lambda_{234}t} \tag{3.2.3}$$

$$^{234}U - {}^{238}U = (^{234}U_0 - {}^{238}U_0)e^{-\lambda_{234}t} \tag{3.2.4}$$

式(3.2.3)和(3.2.4)核素符号中的右下标“0”表示体系形成时测年材料中的初始核素活度，λ_{234} 为 ^{234}U 的衰变常数。

一些文献定义

$$\delta\ ^{234}U = \left(\frac{^{234}U}{^{238}U} - 1\right) \times 1\ 000 \tag{3.2.5}$$

式(3.2.5)代入式(3.2.3)得到：

$$\delta\ ^{234}U = \delta\ ^{234}U_0 e^{-\lambda_{234}t} \tag{3.2.6}$$

铀系年代学中，^{234}U 过剩法是唯一能利用初始值的测年方法。同时这也规定了利用初始值的 ^{234}U 过剩法测年应当是海洋自生矿物和生物遗骸。

1.2 珊瑚礁 ^{234}U 过剩法测年

与其他子体过剩法不同的是，^{234}U 过剩法常与子体累积法一起用于石灰岩样品年龄的测定。海洋中最常用的测年材料是珊瑚。由于海水中的 $^{234}U/^{238}U$ 比值等于 1.14，且海洋中不同的地理位置和不同深度处该值不存在明显的变化，如果这种假设是正确的，则珊瑚形成时其中的 $^{234}U/^{238}U$ 比值应当是 1.14。如果珊瑚的封闭体系是理想的，则其中的 $^{234}U/^{238}U$ 比值随时间的变化如图 3.2.1 中的曲线所示。更多关于珊瑚礁测年的讨论可参看第二章第五节的论述。

1.3 沉积物岩芯中的$^{234}U/^{238}U$的分布

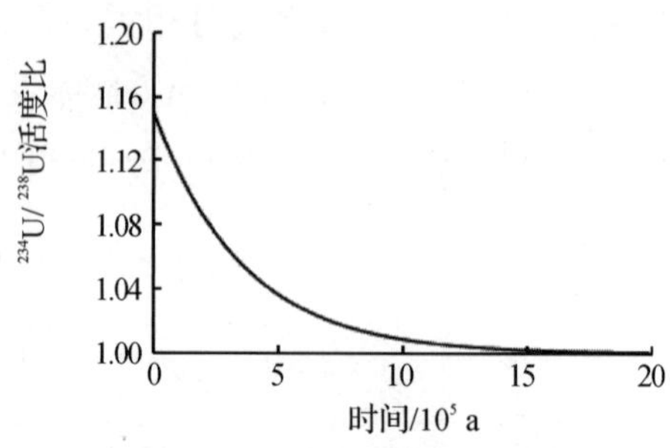

图 3.2.1 理想封闭体系的$^{234}U/^{238}U$活度比的变化

海洋沉积物全样中的^{234}U相对于^{238}U大都是亏损的。Maher 等(2004)对北大西洋沉积物岩芯样品的$^{234}U/^{238}U$比值进行了分相沥取研究(见图 3.2.2)。研究表明,在沉积物间隙水、可交换部分($MgCl_2$ 相)、碳酸盐(NaOAc 相)中$^{238}U/^{238}U$活度比大于 1,$^{234}U/^{238}U$比值在 1.2~1.6,被认为是^{238}U的衰变 α 粒子反冲使^{234}Th进入间隙水造成的。这三相中,$^{234}U/^{238}U$比值随深度呈增加趋势。大部分全样的$^{234}U/^{238}U$活度比小于1 但接近 1;残渣相中的$^{234}U/^{238}U$活度比明显小于 1。

Not 和 Hillair-Marcel(2010)对从北冰洋门捷列夫海岭北部采集的岩芯的铀、钍同位素和^{231}Pa进行测定(见图 3.2.3),两个岩芯的$^{234}U/^{238}U$活度比均小于 1,在 0.84~0.97。在 35 cm 长的岩芯中,$^{234}U/^{238}U$比值存在明显的涨落。

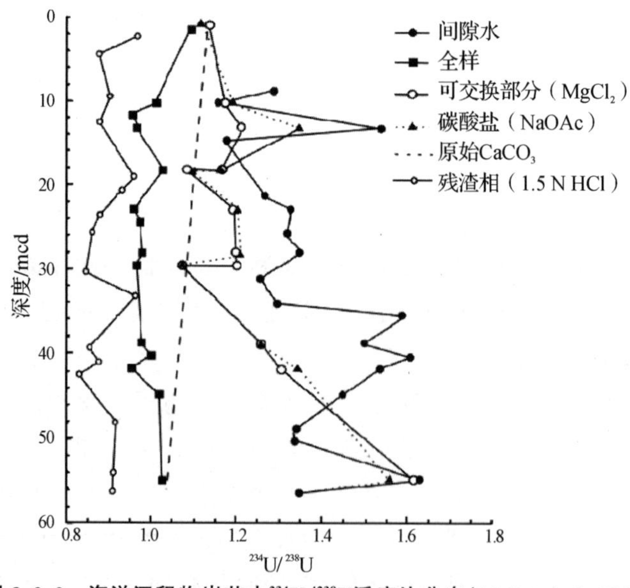

图 3.2.2 海洋沉积物岩芯中$^{234}U/^{238}U$活度比分布(Maher et al.,2004)

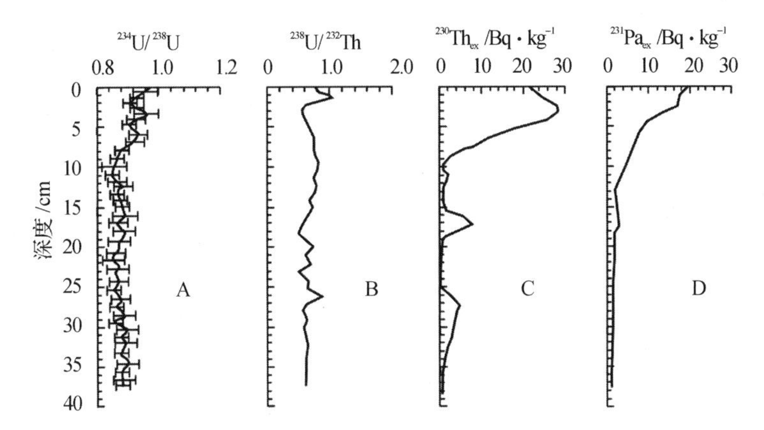

图 3.2.3 北冰洋门捷列夫海岭沉积物岩芯的$^{234}U/^{238}U$，$^{238}U/^{232}Th$，$^{230}Th_{ex}$和$^{231}Pa_{ex}$分布(Not and Hillair-Marcel，2010)

1.4 应用^{234}U过剩法的海洋铁锰结核和结壳测年

图 3.2.4 所示是 Henderson 和 Burton(1999)报道的一块铁锰结壳中的$\delta^{234}U$随采样深度的变化。由$\delta^{234}U$分布得到的生长速率为 19 mm/Ma，而用$^{230}Th_{ex}$方法得到的生长速率为 3.05 mm/Ma，所以研究者认为铀在铁锰结壳中有大的扩散系数，生长过程中结合的铀由于扩散使分布平均化，并因此认为^{234}U过剩法不适合于铁锰结壳测年(Henderson and Burton，1999)。其他研究者也有类似报道(蔡益华等，2000)。也有用^{234}U过剩法进行铁锰结壳测年成功的报道，^{234}U过剩法的结果并没出现以上现象。黄奕普等(2006)研究的 14 个结壳样品中，有 7 个可用^{234}U过剩法测年，得到的生长速率为 0.409～2.82 mm/Ma。

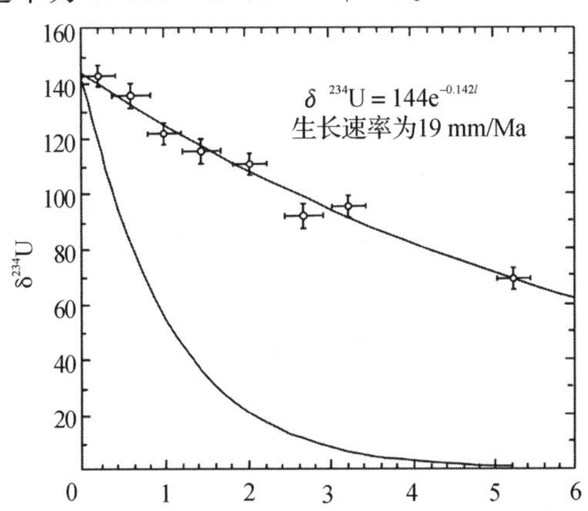

图 3.2.4 一个海洋铁锰结壳中的$\delta^{234}U$分布(Henderson and Burton，1999)

黄奕普等(1987)对深海铁锰结核的放射化学研究中,也测定了结核中的$^{234}U/^{238}U$比值,从数据看,结核中的$^{234}U/^{238}U$分布也可用来进行生长速率估算,而且能看出结核底部$^{234}U/^{238}U$活度比高于顶部,说明在沉积物间隙水中的$^{234}U/^{238}U$比海水中高;也有的结核底部$^{234}U/^{238}U$活度比和顶部没有明显的差异,其原因可以通过铁锰结核生长过程会发生翻转和翻转后有一定的静止时间进行解释(刘广山等,2001b)。

2 ^{231}Pa过剩法测年

^{231}Pa半衰期为3.276×10^{4} a,按半衰期规则,可进行$1.5\times10^{4}\sim1.5\times10^{5}$ a时间尺度的年代测定。^{231}Pa过剩法在海洋沉积物沉积速率、铁锰结核和结壳的生长速率研究中得到应用。按沉积速率为mm/ka~cm/ka计算,^{231}Pa过剩法可测定的沉积物岩芯长度为10~100 cm。铁锰结壳的生长速率量级为mm/Ma,^{231}Pa方法研究生长速率可利用的为表层不到1 mm厚度的壳层。

2.1 方法原理

天然锕放射系母体核素^{235}U,半衰期为7.038×10^{8} a,通过短寿命子体^{231}Th衰变生成^{231}Pa,由于^{231}Th半衰期仅25.52 h,地质学研究中总可以认为^{231}Th与^{235}U达到了衰变平衡,所以可以直接计算^{235}U和^{231}Pa的活度关系。^{231}Pa半衰期为3.276×10^{4} a,在^{231}Pa与^{235}U未达到衰变平衡的条件下,在^{231}Pa活度明显的变化时间内,^{235}U活度变化不明显,所以由^{235}U衰变产生的^{231}Pa可以看作一个不变的本底,这就为^{231}Pa过剩法测年创造了条件。

^{235}U的半衰期比^{231}Pa长得多,即$\lambda_2\gg\lambda_1$,类比^{234}U过剩法可以得到^{231}Pa过剩法测年计算公式。如果A_{10},A_{20}和A_1,A_2分别为体系形成和采样时测年材料中^{231}Pa和^{235}U的比活度,定义

$$A_{20ex}=A_{20}(^{231}Pa)-A_{10}(^{235}U) \tag{3.2.7}$$

$$A_{2ex}=A_{2}(^{231}Pa)-A_{1}(^{235}U) \tag{3.2.8}$$

用核素符号代替活度符号A,注意到$^{235}U={}^{235}U_0$,就得到文献中常见的^{231}Pa过剩法测年计算公式:

$$\frac{^{231}Pa}{^{235}U}-1=\left(\frac{^{231}Pa_0}{^{235}U_0}-1\right)e^{-\lambda_{231}t} \tag{3.2.9}$$

$$^{231}Pa-{}^{235}U=(^{231}Pa_0-{}^{235}U_0)e^{-\lambda_{231}t} \tag{3.2.10}$$

式(3.2.9)和式(3.2.10)中,λ_{231}为^{231}Pa的衰变常数。

2.2　深海沉积物^{231}Pa过剩法测年

在海洋沉积物岩芯中,仅部分岩芯,或岩芯中的某一部分的^{231}Pa呈现出式(3.2.10)的分布形式,所以^{231}Pa过剩法能否用来推算沉积速率还需要看岩芯中的^{231}Pa分布才能确定。图3.2.3D是Not和Hillair-Marcel(2010)报道的采集自北冰洋门捷列夫海岭的沉积物岩芯中的$^{231}Pa_{ex}$分布,从图中可以看出,0～13 cm深度,^{231}Pa分布呈式(3.2.10)的形式,Not和Hillair-Marcel由铀系法计算得到的沉积速率为1.5 mm/ka。从图3.2.3D也能看出,对这样一个沉积速率的岩芯,能用^{231}Pa过剩法测年的仅表层十几厘米厚的样品。

2.3　应用^{231}Pa过剩的铁锰结核和结壳测年

海洋铁锰结核和结壳测年是^{231}Pa过剩法测年的主要应用领域。尽管由于生长速率极慢,分样困难,但还是有较多的研究报道。黄奕普等(1987)用^{231}Pa过剩法分顶侧和底侧测定了5个铁锰结核的生长速率,图3.2.5是其中一个结核底侧$^{230}Th_{ex}$,$^{231}Pa_{ex}$和$^{230}Th_{ex}/^{232}Th$分布,由^{231}Pa过剩法得到的5个结核的生长速率在1.4～7.4 mm/Ma,平均为3.13 mm/Ma。

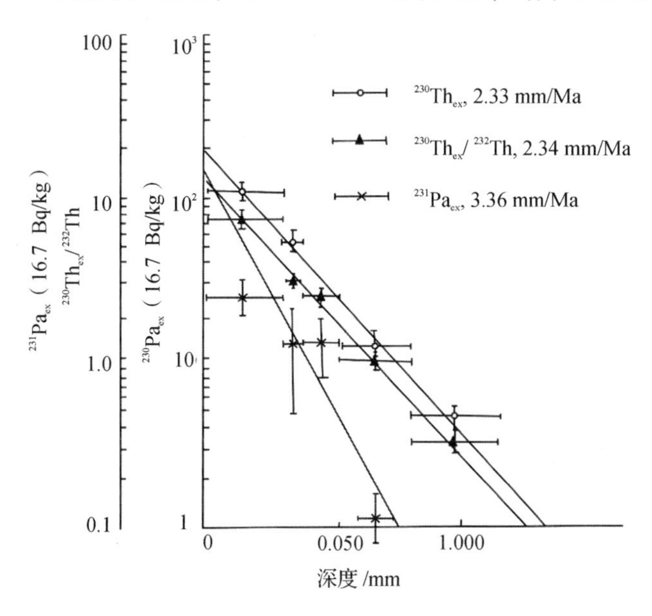

图3.2.5　一块海洋铁锰结核底侧$^{230}Th_{ex}$,$^{231}Pa_{ex}$和$^{230}Th_{ex}/^{232}Th$分布(黄奕普等,1987)

黄奕普等(2006)用铀系法测定的 14 个太平洋铁锰结壳，其中 10 个可用^{231}Pa过剩法测年。图 3.2.6 所示是一个结壳的$^{231}Pa_{ex}$和$^{234}U_{ex}/^{238}U$分布，^{231}Pa过剩法得到的 10 个结壳的生长速率在 1.30～9.12 mm/Ma，平均为 4.87 mm/Ma。

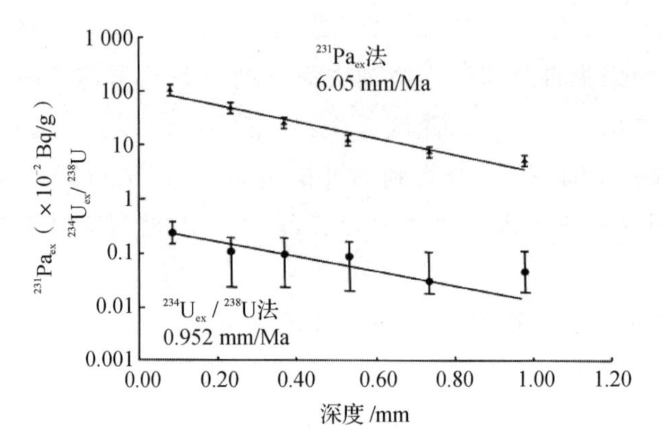

图 3.2.6　一块铁锰结壳的$^{231}Pa_{ex}$和$^{234}U_{ex}/^{238}U$分布
(黄奕普等，2006)

3　^{230}Th过剩法测年

^{230}Th半衰期为 7.7×10^4 a，按半衰期规则，适合于进行 4×10^4～4×10^5 a 时间尺度的测年。^{230}Th过剩法大量用于海洋沉积物和海洋铁锰结核与结壳测年。按沉积速率为 mm/ka 到 cm/ka 量级计算，^{230}Th过剩法可测定的沉积物岩芯长度在 10～100 cm 尺度，可能比^{231}Pa过剩法测年可利用的岩芯稍长。铁锰结壳的生长速率在 mm/Ma 量级，由此推算^{230}Th过剩法测年可利用的仅仅是表层 1～2 mm 厚度的样品。

3.1　*方法原理*

^{230}Th过剩法测年的计算公式比^{234}U过剩法和^{231}Pa过剩法要复杂得多。原因是^{230}Th的半衰期与母体^{234}U相差不是很大，所以严格来说，简化的测年计算公式不再适用；而且由于^{234}U还有母体^{238}U存在，当^{234}U与^{238}U未达到衰变平衡时，^{230}Th活度随时间的变化是比较复杂的。根据衰变动力学方程可以得到，当体系形成时，如果测年材料中的^{238}U，^{234}U和^{230}Th活度为 A_{10}，A_{20}和 A_{30}，封闭体系中^{230}Th活度 A_3 随时间按式(1.2.13)变化，由于^{238}U的半衰期比^{234}U和^{230}Th长得多，即 $\lambda_2\gg\lambda_1$，$\lambda_3\gg\lambda_1$，所以式(1.2.13)可以简化为

$$A_3 = A_{30}e^{-\lambda_3 t} + \frac{\lambda_3 A_{20}}{\lambda_3 - \lambda_2}(e^{-\lambda_2 t} - e^{-\lambda_3 t}) + A_{10}\left[1 - \frac{\lambda_3}{(\lambda_3 - \lambda_2)}e^{-\lambda_2 t} - \frac{\lambda_2}{(\lambda_2 - \lambda_3)}e^{-\lambda_3 t}\right] \quad (3.2.11)$$

如果体系形成时测年材料中^{234}U和^{238}U是衰变平衡的，即 $A_{20}=A_{10}$，则可进一步简化式(3.2.11)为

$$A_3 = A_{30}e^{-\lambda_3 t} + A_{10}(1-e^{-\lambda_3 t}) \quad (3.2.12)$$

尽管海洋中的^{234}U和^{238}U的衰变不平衡是普遍存在的，但是由于$^{234}U/^{238}U$活度比为 1.14，相差甚小，而^{230}Th的过剩量则大得多，因此很多情况下人们默认为得到式(3.2.12)的假设条件是成立的。定义：

$$A_{30ex} = A_{30}(^{230}Th) - A_{10}(^{238}U) \quad (3.2.13)$$

$$A_{3ex} = A_3(^{230}Th) - A_1(^{238}U) \quad (3.2.14)$$

将式(3.2.13)和式(3.2.14)，代入式(3.2.12)，并用核素符号代替活度符号 A，就得到文献中常见的^{230}Th过剩法测年公式。

$$\frac{^{230}Th}{^{238}U} - 1 = \left(\frac{^{230}Th_0}{^{238}U_0} - 1\right)e^{-\lambda_{230}t} \quad (3.2.15)$$

$$^{230}Th - ^{238}U = (^{230}Th_0 - ^{238}U_0)e^{-\lambda_{230}t} \quad (3.2.16)$$

3.2　沉积物岩芯中^{230}Th的分布

海洋环境中^{230}Th浓度较高，比^{231}Pa易于测量。^{230}Th过剩法可测年的沉积物岩芯长度为几十厘米，从样品分割到核素测量均比较容易做到。但是研究中人们发现，与^{231}Pa类似，仅部分沉积物岩芯或岩芯的部分层段的$^{230}Th_{ex}$呈现式(3.2.16)分布形式(见图 3.2.7)，可用^{230}Th过剩法测年(Thomson et al.,1995;库兹涅佐夫,1981)。图 3.2.3C 所示的北冰洋门捷列夫海岭沉积物岩芯仅 3～10 cm 层段的$^{230}Th_{ex}$分布可用于估算沉积速率，得到的沉积速率为 0.175 mm/ka。从图中也可以看出，$^{230}Th_{ex}$分布呈峰状，整个岩芯有 3 个$^{230}Th_{ex}$峰。

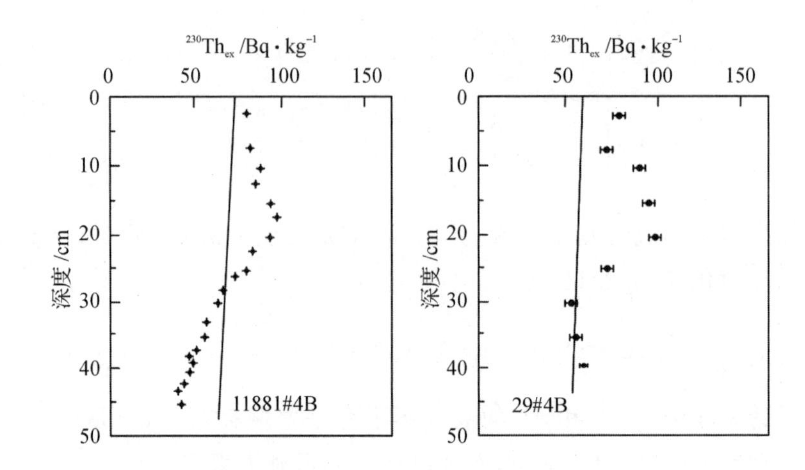

图 3.2.7 两个深海沉积物岩芯$^{230}Th_{ex}$分布 (Thomson et al.,1995)

4 ^{226}Ra过剩法测年

应用^{226}Ra过剩法进行海洋沉积物测年的研究较少,仅陈毓蔚等(1982)用测量沉积物全样中的^{226}Ra对东海近岸的沉积速率进行了估算,其他的一些研究则是利用沉积物重晶石中的^{226}Ra进行海洋沉积速率估算。^{226}Ra半衰期为1 600 a,按半衰期规则,^{226}Ra可测年的时间尺度为 800~8 000 a。

4.1 方法原理

严格说,由于^{226}Ra母体^{230}Th的半衰期不是远大于^{226}Ra,而且之前还有母体^{234}U和^{238}U,涉及四级衰变,因此年代计算方法会很复杂。但研究发现,海洋沉积物重晶石中的铀含量比^{230}Th低很多,在 0.5×10^{-6},远低于^{230}Th,重晶石中的^{230}Th主要是非支持的(unsupported),所以计算时通常忽略^{230}Th以前母体的贡献。得到的^{226}Ra过剩法测年方程为

$$^{226}Ra-{}^{230}Th=({}^{226}Ra_0-{}^{230}Th_0)e^{-\lambda_{226}t} \tag{3.2.17}$$

4.2 利用^{226}Ra过剩进行海洋沉积物测年

图 3.2.8 所示是 Paytan 等(1996)报道的一个太平洋沉积物岩芯全样中^{226}Ra和^{230}Th及重晶石中^{226}Ra的分布。从图中可以看出,沉积物全样中^{226}Ra相对于^{230}Th是亏损的,而在重晶石中^{226}Ra相对于^{230}Th是过剩的。

4.3 ^{226}Ra测量方法讨论

^{226}Ra测量可以追溯到 100 年前居里夫人发现镭时起。^{226}Ra是 α 放射性核素,当然可以用 α 谱方法直接测^{226}Ra衰变发出的 α 射线。然而测量

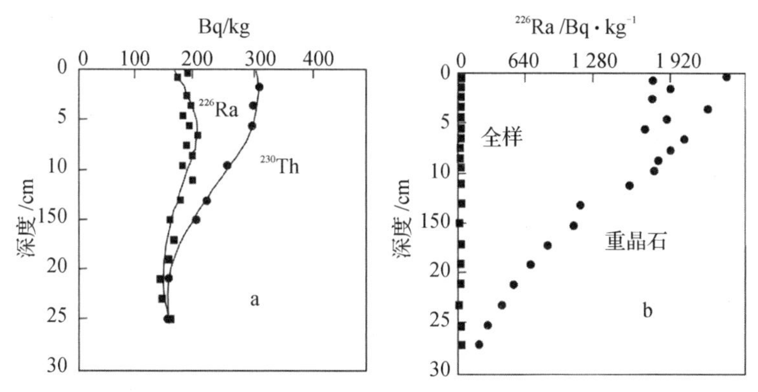

图 3.2.8　太平洋一个沉积物岩芯全样^{226}Ra和^{230}Th分布(a)和重晶石^{226}Ra分布(b)

^{226}Ra用得多的方法是子体 α 计数方法和 γ 谱方法。^{226}Ra子体^{222}Rn 是惰性气体核素,可以用居里夫人早期就使用的射气法测量^{226}Ra。这种方法在海水中^{226}Ra的测量中得到了广泛应用,测量设备通常称为氡钍分析仪,有用ZnS(Ag)作为探测介质的闪烁探测器,近些年来使用半导体探测器的测量装置得到了广泛应用。氡钍分析仪可用来测量气体和液体样品的镭同位素。

如果可用于测量的样品量较大,也可用 γ 谱方法测量^{226}Ra。测量海洋沉积物全样中的^{226}Ra,最好有 100 g 左右的干样。^{226}Ra衰变发出186 keV γ 射线,分支比仅 3.2%,且与^{235}U的 185.7 keV(54%)γ 射线不可分辨,不适合于用来测量^{226}Ra。γ 谱方法测量^{226}Ra,通常利用子体^{214}Pb 和^{214}Bi 衰变发出的 γ 射线,可利用的有能量为 241.9 keV(7.5%),295.2 keV(19.3%),351.9 keV(37%),609.3 keV(46.1%),1 120.3 keV(15%)和1 764.5 keV(15.9%)的多条 γ 射线。最常用的是 351.9 keV 和 609.3 keV γ 射线。

第三节　$^{230}Th_{ex}/^{232}Th$和$^{231}Pa_{ex}/^{230}Th_{ex}$比值法测年

由于没有可利用的初始值,除^{234}U过剩法外,子体过剩法测定沉积速率或生长速率均建立在恒通量假设的基础之上。^{230}Th过剩法和^{231}Pa过剩法测年在 10^4～10^5 a时间尺度,环境变化研究的结果表明,在这样一个时间尺度,地球环境发生过大空间尺度大幅度的变化，如气候变化、海平面变化等，所以恒通量假设不成立，第二节的$^{230}Th_{ex}$和$^{231}Pa_{ex}$分布说明确实如此。为了克服这种困难，人们发展了$^{230}Th_{ex}/^{232}Th$和$^{231}Pa_{ex}/^{230}Th_{ex}$比值测年方法。这两种方法的测年时间尺度与测年介质分别与$^{230}Th_{ex}$和$^{231}Pa_{ex}$方法相同。

1 $^{230}Th_{ex}/^{232}Th$比值法

$^{230}Th_{ex}/^{232}Th$比值法是在^{230}Th过剩法的基础上发展起来的。起始的基本想法是怀疑^{230}Th的恒通量假设，所以想用与^{230}Th地球化学性质相同的^{232}Th来校正可能存在的^{230}Th沉积通量的变化引起的误差。如果这种想法成立，则可以利用^{232}Th修正^{230}Th进入沉积物的通量，使其满足恒通量假设。但随后的研究发现，海洋沉积物中的^{230}Th和^{232}Th来源不同，用^{232}Th来校正^{230}Th的通量可能是不合适的。但方法建立后人们还是将其用在深海沉积物、铁锰结核和结壳测年上。

测年公式的得到是在式(3.2.16)两边同时除以^{232}Th的活度：

$$\frac{A_{2ex}}{A_3}=\frac{A_{20ex}}{A_{30}}e^{-\lambda_2 t} \tag{3.3.1}$$

或

$$\frac{^{230}Th-^{238}U}{^{232}Th}=\frac{^{230}Th_0-^{238}U_0}{^{232}Th}e^{-\lambda_{230} t} \tag{3.3.2}$$

式(3.3.1)中，A_3和A_{30}为测年时测年材料中和体系形成时测年材料中^{232}Th的比活度；λ_2为^{230}Th的衰变常数。式(3.3.2)中，^{230}Th，^{232}Th和^{238}U分别为采样时测年材料中^{230}Th，^{232}Th和^{238}U的比活度；$^{230}Th_0$，$^{232}Th_0$和$^{238}U_0$分别为体系形成时测年材料中^{230}Th，^{232}Th和^{238}U的比活度。在^{230}Th测年的时间尺度内，$^{232}Th=^{232}Th_0$，$^{238}U=^{238}U_0$。

海洋沉积物测年中使用$^{230}Th_{ex}/^{232}Th$法的前提条件是$^{230}Th_{ex}/^{232}Th$应当以一定的比例沉积到海底，且在测年的时间范围内是不变的。但是，实际研究结果表明：①表层沉积物中的^{230}Th含量与上覆水深度成正比，而^{232}Th不存在这种关系，沉积物中$^{230}Th_{ex}/^{232}Th$比例的变化与离岸距离有关；②深海表层沉积物中的^{230}Th含量与其中的Fe，Mn，有机碳和P含量成正比，^{232}Th与以上元素不存在关系，但与TiO_2有正相关关系；③^{230}Th和^{232}Th在海洋沉积物岩芯中的分布完全不同；④人们观察到了深海沉积物中的

^{232}Th与陆源指示物的正相关关系，但^{230}Th不存在这种关系，^{232}Th主要存在于陆源成因的重矿物中，而^{230}Th在轻矿物中。

2 $^{231}Pa_{ex}/^{230}Th_{ex}$比值法

^{231}Pa和^{230}Th同是铀同位素的子体，奠定了$^{231}Pa/^{230}Th$测年的基础。人们对海洋环境中^{231}Pa和^{230}Th含量分布与地球化学研究结果也证明了$^{231}Pa/^{230}Th$法测年的可行性。

研究表明：①海洋表层沉积物中^{231}Pa和^{230}Th含量与离岸距离的变化正相关；②海洋沉积物岩芯中的^{231}Pa和^{230}Th均没发生过转移，深海沉积物岩芯中的^{231}Pa和^{230}Th随深度具有相同的变化趋势；③深海沉积物中的^{231}Pa和^{230}Th主要是自生的，^{231}Pa和^{230}Th含量与其中的自生组分 Fe，Mn，有机碳，P 等均呈正相关关系，而且相关性很好。从原理上说，$^{231}Pa_{ex}/^{230}Th_{ex}$比值法是子体过剩法最好的，但是由于要测定$^{231}Pa$，难度较大，因此$^{231}Pa_{ex}/^{230}Th_{ex}$比值法没有$^{230}Th$过剩法应用得多。

用^{231}Pa过剩法测年的计算公式(3.2.10)除以^{230}Th过剩法测年的计算公式(3.2.16)就得到$^{231}Pa_{ex}/^{230}Th_{ex}$比值法测年的计算公式：

$$\frac{^{231}Pa-{}^{235}U}{^{230}Th-{}^{238}U}=\frac{^{231}Pa_0-{}^{235}U_0}{^{230}Th_0-{}^{238}U_0}e^{-(\lambda_{231}-\lambda_{230})t} \tag{3.3.3}$$

$^{235}U/^{238}U$天然丰度比为 0.720/99.275＝0.007 25，天然$^{235}U/^{238}U$丰度的活度比为 0.046 04，对大洋水，$^{234}U/^{238}U$活度比为 1.14，可得$^{235}U/^{234}U$活度比为 0.040 4。按^{231}Pa的半衰期为 3.276×10^4 a，^{230}Th的半衰期为 7.7×10^4 a，可以理论上计算得$^{231}Pa/^{230}Th$产生速率的比值为 0.095 4。文献报道该值为 0.093(Yu et al.，1996；Kumar et al.，1993)，但实验结果表明，很多情况下表层沉积物$^{231}Pa_{ex}/^{230}Th_{ex}$比值偏离 0.093。

把$\lambda_{231}-\lambda_{230}$看作衰变常数，可以得到$^{231}Pa_{ex}/^{230}Th_{ex}$比值法测年半衰期为 5.70×10^4 a。

3 海洋沉积物$^{231}Pa_{ex}/^{230}Th_{ex}$比值法测年

图 3.3.1 是一个采自东太平洋(145°22.5′W，8°45′N)岩芯中的^{238}U，^{230}Th，^{231}Pa，$^{231}Pa_{ex}$，$^{230}Th_{ex}$和$^{231}Pa_{ex}/^{230}Th_{ex}$深度分布(刘广山等，2002a，b)。该岩芯采样站位水深为 5 148 m，岩芯长 32 cm，数据是用 γ 谱方法测定

的，只在 17 cm 以上层位探测到^{230}Th和^{231}Pa。岩芯中 6～17 cm 深度的$^{231}Pa_{ex}$和$^{230}Th_{ex}$随深度呈指数分布，利用该层段数据，可以用$^{231}Pa_{ex}$，$^{230}Th_{ex}$和$^{231}Pa_{ex}/^{230}Th_{ex}$ 3 种方法计算沉积速率。

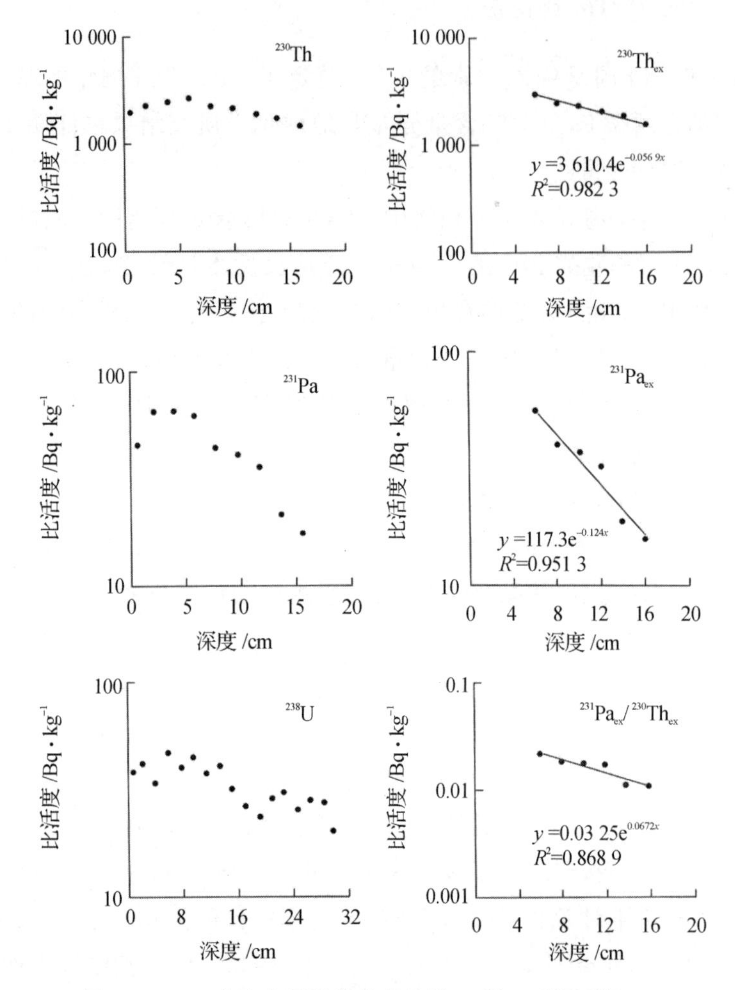

图 3.3.1　一个东太平洋岩芯中的^{230}Th，^{231}Pa，^{238}U，$^{230}Th_{ex}$，$^{231}Pa_{ex}$和$^{230}Th_{ex}/^{231}Pa_{ex}$深度分布(刘广山等，2002)

^{234}U的比活度由^{238}U的比活度按海水中$^{234}U/^{238}U$活度比 1.14 计算得到。3 种方法得到的沉积速率完全一致，平均值为1.6 mm/ka。在利用以上 3 种方法进行海洋沉积物测年研究中，3 种方法得到的结果很好一致的报道并不多，可能原因是测量方法的影响。

4 深海铁锰结核测年

表 3.3.1 列出了一个多金属结核中^{232}Th，^{230}Th，^{231}Pa含量数据和用^{230}Th过剩法、^{231}Pa过剩法、$^{230}Th_{ex}/^{232}Th$比值法和$^{231}Pa_{ex}/^{230}Th_{ex}$比值法计算得到的不同深度层形成距今年代。其中$^{231}Pa$的比活度是通过测定其子体$^{227}Th$得到的，用表层核素的比活度表示体系形成时的各核素比活度。样品中的^{238}U平均比活度为 155 Bq/kg，按天然丰度比计算得到的^{235}U比活度为 7.13 Bq/kg。

表 3.3.1 一个铁锰结核钍同位素含量分布与年龄(Krishnaswami et al.,1982)

层位/mm	核素活度/Bq·kg^{-1}			年龄/10^5 a			
	^{232}Th	^{230}Th	^{231}Pa	^{230}Th过剩法	^{231}Pa过剩法	$^{230}Th_{ex}/^{232}Th$比值法	$^{231}Pa_{ex}/^{230}Th_{ex}$比值法
0.0～0.024	1 002	22 567	1 572	0.0	0.0	0.0	0.0
0.024～0.043	673	13 517	813	5.7	3.1	1.3	1.2
0.043～0.069	523	11 367	540	7.7	5.1	0.5	3.2
0.069～0.087	513	7 067	233	13.1	9.1	5.6	6.2
0.087～0.105	583	7 600	353	12.2	7.1	6.2	3.3
0.105～0.133	380	4 583		18.0		7.2	
0.133～0.146	382	3 133		22.4		11.7	
0.146～0.182	655	4 750		17.6		12.9	
0.182～0.225	510	2 950		23.1		15.6	
0.225～0.269	580	2 517		25.0		18.9	
0.269～0.372	592	1 400		32.1		26.3	
0.372～1.90	563	223		64.4		58.0	

由表 3.3.1 中数据可以看出，$^{231}Pa_{ex}/^{230}Th_{ex}$比值法测年可利用的样品受$^{231}Pa$限制，因此，$^{231}Pa_{ex}/^{230}Th_{ex}$比值法可测年时间上限是$^{231}Pa$过剩法的测年上限，取决于样品中$^{231}Pa$的含量水平和测量$^{231}Pa$可能达到的水平。$^{230}Th_{ex}/^{232}Th$比值法的测年结果与$^{230}Th$过剩法的结果有明显的差异。

第四节 深海沉积物测年

经过多年的沉积年代学研究，人们总结出，近岸海域的沉积速率在cm/a到mm/a量级，陆架区、其他半深海海区沉积速率在cm/ka量级，深海的沉积速率在mm/ka量级。

全球海洋大部分属深海，但利用铀系法的深海沉积速率研究远没有近海那么普及，其原因主要是深海采样比近岸要困难得多。另外用于深海沉积物测年的核素测量方法也比用于近岸沉积物测年核素的测量方法复杂得多。深海沉积物是新生代环境变化有前途的记录介质，与陆地和近海沉积物相比，由于受区域因素的影响较小，深海沉积物连续地记录着全球性的环境变化过程。

1 深海沉积物测年方法

海洋沉积物测年方法很多，铀系年代学方法中，^{230}Th过剩法、^{231}Pa过剩法、$^{231}Pa_{ex}/^{230}Th_{ex}$比值法、$^{230}Th_{ex}/^{232}Th$比值法以及宇生放射性核素的$^{14}C$方法和$^{10}Be$方法，都有用于深海沉积物测年的报道。

除铀系法和宇生放射性核素方法外，辐射成因方法，包括裂变径迹法、热释光方法、光释光方法和ESR法，也有用于深海沉积物测年的报道。

同位素地层学方法，包括氧同位素、碳同位素、锶同位素、钕同位素、锇同位素地层学方法，也都有用于海洋沉积物测年的报道，它们是相对测年方法。

除以上方法外，氨基酸外消旋方法也用于深海沉积物测年。在相对测年方法中，生物地层学方法和磁地层学方法是深海沉积物测年应用得最多的方法。

2 深海沉积速率

表3.4.1列出了一些深海沉积物的测年结果。大量的测年结果给出了深海沉积物的沉积速率在0.3～10.0 mm/ka量级，仅少数研究者报道的深海沉积速率相对于以上范围有较大的偏离。

表 3.4.1　一些深海沉积物的沉积速率(mm/ka)

海　区	水深 /m	$^{230}Th_{ex}$法	$^{231}Pa_{ex}$法	$^{231}Pa_{ex}/^{230}Th_{ex}$比值法	$^{230}Th_{ex}/^{232}Th$比值法	^{14}C方法	^{10}Be方法	文　献
太平洋								
东太平洋 145°22.5′W,8°45′N	5 148	1.62	1.63	1.66				刘广山等,2002b
太平洋		0.5～3.0		0.3～1.2	0.3～13.0			库兹涅佐夫,1981
中太平洋北部 176°10.65′W,8°0.15′N	3 991	4.4/4.8			1.6/1.8			邹汉阳等,1988
西太平洋海盆	5 390～5 924	1.2～3.5				1.9～2.3		Moon et al.,2003
西加罗林海盆	4 157～4 629	4.5～6.0						
印度洋								
印度洋 95°58′E,25°46′S	4 967	1.3/1.0	1.6/1.2					Yokoyama and Nguyen, 1990
印度洋	3 860～5 590	0.3～9	3.1～11	2.1～4.6	1.0～13			库兹涅佐夫,1981
大西洋与北冰洋								
北大西洋			110～150					Maher et al.,2004
东北大西洋	3 995～4 550					21.4～30.8		Thomson et al.,1995
门捷列夫海岭							～2.7	Sellén et al.,2009
	1 586～2 570			1.5				Not and Hillair-Marcel,2010
西北冰洋				1.5～2.8				Ku and Broecker,1967

第五节 $^{231}Pa_{ex}/^{230}Th_{ex}$示踪的大洋环流和颗粒物输运过程

应用^{231}Pa和^{230}Th的深海沉积物测年并不非常普及，主要原因有两方面：一是深海沉积物的沉积速率在 mm/ka 到 cm/ka 量级，^{231}Pa和^{230}Th测年的时间尺度在 10～100 ka，所能利用的沉积物岩芯长度在 10～100 cm 量级，与深海沉积物厚度 100～1 000 m 量级相比，实在是微不足道；二是在^{231}Pa和^{230}Th测年的时间尺度内，海洋环境可能发生变化，使沉积物和^{231}Pa和^{230}Th累积速率明显变化，因此很多岩芯中这两种核素的分布并不理想，难以用其估算沉积速率。

对水体交换而言，^{231}Pa和^{230}Th半衰期足够长。近几十年来人们利用$^{231}Pa_{ex}/^{230}Th_{ex}$比值法进行了较多的大洋水交换过程和颗粒动力学过程研究(Hoffman et al.,2013;Kumar et al.,1993,1995;Yu et al.,1996)。

1 北冰洋水与北大西洋水交换

海冰形成和北大西洋深层水形成是发生在北冰洋的影响全球环境变化的两个关键过程。开阔海域^{230}Th和^{231}Pa从产生到被清除，再到沉积物的时间在 10～100 a 时间尺度。Hoffmann 等(2013)提出海洋沉积物中的^{231}Pa和^{230}Th比值($^{231}Pa_{ex}/^{230}Th_{ex}$)记录着北冰洋和北大西洋之间的深层水交换过程。

1.1 研究海区与方法

Hoffmann 等(2013)的研究有 7 个岩芯，基本上位于东、西半球的分界线上，从白令海一端的 78°N 到北大西洋方向的 85°N 之间，站位水深在 1 000～3 500 m，岩芯长度为 15～30 cm。研究海域的水体停留时间在 150～400 a，与溶解态的^{231}Pa在水体中的停留时间相当或更长。岩芯用^{14}C方法测年，涵盖的时间为 50 ka。

1.2 北冰洋^{231}Pa和^{230}Th的清除速率

在北冰洋，不同海区^{231}Pa和^{230}Th具有不同的清除速率，在欧亚海盆和部分加拿大海盆具有高的清除速率，在中部海区^{230}Th的埋葬速率与水柱的产生速率相当。

在 Hoffmann 的研究中，在后冰期(late glacial，15 ka～35 ka)、冰消期(deglacial，15 ka～10 ka)和全新世(Holocene，10 ka～)3 个时期，岩芯中的初始$^{231}Pa_{ex}/^{230}Th_{ex}$比值均随水深增加呈线性降低，而且具有很好的线性相关性(见图 3.5.1)。

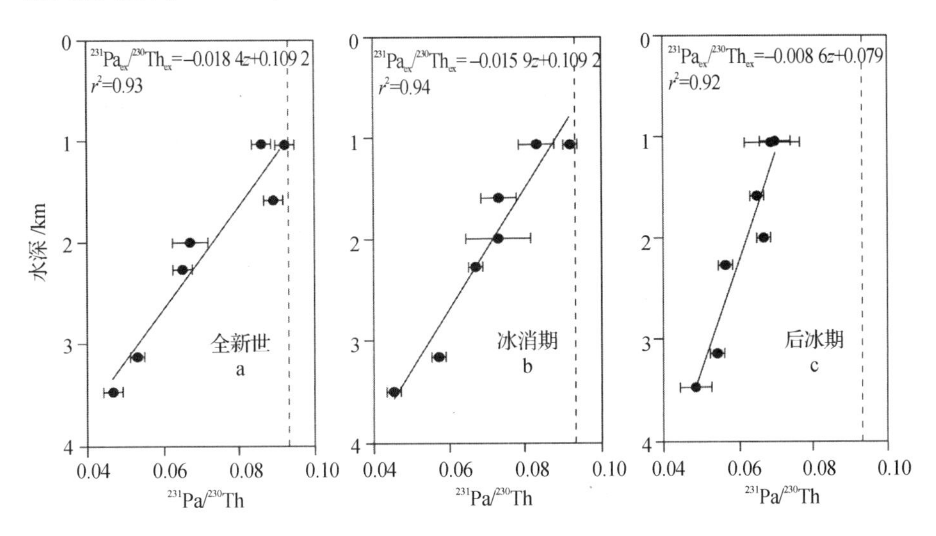

图 3.5.1 北冰洋沉积物初始$^{231}Pa_{ex}/^{230}Th_{ex}$比值随水深的变化

(Hoffmann et al., 2013)

$^{231}Pa/^{230}Th$比值在后冰期、冰消期和全新世明显不同。在后冰期，6 个岩芯中的$^{231}Pa_{ex}/^{230}Th_{ex}$值比较恒定(见图 3.5.2)，但均小于水柱生成速率。在约 16.5 ka 到采样时间，在罗蒙诺索夫海岭采集的岩芯(水深1 034 m)中初始$^{231}Pa_{ex}/^{230}Th_{ex}$比值与现代海洋产生速率相当；采样深度大于2.5 ka的岩芯中，冰消期初始$^{231}Pa_{ex}/^{230}Th_{ex}$比值由 15 ka 起逐渐升高，到全新世初。在全新世，站位水深在 1.6 km 以下的站位，初始$^{231}Pa_{ex}/^{230}Th_{ex}$比值接近现代海水的产生速率水平；站位水深在 1.6 km～2.5 km 的站位的初始$^{231}Pa_{ex}/^{230}Th_{ex}$比值在 10 ka 左右达到极大值，然后向采样时间呈逐渐降低趋势；站位水深在 3 km 以上的岩芯，整个岩芯$^{231}Pa_{ex}/^{230}Th_{ex}$比值总体变化趋势不明显，只是在冰消期和全新世起伏较明显。

以上均说明，当水深较深时，或在后冰期，相对地，海水中的^{231}Pa清除到沉积物的速率低于^{230}Th，所以出现了沉积物中$^{231}Pa_{ex}/^{230}Th_{ex}$比值低于其生成速率。但也存在另一层意义上的解释：在较浅水深海区，相对而言，^{231}Pa和^{230}Th在水柱的停留时间短，所以沉积到水底沉积物保持着与产生速

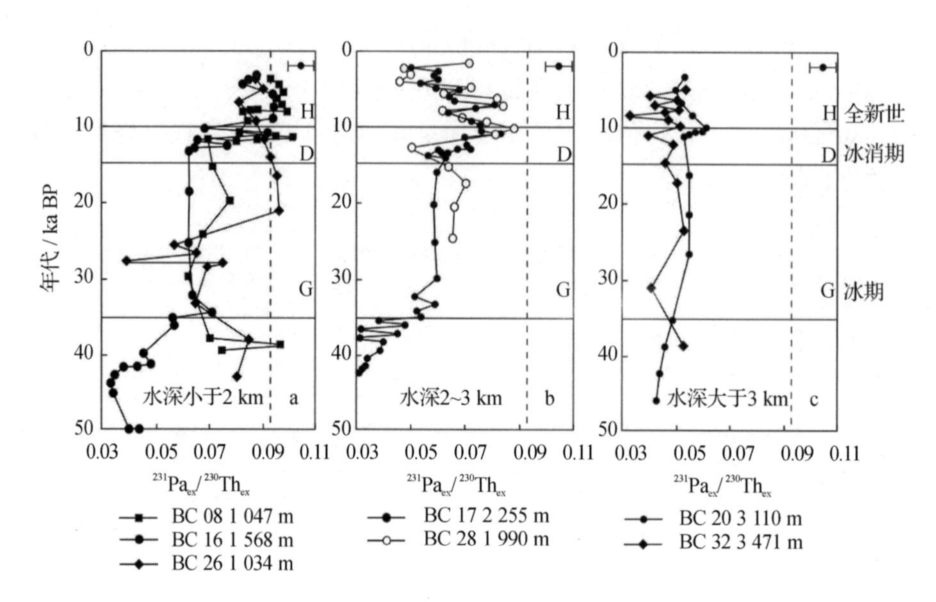

图 3.5.2 北冰洋沉积物岩芯初始$^{231}Pa_{ex}/^{230}Th_{ex}$比值随年代的变化

(Hoffmann et al., 2013)

率一致的比值。

1.3 北冰洋与北大西洋的水交换

目前的研究表明，未发现北冰洋存在^{231}Pa的汇，也不存在边界清除和侧向输运到边缘海的证据，所以可以认为北冰洋沉积物中低的初始$^{231}Pa_{ex}/^{230}Th_{ex}$比值是北冰洋水体输出的结果。在全新世，通过弗莱姆海峡，^{231}Pa的输出为30%，末次冰期最大时为40%。

2 大西洋径向环流的变化

大洋环流(general circulation)也称热液环流(thermohaline circulation)，在很大程度上，决定了全球气候格局，所以从认识海洋环流和全球气候变化的角度，人们对大洋环流本身和作为历史上气候变化的可能起因进行了广泛研究。

2.1 大西洋环流模式

自从Broecker(1991)用同位素和营养盐分布证实了大洋传送模式后，人们对大洋环流进行了详细研究。目前的共识是：在大西洋，北冰洋和北大西洋形成的深层水(North Atlantic deep water，NADW)在1.5 km～4.5 km深度由北向南输运，而大西洋表层水和底层水(bottom water)总体上由南向北运行，在形式上像是在大西洋形成南北环流，也称为径向环流(meridional circulation)。而在三大洋南部(southern ocean)，有全球最大的洋流，分布在南大洋从表层至海底，通常称为绕极流(circumpolar current)。当前的大洋环流模式如图 3.5.3 所示。有证据表明，大西洋径向环流在末次冰期曾发生较大变化，形成冰期北大西洋深层中层水(glacial North Atlantic deep/intermediate water，GNAIW)(Yu et al.，1996)。

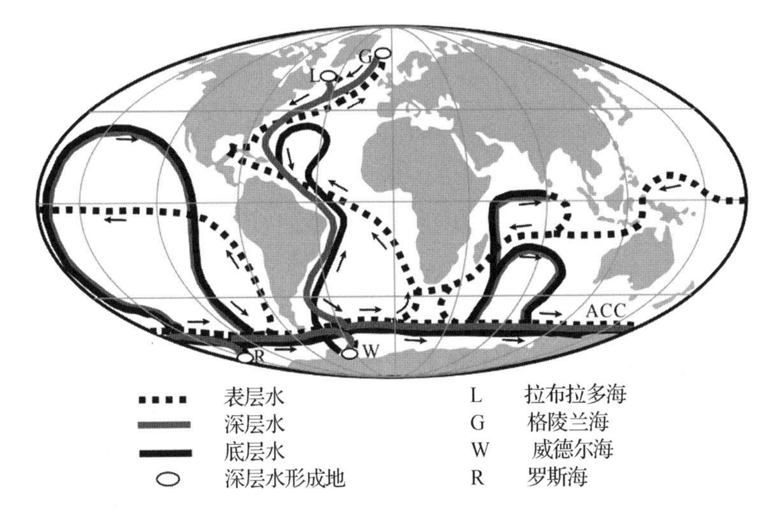

图 3.5.3 大洋环流模式

2.2 大西洋沉积物岩芯初始$^{231}Pa_{ex}/^{230}Th_{ex}$的分布

(1)全新世。大西洋(50°S 以北)除西非近海上升流区、亚速海附近一些采样站外，全新世初始$^{231}Pa_{ex}/^{230}Th_{ex}$比值在 0.03～0.09 之间，平均为 0.060，小于$^{231}Pa_{ex}/^{230}Th_{ex}$产生速率比值。南大洋 50°S 以南海区初始$^{231}Pa_{ex}/^{230}Th_{ex}$比值在 0.12～0.24，平均为 0.17。

(2)末次冰盛期。末次冰盛期大西洋沉积物初始$^{231}Pa_{ex}/^{230}Th_{ex}$具有与现代沉积物相似的结构。非上升流区，45°S 以北，初始$^{231}Pa_{ex}/^{230}Th_{ex}$比值为 0.03～0.10，平均为 0.059，上升流区为 0.11～0.15；45°S 以南海区为 0.11～0.22，平均为 0.15。

3 150 ka 以来南大洋生产力的变化

海洋生物生产力对气候变化是灵敏的，包括营养盐和光生物可利用性。反过来，海洋生物生产力可能通过调制大气 CO_2 在大气和海洋中的分配来影响气候变化。

人们广泛用$^{234}Th/^{238}U$比值法研究真光层的输出生产力，同时也试图将冰芯记录的风成物质和大气CO_2含量随时间变化与南大洋的生产力联系起来。Kumar等(1993，1995)用$^{231}Pa/^{230}Th$比值法研究了150 ka以来南大洋的输出生产力，结果发现在南大洋大西洋扇面冰期具有比现在低的生产力；冰期条件下，南大洋最大生产力区向北移动。

3.1 高营养盐低生产力的南大洋

Martin及其合作者(Kumar et al.，1995)注意到一些海区有高的营养盐(硝酸盐)，但生产力(叶绿素浓度)却低，称其为高营养盐低生产力(high nutrient low chlorophyll，HNLC)。这些海区远离大陆或浅水海区，具有低的风成岩成尘埃输入，而这些尘埃是生物可利用的铁等微量元素的主要来源。南大洋就是这样一个海区。

3.2 $^{231}Pa/^{230}Th$比值与输出生产力

输出生产力是真光层未矿化的生源碎屑。开阔大洋水体中沉降到海底的主要是生源颗粒物，所以输出颗粒物通量可以用来衡量输出生产力，已经发现海洋颗粒态$^{231}Pa_{ex}/^{230}Th_{ex}$比值与颗粒物输出通量呈线性正相关关系(Kumar et al.，1995)。如果对于地质历史时期这一关系也成立，则沉积物中的$^{231}Pa_{ex}/^{230}Th_{ex}$比值可能可用于指示古生产力的变化。

参考文献

蔡毅华，黄奕普，陈敏，等，2000. 东太平洋多金属结核U、Th同位素深度分布特征与生长速率[J]. 厦门大学学报(自然科学版)，39(5)：657-663.

陈毓蔚，赵一阳，刘菊英，等，1982. 东海沉积物中^{226}Ra的分布特征及近岸区沉积速率的测定[J]. 海洋与湖沼，13(4)：380-387.

黄奕普，罗尚德，施文远，等，1987. 深海锰结核的放射化学研究[J]. 海洋学报，9(1)：36-44.

黄奕普，邢娜，彭安国，等，2006. 太平洋富钴结壳基于U系法的生长速率与生成年代[C]//同位素海洋学研究文集：第4卷：海洋放射年代学. 北京：海洋出版社，231-274.

库兹涅佐夫，1981. 海洋放射年代学[M]. 夏明，等译. 北京：科学出版社，280.

李培泉，刘志和，卢光山，等，1984. 冲绳海槽沉积物中U，Ra，Th，^{40}K的地球化学研究[J]. 海洋与湖沼，15(5)：457-467.

刘广山，2010. 同位素海洋学[M]. 郑州：郑州大学出版社：298.

刘广山，黄奕普，蔡毅华，等，2001a. 东太平洋多金属结核中放射性核素的不破坏γ谱分析[J]. 海洋学报，23(4)：48-58.

刘广山，黄奕普，陈敏，等，2001b. 南沙海域表层沉积物放射性核素分布特征[J]. 海洋科学，25(8)：1-5.

刘广山，黄奕普，彭安国，2002a. 深海沉积物岩芯锕放射系核素的 γ 谱测定[J]. 台湾海峡，21(1)：86-93.

刘广山，黄奕普，彭安国，等，2002b. γ 谱测定^{230}Th和^{231}Pa的深海沉积物沉积速率与古生产力研究[J].地质论评，48(增刊)：153-160.

刘韶，张惠玲，秦佩玲，等，1996. 铀系年代学[M]//南沙群岛及其邻近海域铀钍沉积特征和年代研究. 北京：海洋出版社：2-32.

温孝胜，刘韶，张惠玲，等，1997. 南海沉积物中 U，Th 分布特征及其古环境意义[J]. 热带海洋，16(3)：32-40.

谢以萱，1993. 南沙群岛及其邻近海区海底地形图[M]//中国科学院南沙综合科学考察队. 南沙群岛及其邻近海区沉积图集. 武汉：湖北科学技术出版社，4-5.

罗又郎，冯伟文，林怀兆，1989. 中国科学院南沙综合科学考察队. 南沙群岛及其邻近海区综合调查研究报告：一下[M]. 北京：科学出版社：446.

徐茂泉，陈友飞，2010. 海洋地质学[M].2 版. 厦门：厦门大学出版社：284.

杨伟锋，陈敏，刘广山，等，2002. 楚可奇海陆架沉积物中核素的分布及其对沉积环境的示踪[J]. 自然科学进展，2(5)：515-518.

杨伟锋，陈敏，刘广山，等，2005. 楚可奇海陆架区表层沉积物放射性核素的分布[J]. 海洋环境科学，24(2)：32-35.

中国科学院南沙综合科学考察队，1993. 南沙群岛及其邻近海区第四纪沉积地质学[M]. 武汉：湖北科学技术出版社：383.

中国科学院南沙综合科学考察队，1996. 南沙群岛及其邻近海域铀钍沉积特征和年代研究[M]. 北京：海洋出版社：103.

邹汉阳，曾宪章，姚家奠，等，1988. 铀系法测定中太平洋北部深海沉积物的沉积速率[J]. 海洋通报，7(2)：62-67.

Baturib G N，1973. Uranium in the contemporary sediment cycle of the sea[J].Geokhimiya，9：1362-1372.

Bernat M，Bieri R H，Koide M，et al.，1970. Uranium，thorium，potassium and argon in marine phillipsites[J].Geochimica et Cosmochimica Acta，34：1053-1071.

Bertine K K，Chan L H，Turkian K K，1970. Uranium determinations in deep-sea sediments and natural waters using fission tracks[J]. Geochimica et Cosmochimica Acta，34：641-648.

Broecker W S，1991. The great ocean conveyor[J]. Oceanography，4(2)：79-89.

Chabaux F，Cohen A S，O'Nions R K，et al.，1995. ^{238}U-^{234}U-^{230}Th chronometry of Fe-Mn crusts：growth processes and recovery of thorium isotopic ratios of seawater[J]. Geochimica et Cosmochimica Acta，59(3)：633-638.

Chabaux F, O'Nions R K, Cohen A S, et al., 1997. ^{238}U-^{234}U-^{230}Th disequlibrium in hydrogenous oceanic Fe-Mn crusts: paleoceanographic record or diagenetic alteration? [J]. Geochimica et Cosmochimica Acta, 61(17): 3619-3632.

Chen H, Edwards R L, Murrell M T, et al., 1998. Uranium-Thorium-Protactinium dating systematics[J]. Geochimica et Cosmochimica Acta, 62(21/22): 3437-3452.

Cherry R D, Shannon L V, 1974. The alpha radioactivity of marine organisms[J]. Atomic Energy Review, 12: 3-45.

Chiu T-C, Fairbanks R G, Mortlock R A, et al., 2006. Redundant $^{230}Th/^{234}U/^{238}U$, $^{231}Pa/^{235}U$ and ^{14}C dating of fossil corals for accurate radiocarbon age calibration[J]. Quaternary Science Reviews, 2006. 25: 2431-2440.

Cobb K M, Charles C D, Cheng H, et al., 2003. U/Th-dating living and young fossil corals from the central tropical Pacific[J]. Earth and Planetary Science Letters, 210: 91-103.

Goldberg E D, Somayajulu B L K, Galloway J, et al., 1969. Differences between barites of marine and continental origins[J]. Geochimica et Cosmochimica Acta, 33: 287-289.

Heye D, 1969. Uranium, thorium, and radium in ocean water and deep-sea sediments[J]. Earth and Planetary Science Letters, 6: 112-116.

Henderson G, Burton K W, 1999. Using ($^{234}U/^{238}U$) to assess diffusion rates of isotope tracers in ferromanganese crusts [J]. Earth and Planetary Science Letters, 170: 169-179.

Hoffmann S S, McManus J F, Curry W B, et al., 2013. Persistent export of ^{231}Pa from the deep central Arctic Ocean over the past 35000 years[J]. Nature, 497: 603-606.

Holmes C W, Osmond J K, Goodell H G, 1968. The geochronology of foraminiferal ooze deposits in the Southern Ocean[J]. Earth and Planetary Science Letters, 4: 368-374.

Huh C A, 1982. Radiochemical and chemical studies of manganese nodules from three sedimentary regimes in the north Pacific[D]. Los Angeles: University of Southern California.

Huh C A, Kadko D C, 1992. Marine sediments and sedimentation processes[M]//Ivanovich M, Harmon R S. Uranium-series disequilibrium: applications to earth, marine, and environmental sciences. 2nd ed. Oxford: Clarendon Press: 460-486.

Huh C A, Zahnle D L, Small L F, et al., 1987. Budgets and behaviors of uranium and thorium series isotopes in Santa Monica Basin sediments [J]. Geochimica et Cosmochimica Acta, 51: 1743-1754.

Krishnaswami S, Mangini A, Thomas J H, et al., 1982. ^{10}Be and Th isotopes in manganese nodules and adjacent sediments: nodule growth historical and nuclide behavior [J]. Earth and Planetary Science Letters, 59: 217-234.

Ku T L,1965. An evaluation of the $^{234}U/^{238}U$ method as a tool for dating pelagic sediments [J]. Journal of Geophysical Research,70:3457-3474.

Ku T L, 1966. Uranium series disequilibrium in deep sea sediments[D]. New York: Columbia University.

Ku T L,1969. Uranium series isotopes in sediments from the Red Sea hot-brine area[M]// Degens E T,Ross D A. Hot brines and recent heavy metal deposits in the Red Sea. New York:Springer-Verlag:512-524.

Ku T L,Broecker W S,1967. Rates of sedimentation in the Arctic Ocean[J]. Progress of Oceanography,4:95-104.

Ku T L,Broecker W S,Opdyke N,1968. Comparison of sedimentation rates measured by paleomagnetic and the ionium methods of age determination[J]. Earth and Planetary Science Letters,4:1-16.

Ku T L,Glasby G P,1972. Radiometric evidence for the rapid growth rate of shallow-water,continental margin manganese nodules[J]. Geochimica et Cosmochimica Acta, 36:699-703.

Kumar N,Anderson R F,Mortlock R A,et al.,1995. Increased biological productivity and export production in the glacial Southern Ocean[J]. Nature,378:675-681.

Kumar N,Gwiazda R,Anderson R F,et al.,1993. $^{231}Pa/^{230}Th$ ratios in sediments as a proxy for past changes in Southern Ocean productivity[J]. Nature,362:45-48.

Lalou C, Brichet E, Ku T L, et al., 1977. Radiochemical, scanning electron microscope (SEM) and X-ray dispersive energy (EDAX) studies of a famous hydrothermal deposit [J]. Marine Geology,24:245-258.

Maher K,Depaolo D,Lin J C F,2004. Rates of silicate dissolution in deep-sea sediment:in situ measurement using $^{234}U/^{238}U$ of pore fluids[J]. Geochimica et Cosmochimica Acta,68(22):4629-4648.

Mangini A, Dominik J, 1979. Late quaternary sapropel on the Mediterranean Ridge: U-budget and evidence for low sedimentation rates[J]. Sedimentary Geology, 23: 113-125.

Mo T,Suttle A D,Sackett W M,1973. Uranium concentrations in marine sediments[J]. Geochimica et Cosmochimica Acta,37:35-51.

Moon D S,Hong G H,Kim Y I,et al.,2003. Accumulation of anthropogenic and natural radionuclides in bottom sediments of the Northwest Pacific Ocean[J]. Deep-Sea Research Ⅱ,50:2649-2673.

Moran S B,Shen C C,Edwards R L,et al.,2005. ^{231}Pa and ^{230}Th in surface sediments of the Arctic Ocean: implications for $^{231}Pa/^{230}Th$ fractionation, boundary scavenging, and advective export[J]. Earth and Planetary Science Letters,234:235-248.

Neff U,Bollhöfer A,Frank N,et al.,1999. Explaining discrepant depth profiles of $^{234}U/^{238}U$ and $^{230}Th_{ex}$ in Mn-crusts[J]. Geochimica et Cosmochimica Acta,63(15):2211-2218.

Not C, Hillair-Marrel C, 2010. Time constraints from ^{230}Th and ^{231}Pa data in late Quaternary,low sedimentation rate sequences from the Arctic Ocean:an example from the northern Mendeleev Ridge[J]. Quaternary Science Reviews,29:3665-3675.

Paytan A,Moore W S,Kastner M,1996. Sedimentation rate as determined by ^{226}Ra activity in marine barite[J]. Geochimica et Cosmochimica Acta,60(22):4313-4319.

Piper D Z,Veeh H H,Bertrand W G,et al.,1975. An iron-rich deposit from the Northeast Pacific[J]. Earth and Planetary Science Letters,26:114-120.

Sackett W M,Cook G,1969. Uranium geochemistry of the Gulf of Mexico[J]. Transaction of Gulf-Coast Association Geological Societies,19:233-238.

Scholten J C,Botz R,Paetsch H,et al.,1994. $^{230}Th_{ex}$ flux into Norwegian-Greenland sea sediments:evidence for lateral sediment transport during the past 300000 years[J]. Earth and Planetary Science Letters,121:111-124.

Scott M R,Scott R B,Rona P A,et al.,1974. Rapidly accumulating manganese deposit from the medial valley of Mid-Atlantic Ridge[J]. Geophysical Research Letters,1:355-358.

Sellén E,Jakobsson M,Frank M,et al.,2009. pleistocene variations of beryllium isotopes in central Arctic Ocean sediment cores[J].Global and Planetary Change,68:38-47.

Slowey N C,Henderson G M,Curry W B,1996. Direct U-Th dating of marine sediments from the two most recent interglacial periods[J]. Nature,383:242-244.

Somayajulu B L K,Goldberg E D,1966. Thorium and uranium isotopes in seawater and sediments[J]. Earth and Planetary Science Letters,1:102-106.

Turekian K K,Bertine K K,1971. Deposition of molybdenum and uranium along the Major Ocean Ridge systems[J]. Nature,229:250-251.

Thomson J,Colley S,Anderson R,et al.,1995. A comparison of sediment accumulation chronologies by the radiocarbon and $^{230}Th_{excess}$ methods[J]. Earth and Planetary Science Letters,133:59-70.

Thompson W G,Spiegelman M W,Goldstein S L,et al.,2003. An open-system model for U-series age determinations of fossil corals[J]. Earth and Planetary Science Letters,210:365-381.

Veeh H H,1967. Deposition of uranium from the ocean[J]. Earth and Planetary Science Letters,3:145-150.

Villemant B,Feuillet N,2003. Dating open system by the ^{238}U-^{234}U-^{230}Th method: application to Quaternary reef terraces[J]. Earth and Planetary Science Letters,210:

105-118.

Yang H S, Nozaki Y, Sakai H, et al., 1986. The distribution of ^{230}Th and ^{231}Pa in the deep-sea surface sediments of the Pacific Ocean[J]. Geochimica et Cosmochimica Acta, 50: 81-89.

Yu E F, Francois R, Bacon M P, 1996. Similar rates of modern and last-glacial ocean thermohaline circulation inferred from radiochemical data[J]. Nature, 379: 689-694.

Yokoyama Y, Nguyen H V, 1990. 应用高分辨率的γ谱法直接和不破坏试样地测定海洋沉积物、锰结核和珊瑚的年龄[M]//戈德堡,堀部纯男,猿桥胜子. 同位素海洋化学. 黄奕普,施文远,邹汉阳,等,译. 北京:海洋出版社:165-183.

第四章 ^{210}Pb过剩法与中国海的现代沉积物测年

大多数文献认为^{210}Pb测年方法最早是由Goldberg(1963)提出的。^{210}Pb是天然铀放射系核素,所以^{210}Pb测年方法也是铀系法;而且大多数报道的是^{210}Pb过剩法测年,或称为$^{210}Pb_{ex}$法。^{210}Pb半衰期为22.26 a,适合于10～100 a时间尺度的测年,所以经常看到应用^{210}Pb的测年又称为现代沉积年代学。过去的100 a,是人类活动对环境影响最大的历史时期。尽管与地质历史相比,100 a是微不足道的,但从现在起往历史方向追溯的100 a,由于人类活动的影响,地球发生了前所未有的变化,因此这个时间的年代学研究也就特别重要。

^{210}Pb过剩法测年已广泛应用于近海、海湾以及湖泊沉积物年代和沉积速率测定。海洋放射年代学研究中,^{210}Pb测年不是最重要的测年方法,但却是应用最广、发表文章最多的测年方法。由于^{210}Pb测年方法远比其他测年方法应用得多,人们对其的研究也多,因此这里单列一章。近海、海湾和湖泊应用^{210}Pb过剩法测年在原理和方法方面并不存在很大不同,本章引用了各个方面的文献。

近海、海湾和湖泊沉积物的沉积速率在mm/a到cm/a量级,所以利用^{210}Pb的测年所需要采集的岩芯长度在10～100 cm长度。

第一节 海洋沉积物中^{210}Pb的来源和^{210}Pb与^{226}Ra的衰变不平衡

1 海洋中^{210}Pb主要来源于大气沉降

大气沉降是海洋中^{210}Pb的主要来源，大气中的^{210}Pb是由地表土壤和水体（主要是土壤）逸出的^{222}Rn衰变产生的。陆地土壤和海水中的^{226}Ra衰变产生的^{222}Rn逸出到大气中，随气流运动并衰变，^{222}Rn经多个短寿命子体衰变产生^{210}Pb。^{210}Pb易吸附在气溶胶上。一旦^{210}Pb附着在气溶胶上，就和气溶胶一起运移、迁出，通过干、湿沉降又返回陆地和海洋。研究表明，大气中的^{210}Pb主要通过湿沉降清除，干沉降的贡献较小。陆地径流输入主要来自河载颗粒物上的^{210}Pb，Rama 等（1961）和 Lewis（1977）的研究证明，除了在低到 $pH<4$ 的条件下外，^{210}Pb会快速地从溶解态清除到颗粒态，所以沉降在陆地上的^{210}Pb会被颗粒物有效捕集。^{210}Pb在土壤中的平均停留时间大于 10^3 a（Benninger et al.，1979；Lewis，1977）。观察结果表明，沉降到陆地上的^{210}Pb被捕集在土壤中，河流中的^{210}Pb被颗粒物清除，即使不考虑在河流中的沉降，河流输入海洋的^{210}Pb也比大气直接沉降输入海洋的通量要小得多。地理和气候条件影响地表^{222}Rn的释放，从而影响大气中^{210}Pb的水平，造成大气沉降通量存在纬度效应。

2 大洋水中^{210}Pb和^{226}Ra衰变不平衡

大洋水中^{210}Pb与^{226}Ra不平衡是普遍存在的（刘广山，2010）。大洋上层水中的^{210}Pb主要来源于大气沉降，中层水中来源于大气沉降的^{210}Pb与来源于海水^{226}Ra衰变的^{210}Pb有相当的水平，底层水中的^{210}Pb主要来源于^{226}Ra的衰变。表层水中，可能直到 500～2 000 m 深度，^{210}Pb相对于^{226}Ra过剩，而在更深海水中，^{210}Pb相对于^{226}Ra亏损；中层水中的$^{210}Pb/^{226}Ra$活度比大致上是常数，为 0.6～0.8；底层水中的$^{210}Pb/^{226}Ra$活度比继续降低，可低至 0.3。

3 海洋沉积物中的^{210}Pb的来源

海洋沉积物中的^{210}Pb可能来源于海水颗粒物的沉降，也可能来源于沉积物中^{226}Ra的衰变。用于沉积物测年的是海水中通过颗粒物清除进入沉积物的^{210}Pb。一般认为,沉积物中^{226}Ra衰变产生的^{210}Pb是与^{226}Ra衰变平衡的,测年计算中要减去这一部分。

4 近岸沉积物岩芯中^{210}Pb的分布

范德江等(2000)分析中国陆架^{210}Pb年代学研究现状时将海洋沉积物中的^{210}Pb分布分为5种模式,如图4.1.1所示。从第一种模式(见图4.1.1a)可以得到的信息是:100 a以来,采样海区未沉积现代沉积物或属于侵蚀状态,^{210}Pb与^{226}Ra处于衰变平衡。实际情况下,第二种^{210}Pb分布模式(见图4.1.1b)并不多见,但却是研究者常采用的模式,因为它简化了沉积速率计算方法。这种分布的意义是:上部^{210}Pb的浓度逐渐降低,到一定深度后与^{226}Ra达到衰变平衡。但这种模式中上层没有混合层,一种可能是采样时上层缺失,如果这样,则得到沉积速率。如果没有其他可借助的方法,就不能准确推算每一层的形成时间。第三种模式(见图4.1.1c)是最常见的海洋沉积物中^{210}Pb的分布模式。第四种模式(见图4.1.1d)是由第三种模式变化而来的,研究者认为,由于不同时间段具有不同的沉积速率,因此才呈现出这种分布。第五种分布模式(见图4.1.1e)是异常分布,可能是因为采样站位沉积物翻转,或^{210}Pb沉积通量或沉积物沉积速率发生了连续的大的变化。

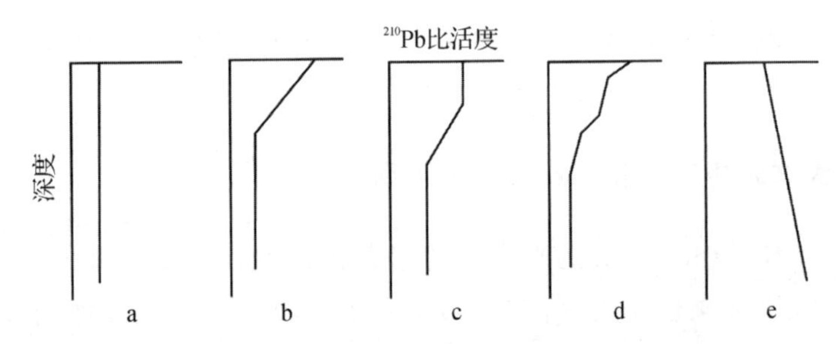

图4.1.1 海洋沉积物中^{210}Pb的分布模式(据范德江等,2000改绘)

海洋沉积物岩芯中的^{210}Pb过剩的深度与沉积速率紧密联系。近岸沉积物中,沉积速率高,以1 cm/a为例,过剩的^{210}Pb可达100 cm深度。大洋沉积物的沉积速率为1 mm/ka,由于存在混合,很多岩芯中在上层几厘米可以看到^{210}Pb过剩。无论近岸,还是开阔海域,年龄超过100 a的沉积物中的^{210}Pb应当与^{226}Ra达到了衰变平衡。

第二节　海洋沉积物^{210}Pb测年方法

海洋沉积物的^{210}Pb测年是^{210}Pb过剩法。万国江(1997)总结了4条^{210}Pb测年的假设,我们将其简述为:①沉积物作为一个封闭体系;②^{210}Pb在水体中具有短的停留时间;③^{210}Pb在沉积物中不发生迁移;④沉积物岩芯中具有过剩的^{210}Pb含量。第④条假设在^{210}Pb所能测年的时间尺度内是成立的,这也是人们能建立^{210}Pb测年方法的基本条件。而其余3条都是不严格成立的,但显然是近似成立的;否则,无论哪一条不成立,$^{210}Pb_{ex}$方法测年将不可行。实际上第②条假设的成立保证了第④条假设的成立,因为如果^{210}Pb在海水中停留时间很长,沉降到沉积物中的^{210}Pb量将很少,过剩法测年将不易实现。

除以上4条基本假设外,^{210}Pb测年最基本的假设是:对某一地区大气沉降的^{210}Pb通量是不随时间变化的。在该假设的基础上,人们总结出3种^{210}Pb测年模式(万国江,1997;程致远等,1990;Sanchez-Cabeza et al.,2000)。以下以沉积速率命名模式名称,可能与文献名称不太一致。

1　恒定沉积速率模式——模式1

恒定沉积速率模式是应用最多的^{210}Pb测年模式,文献称其为简单模式(simple model, SM),全称是恒通量-恒沉积速率模式(constant flux-constant sedimentation rate model, CF-CS, Appleby and Oldfield, 1992)。该模式假设沉积物的沉积通量是不随时间变化的,加上恒定^{210}Pb沉降通量,使得初始沉积的沉积物中有恒定的^{210}Pb含量。结果是沉积物岩芯中的^{210}Pb含量随深度变化呈指数衰减形式。研究发现,很多岩芯中的某一段^{210}Pb的分布符合这种模式,可用下式描述:

$$^{210}Pb - {}^{226}Ra = ({}^{210}Pb_0 - {}^{226}Ra_0)e^{-dl} \tag{4.2.1}$$

式中,$^{210}Pb-{}^{226}Ra$为l深度沉积物中过剩^{210}Pb的浓度;$^{210}Pb_0-{}^{226}Ra_0$为初始表层沉积物中过剩^{210}Pb的浓度;d为由实验数据拟合得到的常数。沉积速率V为

$$V=\frac{\ln 2}{dT} \tag{4.2.2}$$

研究发现，一些岩芯中的^{210}Pb分布在整个岩芯中，并不是指数分布形式，但分成几段后的每一段或某几段为指数衰减形式。人们认为这是由于在不同的时间段沉积速率不同造成的，可以分段用指数函数拟合，得到的将是不同层段有不同的沉积速率，称为分段恒定沉积速率模式。实际上，由于混合层的存在，表层沉积物中的^{210}Pb分布并不满足指数衰减形式，其处理方式将在第三节中介绍。

2 变沉积速率模式——模式 2

变沉积速率模式文献称为变通量模式（variable accumulation rate model, VAM），或恒定^{210}Pb通量模式（constant flux model，CF，程致远等，1990；constant rate of ^{210}Pb supply，CRS，Sanchez-Cabeza，et al.，2000；constant flux of lead-210，CFL，Lu and Matsumoto，2005）。在^{210}Pb沉降通量恒定的基础上，如果沉积物沉积通量是变化的，则沉积物岩芯中的初始^{210}Pb浓度是随时间变化的，采集到的岩芯中的^{210}Pb含量随深度的变化不再是指数衰减形式。由于^{210}Pb具有恒定的沉积通量，因此一段时间积分^{210}Pb总量是一定的，可以用积分贮量方式计算沉积物累积速率（Appleby and Oldfield，1992；McCall et al.，1984）。

设过剩^{210}Pb的沉积通量为 φ，从表层到某深度 d 处，沉积时间间隔为 t，过剩^{210}Pb的贮量 M 为

$$M=\int_0^{t_d}\varphi \mathrm{e}^{-\lambda t}\,\mathrm{d}t=\frac{\varphi}{\lambda}(1-\mathrm{e}^{-\lambda t_d}) \tag{4.2.3}$$

整个岩芯中的过剩^{210}Pb贮量为

$$M_0=\int_0^{\infty}\varphi \mathrm{e}^{-\lambda t}\,\mathrm{d}t=\frac{\varphi}{\lambda} \tag{4.2.4}$$

联立式(4.2.3)和式(4.2.4)，得到 d 深度距现在的时间为

$$t_d=\frac{1}{\lambda}\ln\frac{M_0}{M_0-M} \tag{4.2.5}$$

如果岩芯的长度未到达^{210}Pb与^{226}Ra衰变平衡的深度，要用以上方法进行测年，则要知道由水体进入沉积物的^{210}Pb通量，由式(4.2.3)计算 d 深度的时间 t_d。实际上人们也发现大气沉降的^{210}Pb通量变化范围并不大，湖泊沉积物测年可能可以利用大气^{210}Pb沉降通量作为沉积物水界面^{210}Pb的通量。海洋的情况比较复杂，海洋中水平输运对沉积物中的^{210}Pb沉积通量影响很大，所以大气沉降的^{210}Pb通量不一定可用。

式(4.2.5)中的 M 和 M_0 由岩芯中的$^{210}Pb_{ex}$积分得到。实际测量的样品总是有限个，所以要用累积相加的方法估算 M 和 M_0。

如果样品中的过剩^{210}Pb值代表中位深度的活度值，则用下面的式子计算 M 和 M_0。

$$M=\frac{1}{2}A_1l_1+\frac{1}{2}\sum_{i=2}^{l_d}(A_i+A_{i-1})(l_i-l_{i-1}) \tag{4.2.6}$$

$$M_0=\frac{1}{2}A_1l_1+\frac{1}{2}\sum_{i=2}^{l_b-1}(A_i+A_{i-1})(l_i-l_{i-1})+\frac{1}{2}A_{lb}(l_b-l_{b-1}) \tag{4.2.7}$$

式(4.2.6)和式(4.2.7)中，i 表示从表层数起的第 i 个样品。l_i 为第 i 个样品的下表面深度；l_{i-1} 为上表面深度；l_i-l_{i-1} 为第 i 个样品的厚度；l_d 和 l_b 分别为计算层位深度和最底层深度。

3 恒定初始浓度模式——模式 3

恒定初始浓度模式，文献的英文缩写为 CIC(constant initial concentration model)或 CSA(constant specific activity model)。一些情况下，人们假设沉积物中具有恒定的^{210}Pb初始浓度，所以只要测得关注层位的过剩^{210}Pb浓度，就可用下式计算出该层的年龄了。

$$t=\frac{\ln 2}{T}\ln\frac{^{210}Pb_{ex0}}{^{210}Pb_{ex}} \tag{4.2.8}$$

这种模式中，$^{210}Pb_{ex}$是测定得到的^{210}Pb浓度，T 是^{210}Pb的半衰期。关键的问题是如何得到初始浓度$^{210}Pb_{ex0}$值，如果所采集的岩芯上部不存在缺失，且不存在明显的混合层，则表层沉积物的$^{210}Pb_{ex}$浓度可用作初始$^{210}Pb_{ex0}$值。

4 ^{210}Pb测年存在的问题

(1)用什么方法来证明沉积物是顺序沉积的？这是海洋沉积物岩芯^{210}Pb测年中最重要的一条。用恒定沉积速率方法估算沉积速率时，^{210}Pb在岩芯中的分布必须有一段是指数衰减形式的，这种分布同时是沉积物顺序沉积的证据。其他两种年代估算模式计算过程并不需要这种假设。

由于可用^{210}Pb方法测年的大多数海域水深较浅，除了受底层流和底栖生物的搅动或扰动外，人类活动的影响也经常存在，如轮船抛锚，可能将沉积物上下翻转，刚好是^{210}Pb测年的深度，因此可能经常会遇到恒定沉积速率方法测年不成功的岩芯。

(2)^{210}Pb方法测年必须同时测量^{226}Ra。海洋沉积物^{210}Pb方法测年是^{210}Pb过剩法测年，3 种模式中，计算用的都是过剩^{210}Pb，所以必须同时测定^{210}Pb和^{226}Ra。如果岩芯足够长，达到^{210}Pb和^{226}Ra衰变平衡的深度，则可以用岩芯底部^{210}Pb的活度推算^{226}Ra活度；如果岩芯不够长，则必须测量^{226}Ra。

(3)如何换算绝对年龄？^{210}Pb测年中，最常用的第一种模式得到的是沉积速率。其实，铀系法测年大多得到的是沉积速率或生长速率，所以^{210}Pb测年必须有一个参考时间，才能建立岩芯的时间序列。当岩芯不存在表层缺失时，可以将表层作为采样时间，然后由沉积速率向下推算每一层的年代。

(4)一个岩芯至少测 10 个样品。真正理想的指数分布的岩芯或岩芯的一段呈指数分布的并不多，这是人们发展出模式 2 和模式 3 的主要原因，也足以说明通常情况下^{210}Pb分布并不是理想的可用于测年的分布。要判断一个岩芯是否是理想的，或者说能判断一个岩芯中^{210}Pb的分布如何，据笔者经验，至少要测均匀分布于测年层段的 10 个样品，才能得到正确的结论。

5 ^{210}Pb测年的例子

5.1 格陵兰雪的累积速率

表 4.2.1 是采集自格陵兰的一个冰芯中的^{210}Pb测定数据和年代计算结果。第 1 和第 3 列是原始数据(福尔，1983；Crozaz and Langway，1966)；第 2 列是由第 1 列数据推算得到的，所谓中位深度是一个样品上表层深度和下表层深度的平均值，即样品中心位置的深度。我们用 3 种方法估算了

各层位的年龄。冰芯中的^{226}Ra含量很低，所以没有做过剩^{210}Pb计算。

表 4.2.1 格陵兰冰芯中的^{210}Pb测定数据与年代计算结果(福尔，1983)

采样深度/m	中位深度/m	^{210}Pb/dpm·g^{-1}	^{210}Pb/Bq·g^{-1}	中位年龄/a		
				恒定沉积速率模式	变沉积速率模式	恒定初始浓度模式
0～0.5	0.25	170±15	2.83±0.25	0.7	0.4	0.0
6.9～9.7	8.3	55±6	0.92±0.10	23.9	24.2	36.3
11.8～14.3	13.05	58±6	0.97±0.10	39.2	38.6	34.6
18.1～24.5	21.3	21±3	0.35±0.05	61.4	66.2	67.3
25.5～33.3	29.4	10±2	0.17±0.03	84.7	92.6	91.2
33.3～40.2	36.75	5±2	0.08±0.03	106.1	119.1	113.5
40.2～51.0	45.6	3±1	0.05±0.02	131.4	173.0	129.9

(1)恒沉积速率模式解。计算每个样品的中位深度，作比活度随中位深度变化图(见图 4.2.1)。从图中可以看出，整个岩芯中的^{210}Pb分布可能可以分为两段——从表层起的第 1～2 个数据为第 1 段，其余数据为第 2 段，分别用指数函数拟合全部实验数据，和两段的实验数据。拟合数据的方程为式(4.2.1)，计算累积速率的公式为式(4.2.2)。由指数项系数可以计算得取样站位雪的累积速率。①全部数据得到 $V=34.7$ cm/a；②表层起的两个数据得到 $V=22.2$ cm/a；③第 3～7 个数据得到 $V=33.7$ cm/a。

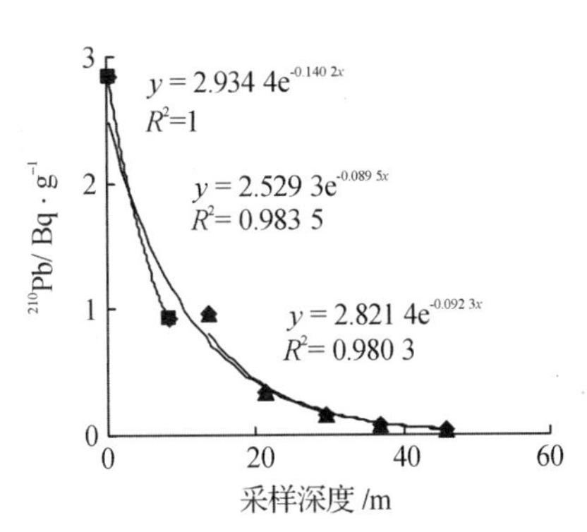

图 4.2.1 格陵兰冰芯中的^{210}Pb分布与测年方式

(2)变沉积速率模式解。每个样品的年代计算公式为式(4.2.5)。式中的 M 和 M_0 由式(4.2.6)和式(4.2.7)计算得到。计算结果列于表 4.2.1 中右边第 2 列。

(3)恒定初始浓度解。计算公式为式(4.2.8)，其中 $A_0=170$ Bq/g，计算结果列于表 4.2.1 中右边第 1 列。

从表中数据可以看出，3 种方式得到的结果总体上是一致的，但有差异，模式 2 与模式 1 的结果上面 3 层的结果较一致，模式 3 和模式 1 下边 3 层的结果较一致，模式 2 和模式 3 第 4 和第 5 层的结果差异较小。

对降雪，由于认为^{210}Pb是大气沉降来的，因此可以不必测量其中的^{226}Ra，扣除^{226}Ra支持部分的贡献。但也能看出格陵兰冰雪的累积速率很高，达到 20～35 cm/a，所以^{210}Pb方法测年需要的采样深度达几十米。

5.2　理查森湾的沉积速率

表 4.2.2 是一个沉积物岩芯中^{210}Pb，^{226}Ra和$^{210}Pb_{ex}$的分布数据，岩芯的采样时间是 1982 年 8 月（Fuller et al.，1999）。表中同时列出了^{137}Cs和$^{239+240}Pu$的分布，用^{210}Pb过剩法第一种模式和人工放射性核素测年方法计算各层位年代的过程如下。

表 4.2.2　理查森湾一个岩芯中^{210}Pb，^{226}Ra，$^{210}Pb_{ex}$，^{137}Cs和$^{239+240}Pu$含量分布 (Fuller et al.，1999)

采样层位/cm	中位深度/m	^{210}Pb/Bq·kg^{-1}	^{226}Ra/Bq·kg^{-1}	$^{210}Pb_{ex}$/Bq·kg^{-1}	^{137}Cs/Bq·kg^{-1}	$^{239+240}Pu$/mBq·kg^{-1}
3－7	5	49.0±1.8	18.0±1.8	31.2±2.6	5.00±0.78	207±27
8－12	10	46.8±1.7		29.0±2.5	3.43±0.45	
13－17	15	46.8±1.8	17.2±1.8	29.7±2.6	5.48±0.52	315±48
18－22	20	39.7±1.0		21.9±2.1	4.43±0.48	
23－27	25	40.2±2.0	18.8±1.8	21.3±2.7	4.22±0.55	312±38
28－32	30	44.0±1.5		26.2±2.3	5.15±0.55	
33－37	35	36.8±1.5		19.0±2.3	5.43±0.67	493±65
38－41	39.5	32.3±0.8	21.2±1.7	11.2±1.9	6.55±0.85	353±93
43－47	44	31.0±1.2	20.0±1.3	11.0±1.8	4.33±0.52	318±32
48－52	50	27.8±1.0	17.5±1.7	10.3±1.9	3.00±0.73	220±25
53－57	55	24.3±1.0	17.5±2.0	6.8±2.2	2.07±1.07	88±15
58－61	59.5	26.3±1.2	19.8±1.8	6.5±2.2	0.12±0.78	23±5
63－67	65	24.0±1.2		6.2±2.1	0.48±0.45	20±15
68－70	69	16.7±0.5	17.2±1.8	－0.5±1.9	0.40±0.60	15±10
72－76	74	15.8±1.2	14.0±1.7	1.8±2.0	0.15±0.30	
80－84	82	20.2±1.3	17.3±4.3	2.8±4.5		
90－94	92	18.5±1.0	16.3±0.7	2.2±1.2		
平均		31.8±11.2	17.8±1.8	13.9±10.8	3.35±2.19	215±183

(1)将表中核素数据作随深度变化图，如图 4.2.2 所示。

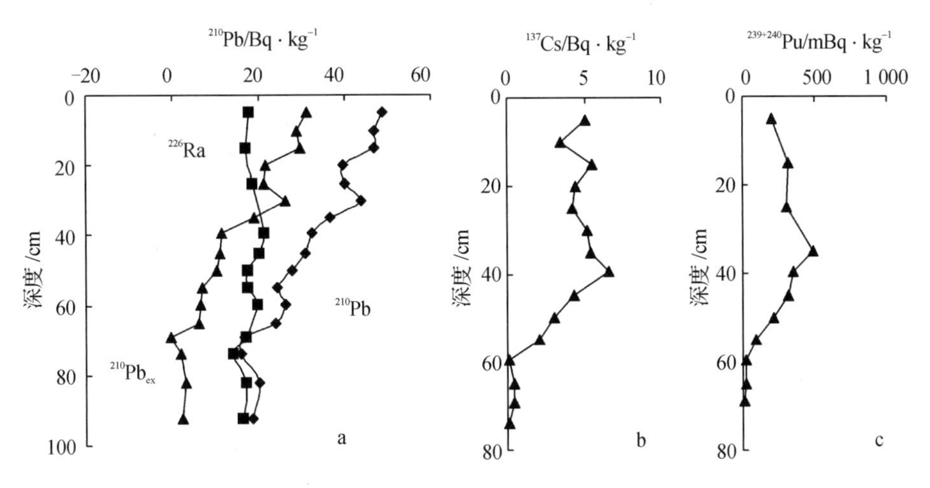

图 4.2.2　理查森湾一个岩芯中^{210}Pb，^{226}Ra，$^{210}Pb_{ex}$，^{137}Cs和$^{239+240}Pu$含量分布

（据 Fuller et al.，1999 数据绘制）

(2)从图中可以看出，^{210}Pb的分布中，在 0～60 cm 层段可能属于指数衰减形式，在 69 cm 深度之下^{210}Pb与^{226}Ra达到了衰变平衡。用模式 1 计算得到的沉积速率为 1.02 cm/a。可以以 0 cm 深度作为采样时间推算各个样品中位深度的年龄。在可以用恒定沉积速率模式估算沉积速率的情况下，很少有人用其余两种模式进行沉积速率计算。

(3)确定人工放射性核素分布的峰，在本研究中，以^{137}Cs和$^{239+240}Pu$峰作为 1963 年，用恒定沉积速率模式，用峰位深度除以采样时间到 1963 年的时间间隔得到沉积速率：

$$V=\frac{D}{Y-1963} \tag{4.2.9}$$

式中，D 为峰位深度；Y 为采样公元年。由图 4.2.2 和表 4.2.2 得到，^{137}Cs和^{239}Pu峰位分别在 39.5 cm 和 35 cm 深度，用式(4.2.9)计算得沉积速率为 1.32 cm/a 和 1.21 cm/a。

(4)以上得到的 3 个沉积速率数据并不完全一致。在很多情况下，海洋沉积物岩芯中的^{210}Pb并不是理想的指数分布形式，这是不同方法的结果存在误差的原因之一；实际上，就以上例子，^{137}Cs和^{239}Pu的峰位并不一致，或是由于分样间隔太大造成的，这也是引进误差的一个原因。

第三节 表层沉积物的混合过程

在很多情况下，沉积物岩芯中的^{210}Pb分布与图 4.1.1c 更类似，中间层段的指数衰减可用于估算沉积速率，表层的非指数变化层段称为混合层。研究认为存在混合，可能是生物扰动，也可能是底层水运动，或者是沉积过程本身的特征。海洋中沉积物表面普遍存在混合层。

1 原理思想

人们试图建立描述沉积物中混合层的动力学方法，常用的是平流混合模型，类似于水体平流扩散模型，动力学方程为（DeMaster and Cochran，1982；Appleby and Oldfield，1992；Fuller et al.，1999）

$$\frac{dA}{dt}=\frac{\partial}{\partial x}K\frac{\partial A}{\partial x}-V\frac{\partial A}{\partial x}-\lambda A+P-R \tag{4.3.1}$$

以^{210}Pb作为示踪剂为例，式(4.3.1)中，A 为^{210}Pb的浓度(Bq/cm^3)，一般研究者给出的活度是以重量单位表示的(Bq/kg)，设为 A_w，$A=A_w\times\rho$，ρ 是密度(g/cm^3)；K 为混合系数(cm^2/a)；V 为沉积物累积速率(cm/a)；λ 为^{210}Pb的衰变常数(s^{-1})；P 为^{226}Ra衰变产生^{210}Pb的速率[$Bq/(cm^3\cdot a)$]；R 为由于分解使^{210}Pb从颗粒态进入溶解态的速率——解吸速率[$Bq/(cm^3\cdot a)$]。

用过剩^{210}Pb描述混合，并假设由于分解使从颗粒态进入溶解态的^{210}Pb可以忽略，在稳态条件下可以得到以下方程：

$$\frac{\partial}{\partial x}K\frac{\partial A}{\partial x}-V\frac{\partial A}{\partial x}-\lambda A=0 \tag{4.3.2}$$

如果假设 K 是常数，可以得到方程(4.3.2)的解析解：

$$\begin{cases}A=A_0e^{-\eta x}\\ \eta=\dfrac{\sqrt{V^2+4\lambda K}-V}{2K}\end{cases} \tag{4.3.3}$$

式(4.3.3)中有两个未知参数 K 和 V，利用一个^{210}Pb分布得到的 η 值不能同时得到混合系数 K 和沉积物累积速率 V。很多研究的目的是得到

沉积物累积速率 V。如果情况比较好，由混合层之下的岩芯中的^{210}Pb分布，用^{210}Pb过剩方法可以求得 V。由于人们更关心的是沉积物累积速率，因此关于混合速率研究的报道较少。海洋学家更关心的是混合层厚度，因为混合层厚度反映海底水流强度。也可以设想，如果沉积物中的介质组成相同，混合层厚度正比于混合系数 K（Fuller et al.，1999）。

2 一些混合过程的研究结果

对近岸海域，有用^{234}Th和^{210}Pb进行混合速率研究的报道。表 4.3.1 是一些文献报道的混合系数和混合层深度数据，尽管数据较少，但能从中看出，混合系数离散很大。表 4.3.1 中由沉积物中^{210}Pb分布得到的数据为 0.02～17 cm^2/a，最大值和最小值相差约 800 倍，所以关于混合的描述定性的意义大于定量的意义。

表 4.3.1 一些研究报道的混合参数

研究海区	示踪核素	混合系数/$cm^2 \cdot a^{-1}$	混合层深度/cm	研究者/文献
旧金山湾	^{234}Th	12～170	2～10	Fuller et al.，1999
中国福建湄州湾	^{210}Pb	3.16～15.5	5.2	陈绍勇等，1988
西北太平洋海盆	^{210}Pb	0.02～1.00		Moon et al.，2003
西加罗林海盆	^{210}Pb	0.1～0.95		
深海沉积物	理论计算	0.000 1～0.032	3.7～20.8	Officer and Lynch，1983

第四节 中国边缘海的现代沉积物测年

中国边缘海包括渤海、黄海、东海和南海。由于边缘海离陆地近，沉积速率高，因此利用^{210}Pb测年的可能性大，中国边缘海的很大区域可以用^{210}Pb方法测年。本节将分述中国 4 个边缘海的沉积年代学研究成果，南海可分为北部海区和南沙海区两部分，本节只论述北部海区。

1 渤海

渤海具有内陆海的特征，全部处于中国大陆包围之中，总面积 7.7×10^4 km^2，平均水深 18 m。渤海周边有辽东湾、渤海湾、莱州湾和新老黄河口。王福等(2006)对渤海$^{210}Pb_{ex}$和^{137}Cs方法测年进行了综述。直到 2005 年，至少有 84 组研究渤海沉积年代的数据（岩芯）发表，但大部分文章研究近岸海域。研究渤海中央海区的文章多集中在新生代，现代沉积研究的文章不多。即使是研究整个渤海沉积年代学的文章，沉积速率数据范围也包含近岸海域，而近岸海域往往有比海区中央高的沉积速率。渤海沉积速率分布如图 4.4.1 所示。表 4.4.1 是渤海沉积年代学数据。

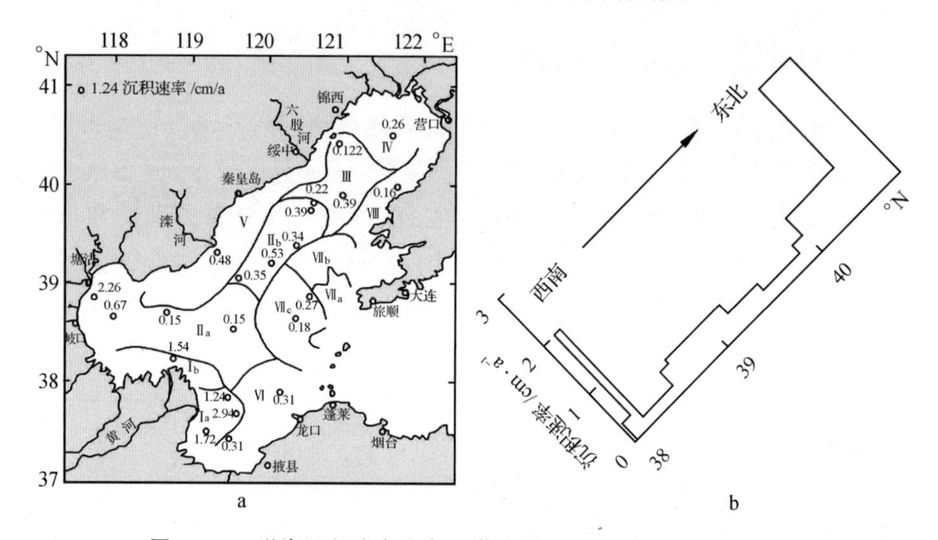

图 4.4.1　渤海沉积速率分布（a 董太禄，1996；b 胡邦琦等，2011）

表 4.4.1　渤海的现代沉积年代数据

海　区	采样时间/公元年	岩芯数	岩芯长度/cm	测年方法	沉积速率/$cm \cdot a^{-1}$	研究者/文献
渤海	1986—1989			$^{210}Pb_{ex}$	0.068～1.39	李凤业和史玉兰，1995a
渤海南部	1992	6		$^{210}Pb_{ex}$	0.15～0.71	李凤业和史玉兰，1995a
渤海海峡				数值计算	0.013～0.293	蒋东辉等，2003
渤海			50	$^{210}Pb_{ex}$	0.15～2.94	董太禄，1996
渤海	1979—1985			$^{210}Pb_{ex}$	0.10～4.42	李淑媛等，1996
渤海中部与东北部	1986—1998	23		$^{210}Pb_{ex}$	0.10～1.00	李凤业等，2002
渤海南部		10		$^{210}Pb_{ex}$	0～3.27	胡邦琦等，2011
渤海中央海盆与莱州湾	1983	6		$^{210}Pb_{ex}$	0.15～0.61	杨松林等，1991

续表

海　区	采样时间/公元年	岩芯数	岩芯长度/cm	测年方法	沉积速率/ $cm \cdot a^{-1}$	研究者/文献
渤海	1985	6	17～49	$^{210}Pb_{ex}$	0.068～2.140	李凤业和袁巍等,1991
渤海湾西岸潮间带	2003.12	3	100～177	$^{210}Pb_{ex}$,^{137}Cs	0.65～4.06	孟伟等,2005
辽东湾北部河口	1989	4	80～125	$^{210}Pb_{ex}$	0.54～2.90	宋云香等,1997
锦州湾		2	60～90	$^{210}Pb_{ex}$	0.53～4.20	夏明等,1983
锦州湾		1	60	$^{210}Pb_{ex}$,微量元素追踪法	0.4～0.42	万邦和等,1983
渤海西岸潮下带	2007	2	200	$^{210}Pb_{ex}$	1.92～2.43	赵广明等,2009
渤海湾西岸海岸带	1999—2000	11		$^{210}Pb_{ex}$,^{137}Cs	0.1～3.0	李建芬等,2003;王宏等,2003
渤海湾		9	100～140	$^{210}Pb_{ex}$	0.18～4.42	杜瑞芝等,1990

由表4.4.1可见,渤海的沉积速率在0～4.42 cm/a,如果将具有高沉积速率的黄河口和一些近岸海域的采样点去掉,实际上一些文献中的数据可以将黄河口与其余海区分开来。在表4.4.1的数据中,多数没有统计黄河口站位的沉积速率,可看到渤海的沉积速率主要集中在0.1～0.5 cm/a,这应当是渤海标志性的沉积速率范围。但也有报道,渤海中央个别站点的沉积速率达1 cm/a以上(李凤业等,2002),黄河口附近的沉积速率高的可达15 cm/a(李凤业和袁巍,1991)。

2　黄海

黄海西部是中国大陆的山东省和江苏省,西北部与渤海相接,北部是辽东半岛,东邻朝鲜半岛,东南部经朝鲜海峡和对马海峡与日本海相通,南以长江口北岸的启东嘴与济州岛西南角连线与东海相接,平均水深为44 m,注入的河流主要有淮河水系诸河、鸭绿江和大同江。黄海南界有长江口,所以黄海南部受长江影响较大。

文献报道的一些黄海的沉积速率列于表4.4.2,大多数数据是用^{210}Pb方法得到的。黄海的沉积速率在0～2.16 cm/a,0.1～1.0 cm/a是黄海的特征沉积速率。

表 4.4.2　黄海的现代沉积年代数据

海　区	采样时间/公元年	岩芯数	岩芯长度/cm	测年方法	沉积速率/cm·a^{-1}	沉积通量/g·$(cm^2·a)^{-1}$	研究者/文献
北黄海	1998—1999	9	12.5～53.0	$^{210}Pb_{ex}$	0.07～1.24	0.06～1.18	齐君等,2004
南黄海	1985—1986	12	3.5～48.5	$^{210}Pb_{ex}$	0～0.69	0～0.78	李凤业和袁巍等,1991
北黄海西部和南黄海西北部		7		$^{210}Pb_{ex}$	0～0.76		胡邦琦等,2011
黄海泥质区	1986—1988	31		$^{210}Pb_{ex}$	0.2～1.0		李凤业等,2002
北黄海西部	1998—1999	2	355～490	$^{210}Pb_{ex}$,^{14}C	0.64～1.24	0.79～1.59	王桂芝等,2003
南黄海	2006	3		$^{210}Pb_{ex}$	0.143～0.35		杨茜等,2010
长江口		1		$^{210}Pb_{ex}$	0.22		杨茜等,2010
南黄海		1	60.4	AMS ^{14}C	0.013 3～0.042 6		庄丽华等,2002
南黄海	1983—1986	12		$^{210}Pb_{ex}$	0.026～0.670	0.033～0.760	赵一阳等,1991
南黄海东部泥区	1996	3	32～60	$^{210}Pb_{ex}$	0.12～1.65		李凤业等,1999
南黄海江苏岸外潮流沙脊远端	2007	1	70.25	$^{210}Pb_{ex}$,^{137}Cs,^{14}C	0.23～1.10		温春等,2011
南黄海西部	2006	1	81	^{14}C	0.0164		吕晓霞等,2014
南黄海西部中陆架区	2007	1	102.5	$^{210}Pb_{ex}$,^{137}Cs	1.92～2.16		胡睿等,2012
南黄海	1992	5		$^{210}Pb_{ex}$	0.11～0.29		李凤业等,1996
山东半岛近岸海域	2007	5	50～250	$^{210}Pb_{ex}$	0.159～0.757		张荣敏等,2009

3 东海

东海西部是中国大陆的上海市、浙江省和福建省，北部与黄海相接，经朝鲜海峡和对马海峡与日本海相通，东北以济州岛—五岛列岛—长崎半岛南端为界，并东经九州岛、琉球群岛和台湾诸岛与太平洋相隔，南以福建省东山岛南端至台湾南端猫鼻头连线与南海为界。东海海底为东海大陆架。由大陆向东，海底地形逐渐降低，直到冲绳海槽。东海最大水深为2 719 m，平均水深为 370 m。注入东海的河流主要有长江、钱塘江、闽江、瓯江、浊水溪等。

由表 4.4.3 可知，文献报道的东海现代沉积速率为 0.001 0～5.4 cm/a，主体在 0.1～1.2 cm/a 范围，与黄海和渤海在同一水平。^{210}Pb方法得到的沉积速率范围大于 0.28 cm/a，更低沉积速率主要是由^{14}C方法得到的，较高沉积速率的报道较少。

4 南海北部海区

南海北部北岸是中国大陆的福建省、广东省和广西壮族自治区，西岸是越南北部，东部是台湾岛、吕宋岛，中部有海南岛，东沙群岛位于海区东部。该海域等深线呈 SW-NE 走向，海底地形自东南向西北方向抬升。海区南部是南海海盆，深达数千米；西部和北部是大陆架区，水深数十米到百余米不等；东北方向经台湾海峡与东海相连，东部经巴士海峡，与菲律宾海连通。

表 4.4.3 东海的现代沉积年代数据

海 区	采样时间/公元年	岩芯数	岩芯长度/cm	测年方法	沉积速率/cm・a^{-1}	研究者/文献
东海大陆架		3	26.5～54	$^{210}Pb_{ex}$	0.39～0.83	邹汉阳等，1982
东海近岸	1973—1978	2		^{226}Ra	0.025～0.036	陈毓蔚等，1982
东海长江口外	1981	3		BHC，DDT，$^{210}Pb_{ex}$	1.0～5.4	林敏基等，1986
东海济州岛以南	1981	2		BHC，DDT，$^{210}Pb_{ex}$	0.54～0.91	林敏基等，1986
东海闽浙沿岸泥质区	2007—2009	7		$^{210}Pb_{ex}$	0.79～3.66	石学法等，2010；刘升发等，2009

续表

海　区	采样时间/公元年	岩芯数	岩芯长度/cm	测年方法	沉积速率/$cm \cdot a^{-1}$	研究者/文献
东海		52		^{14}C,古地磁方法	0.001～0.42	叶银灿等,2002
东海沿岸	1990—1994	8	约100～160	$^{210}Pb_{ex}$,^{137}Cs	0.57～5.7	夏小明等,1999
浙江近岸海域	2003—2004	5	350～450	$^{210}Pb_{ex}$	0.91～1.19	张志忠等,2005
东海近岸泥质区	2010	2	48～140	$^{210}Pb_{ex}$	0.71～1.78	程芳晋等,2013
湄州湾	1985	2	22～22.5	$^{210}Pb_{ex}$,^{137}Cs	0.39～1.50	陈绍勇等,1988
东海内陆架	2005	1	278	^{14}C	0.13～0.21	刘升发等,2011
东海内陆架	2003	1	60.2 m	^{14}C	0.089～2.27	徐方建等,2011
东海陆架南部	2000	1	55.63 m	^{14}C	0.047～0.182	余华等,2006
长江口与闽浙沿岸	2003	2	148～159	$^{210}Pb_{ex}$,^{137}Cs	0.82～3.27	刘莹等,2010

4.1　南海东北部表层沉积物中的天然放射性核素与^{137}Cs

我们曾对南海东北部表层沉积物的^{40}K,^{210}Pb,^{226}Ra,^{228}Ra,^{228}Th,^{238}U和^{137}Cs进行了研究,以上核素比活度的变化范围分别为273～686 Bq/kg,49.7～173.0 Bq/kg,25.9～32.4 Bq/kg,22.6～65.2 Bq/kg,21.7～63.2 Bq/kg,21.2～59.0 Bq/kg,1.04～1.52 Bq/kg,平均值分别为538 Bq/kg,116 Bq/kg,27.7 Bq/kg,44.9 Bq/kg,42.0 Bq/kg,35.4 Bq/kg,1.16 Bq/kg。离岸距离大于250 km的站位未测到^{137}Cs。图4.4.2给出了每个核素比活度或其中两种核素的活度比随离岸距离的变化。从中可以看出,^{210}Pb的比活度随离岸距离增大,离岸距离大于50 km时,^{226}Ra比活度随离岸距离没有明显变化;其余核素比活度随离岸距离减小。研究发现,不同经纬度的站位,表导层沉积物中^{40}K,^{210}Pb,^{228}Ra,^{228}Th比活度可能相差很大;处于同一纬度的站位各核素比活度未呈现出相关关系。

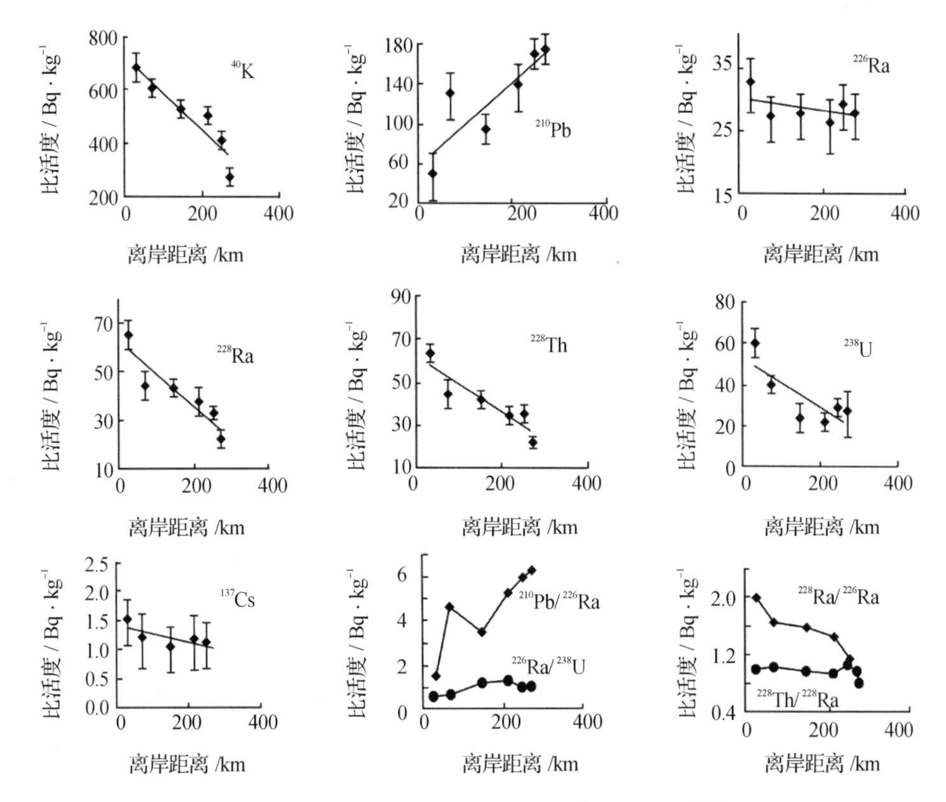

图 4.4.2 核素比活度与活度比随离岸距离的变化

4.2 南海北部沉积物的沉积速率

表 4.4.4 列出了一些文献报道的南海北部沉积物的沉积速率。全部数据在 0.006～5.450 cm/a 范围，主体在 0.1～2.0 cm/a 范围。南海北部沉积速率的研究比其他 3 个海域要少。

表 4.4.4 南海北部的现代沉积年代数据

海区	采样时间/公元年	岩芯数	岩芯长度/cm	测年方法	沉积速率/$cm \cdot a^{-1}$	研究者/文献
南海中北部	1983—1985	7			0.006～0.028 9	许志峰，1995
南海西北部陆架浅海	1985	4	12～25	$^{210}Pb_{ex}$	0.19～0.47	李凤业等，1991
广东大亚湾		4	60	$^{210}Pb_{ex}$，^{137}Cs	0.94～1.42	黄乃明等，1999
珠江口		3	150～220	$^{210}Pb_{ex}$	0.23～5.45	夏明等，1983

续表

海　区	采样时间/公元年	岩芯数	岩芯长度/cm	测年方法	沉积速率/$cm \cdot a^{-1}$	研究者/文献
珠江口		10	62～146	$^{210}Pb_{ex}$	0.13～3.85	林瑞芬等,1998
广东大鹏湾		4	50	$^{210}Pb_{ex}$,^{137}Cs	0.10～0.46	关祖杰等,1995
海南岛海口湾和新海湾		5	40～90	$^{210}Pb_{ex}$	0.38～1.04	全亚荣等,1995
海南岛三亚港	1988	6	40～134	$^{210}Pb_{ex}$	0.18～1.24	潘少明等,1995
海南洋浦港	1988	4	40～140	$^{210}Pb_{ex}$,^{137}Cs	0.5～2.0	潘少明等,1994

第五节　环厦门海域与胶州湾的沉积年代

几十年来,人们进行了大量的近岸海域的沉积学研究工作。厦门和青岛有多个海洋研究单位与学校,对这两个海域的沉积年代学进行了广泛的研究,积累了较多的数据。

1　环厦门海域

厦门湾现称厦门港,位于福建南部金门湾内。厦门岛的西侧和南侧是九龙江入海口处,兼有海湾与河口的两重属性,水域面积 154 km^2,大部分水深为 5～20 m,最大水深为 31 m。厦门岛的东侧和北侧是同安湾,水域面积 41 km^2,东西南海岸为红土台地,北岸为河流冲积平原,湾内水深分布不均,最大水深为 22 m,有东、西溪和官浔溪汇入。厦门港和同安湾相通并环绕厦门岛。

厦门海域属正规半日潮开放型海域,潮流是现代地貌发育过程的主要动力。自高集海堤修建(1953—1956)以来,厦门湾的沉积环境发生了显著改变。根据文献报道,这些大型海港工程的兴建,使厦门港纳潮量大为减少,厦门西港和同安湾均成了半封闭海港,落潮速度减慢,冲刷力减弱,沿岸来沙无法顺潮排出港外,致使沉积加快。

表 4.5.1 给出了一些文献报道的环厦门海域沉积物的沉积速率,部分采样站位标于图 4.5.1。表 4.5.1 中给出的沉积速率范围值为 0.07～13.2 cm/a,算术平均值为 3.2 cm/a。图 4.5.2 所示为环厦门海域沉积速率的频数分布,从

中可以看出环厦门海域的沉积物沉积速率主要集中在0.07～2.5 cm/a和3.5～6.0 cm/a范围内。

表 4.5.1 一些文献报道的环厦门海域沉积物的沉积速率

岩　芯	海　区	采样时间	岩芯长度/cm	测年方法	层段/时间段	沉积速率/$cm \cdot a^{-1}$	研究者/文献
X8113	厦门	1981		$^{210}Pb_{ex}$		2.10	
X8127	厦门					2.30	邹汉阳等，1985
X8134	厦门					7.30	
81017	24°33′55″N 118°07′01″E	1981.01	178	$^{210}Pb_{ex}$		13.20	叶振成等，1985
X8127	厦门西港	1981	约 170	$^{210}Pb_{ex}$	20～60 cm	2.30	姚建华和曾文义，1988
					142～178 cm	1.30	
X8612	鸡屿附近	1986.07	166.5	DDT		0.67	
X8614	外港		220.5			5.00	林敏基等，1990
X8616	外港		157			3.50	
X8617	外港		185			<0.1	
	厦门西港(Ⅰ)		约 140	^{137}Cs		4.33	
				$^{210}Pb_{ex}$		4.56	
	厦门西港(Ⅱ)		约 150	^{137}Cs		4.85	李文权和李淑英，1991
				$^{210}Pb_{ex}$		5.77	
	九龙江口		约 120	^{137}Cs		1.43	
				$^{210}Pb_{ex}$		0.45	
Y1	同安湾南侧岸滩		35	$^{210}Pb_{ex}$	1956 年以前	0.23	
					1956—1988	0.66	
Y2	同安湾东侧岸滩				1956—1988	0.16	蔡锋等，1991
Y3	同安湾西侧海滩		17.63		1956 年以前	0.07	
					1956—1988	0.48	

续表

岩芯	海区	采样时间	岩芯长度/cm	测年方法	层段/时间段	沉积速率/cm·a^{-1}	研究者/文献
01	海堤东侧	1986.07		$^{210}Pb_{ex}$	建堤前	0.20	曾文义等，1991
					建堤后	1.60	
02	海堤西侧				建堤前	0.70	
					建堤后	1.50	
03	西港北段					4.40	
07	西港北段					2.30	
11	西港南段					4.20	
15	外港					0.20	
17	外港					5.40	
X8602	西港	1986.07		$^{210}Pb_{ex}$		7.80	林敏基等，1993
X8608				$^{210}Pb_{ex}$		4.20	
X8610				$^{210}Pb_{ex}$		5.10	
X8612				$^{210}Pb_{ex}$		0.20	
X8614				$^{210}Pb_{ex}$		5.40	
X8616				$^{210}Pb_{ex}$		4.30	
X8617				$^{210}Pb_{ex}$		0.30	
X8618				$^{210}Pb_{ex}$		9.80	
ZLO	同安湾东侧	2005.01	181	$^{210}Pb_{ex}$	88～180 cm	2.62	李冬梅等，2009
XD2	西港南部	2005.01	176	$^{210}Pb_{ex}$	100～176 cm	2.43	
算术平均						3.2	
范围值						0.07～13.2	

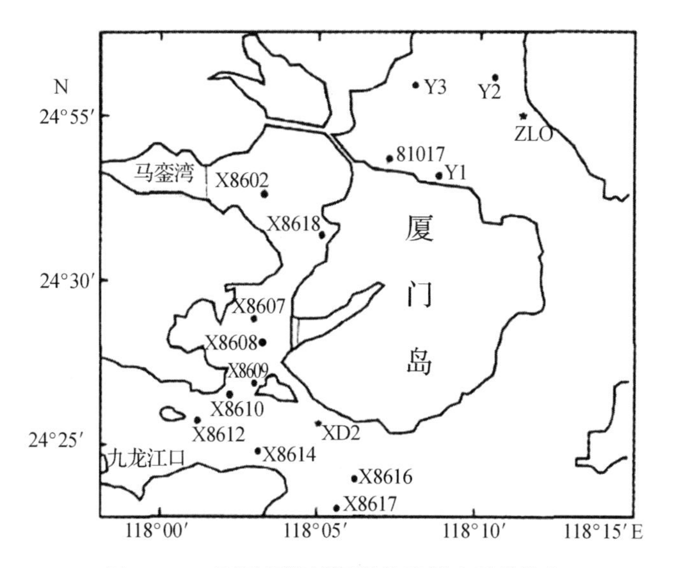

图 4.5.1 环厦门海域沉积速率测定采样站位

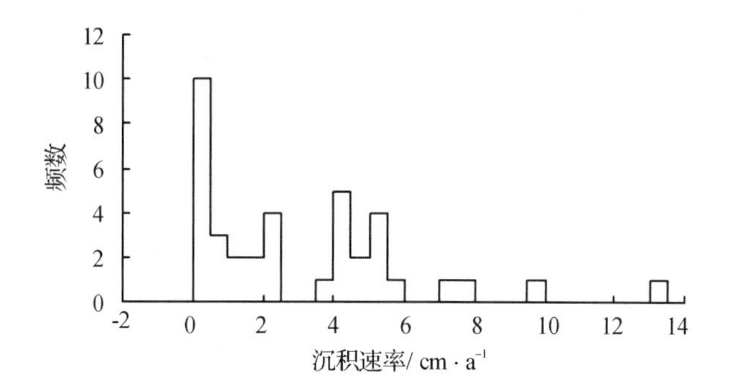

图 4.5.2 沉积速率的频数分布

1985 年，邹汉阳等利用 $^{210}Pb_{ex}$ 法测量了厦门湾不同海域 3 个岩芯 X8113，X8127 和 X8134 的沉积速率，分别为 2.1 cm/a，2.3 cm/a 和 7.3 cm/a。姚建华等在 1988 年又对岩芯 X8127 进行了更细致的分析，得到的沉积速率呈两段式分布：20～60 cm 为 2.3 cm/a，142～178 cm 为 1.3 cm/a。对厦门海域沉积速率的测定多集中在高集海堤、集杏海堤的建造对沉积环境的影响研究上。

ZLO 位于同安湾的东北，靠近陆地，ZLO 和 XD2 是笔者所在实验室的采样站位。这一区域未受到九龙江口的影响，文献给出的最大沉积速率和最小沉积速率都在该海区。蔡锋等 1991 年测量的结果表明同安湾 Y1，Y3 两个站点沉积速率在建堤后分别从 0.23 cm/a，0.07 cm/a 跃升到

0.66 cm/a，0.48 cm/a，ZLO 岩芯沉积速率的计算结果为 2.43 cm/a，稍低于文献给出的环厦门沉积速率的算术平均值。

厦门港与九龙江口直接相连。九龙江径流携带的粗颗粒的泥沙在口门沉降堆积，细颗粒的悬浮泥沙随落潮流经外港入海，而在涨潮时又随涨潮流向内运移。这一区域地形比较复杂，小的岛屿零星分布，因此沉积速率相差较大。文献显示厦门西港的沉积物以粉砂质黏土为主，且由北到南含泥量逐渐减少，粒度由细变粗。XD2 位于厦门西港和九龙江口交接的外缘，紧贴厦门岛。XD2 岩芯沉积速率为 2.62 cm/a，与文献报道的数据处于同一水平，且属于中间水平。

2 胶州湾

胶州湾位于胶州半岛南部 35°58′～36°18′N，120°04′～120°23′E，海湾面积为 397 m^2，平均水深为 7 m，最大水深为 64 m。沿岸以基岩海岸为主，汇入湾内的河流有大沽河和洋河，没有大的河流输入湾内及其邻近海域。表 4.5.2 中列出了文献报道的胶州湾沉积速率。分析表中的数据可以得到以下结论（刘广山等，2008）：

表 4.5.2 胶州湾的沉积速率

研究海区	岩芯	站位纬度	站位经度	方法	沉积速率/$cm \cdot a^{-1}$	研究者/文献
湾中部	C23	36°5′23″N	120°14′36″E	$^{210}Pb_{ex}$法	1.64	刘广山等，2008
				^{137}Cs法	1.65	
湾东北部	4A2	36°10′57.1″N	120°19′18″E	^{137}Cs法	＞1.2	
湾西部	4C12	36°7′14.3″N	120°8′48.6″E	$^{210}Pb_{ex}$法	0.667	
				^{137}Cs法	＜0.7	
湾中部	4C3	36°7′24.6″N	120°13′18″E	^{137}Cs法	＞1.2	
湾东南部	4C45	36°7′25.6″N	120°18′30″E	$^{210}Pb_{ex}$法	0.92	
				^{137}Cs法	＞0.8	
李村河口	L1	36°9′20″N	120°21′9.4″E	$^{210}Pb_{ex}$法	1.32	张丽洁等，2003
	L2	36°9′21″N	120°21′7.0″E	$^{210}Pb_{ex}$法	1.74	
湾北部	J39	36°9′20.4″N	120°14′9.6″E	$^{210}Pb_{ex}$法	0.768	李凤业等，2003
湾中央偏西	J37	36°7′25.6″N	120°13′20.4″E	$^{210}Pb_{ex}$法	0.64	

续表

研究海区	岩芯	站位纬度	站位经度	方法	沉积速率/cm·a^{-1}	研究者/文献
				海图对比	0～2.5	边淑华等，2001
				卫星资料分析	0.52 (1915—1963) 1.4 (1963—1988)	郑全安等，1992
				河流输沙量	0.14	王文海，1986
大沽河口附近				河流输入沉积物	0.22	国家海洋局第一海洋研究所，1984
洋河口附近					0.37	
辛安河口附近					0.20	
墨水河口附近					0.03	
湾内				^{14}C法	0.07～0.09	王文海等，1982
黄岛前湾				^{14}C法	0.025～0.09	
范围值					0.025～1.74	
平均值(不包括范围值)					0.81	

(1)$^{210}Pb_{ex}$和^{137}Cs两种方法得到的沉积速率基本一致，给出的胶州湾的沉积速率为 0.64～1.74 cm/a。

(2)湾中部的沉积速率大于东部和西部，也高于湾北部的沉积速率。由于采样站位均不是很靠近岸边，因此可能出现这样一种沉积速率的分布情况，即湾中部具有高的沉积速率(大于 1 cm/a)，而西、北、东具有较低的沉积速率(小于 1 cm/a)，再靠近岸边又有较高的沉积速率(大于 1 cm/a)，像张洁丽等(2003)报道的李村河口。

(3)C23 岩芯的采样站与 J37 岩芯的采样站位非常接近，但给出的沉积速率相差很大，可能的原因是两者所用的$^{210}Pb_{ex}$法估算沉积速率的岩芯层位不同，C23 岩芯用 60～140 cm 层段，60 cm 以上层段属于混合层，而 J37 所用的是 0～40 cm 层段(从文章$^{210}Pb_{ex}$分布估计)。由此判断，尽管两站位相距很近，但海底情况可能差别很大。这也说明，对于胶州湾这样一个复杂的海区，不同采样站位沉积物的沉积速率可能相差很大。

(4)$^{210}Pb_{ex}$方法估算的胶州湾沉积速率也与近岸海区的沉积速率相符

合。对表 4.5.2 中列出的其他方法估算的沉积速率做以下分析：^{14}C方法适合于 2 000～50 000 a BP 时段年代测定，由于所能测定的年代时间尺度不同，因此^{14}C的测年结果不能与$^{210}Pb_{ex}$和^{137}Cs方法的测年结果进行比较；边淑华等（2001）海图对比和郑全安等（1992）卫星资料分析的结果与$^{210}Pb_{ex}$和^{137}Cs方法的测定结果是一致的，这也佐证了这些方法的可用性。

第六节　关于^{210}Pb测量方法的讨论

^{210}Pb过剩法测年需要测量岩芯中的^{210}Pb和^{226}Ra。关于^{226}Ra测量方法在第三章第二节中进行了讨论，这里我们对^{210}Pb测量方法和存在的问题进行讨论。

铀系中，$^{210}Pb_{ex}$法以后的衰变链见表 4.6.1。从表中所列数据推测可以用 α 谱、β 计数和 γ 谱方法测量^{210}Pb。大多数环境样品中的^{210}Pb含量在 10～100 Bq/kg量级，由^{210}Pb的半衰期可以计算得以上活度的原子数含量为 300～3 000 atoms/kg，目前还没看到用质谱方法测量进行^{210}Pb测年的报道。

表 4.6.1　^{210}Pb衰变链核素衰变数据

	$^{210}Pb \rightarrow$	$^{210}Bi \rightarrow$	$^{210}Po \Rightarrow$	^{206}Pb
半衰期	22.3 a	5.0 d	138.4 d	
衰变方式	β	β	α	稳定
射线能量/ keV	16.5(80%) 63.0(20%)	1 161.4(99%)	5 305(99%)	
发射的 γ 射线能量/ keV	10.8(24.3%) 46.5(4.0)			

1　γ 谱方法测量^{210}Pb

γ 谱方法测量^{210}Pb通常不用对样品进行化学分离。γ 谱方法测量^{210}Pb只能利用自身衰变发出的 46.5 keV（分支比 4.0%）γ 射线，能量低，分支比也低，要用可测低能 γ 射线的锗探测器。在环境样品的锗探测器谱中，46.5 keV γ 射线与其他射线分得很开，至今也没有存在干扰射线的报道。本底是影响 γ 谱方法测量^{210}Pb的主要因素。γ 谱方法可同时测量样品中的^{226}Ra,所以研究者积极利用 γ 谱方法测量^{210}Pb。

为了减少测量结果误差,以海洋沉积物为例,γ 谱方法测量^{210}Pb合适的样品量是 50～100 g 干样,样品厚度在 1～2 cm,探测器要有比较好的屏蔽室,本底计数要低,特别是^{210}Pb 46.5 keV γ 射线峰本底计数率要低。为了减少计数误差,通常要有 12 h 以上的数据收集时间。

如果用自动谱分析,由于用效率曲线法计算效率,46.5 keV γ 射线的分支比是重要的影响因素。表 4.6.2 列出一些文献给出的^{210}Pb 46.5 keV γ 射线的分支比,比较数据可以看出,差异还是很明显的。

表 4.6.2　不同文献给出的^{210}Pb 46.5 keV γ 射线分支比

文　献	分支比/%
格拉希维里,等,2004	4.25
卢玉楷, 2004	4.25
刘运祚, 1982	4.05,4.0
核素图表编制组,1977	4

2　β 计数法测量^{210}Pb

^{210}Pb自身衰变发出的 β 射线能量较低,尽管可用液闪计数法进行测量,但少见报道。^{210}Pb子体^{210}Bi 也是 β 放射性核素,且发射的 β 射线最大能量为 1 161 keV,较适合于 β 计数测量。

利用^{210}Bi β 射线测量^{210}Pb,首先要将^{210}Pb从样品基质中分离出来,放置约 1 个月的时间,等待^{210}Bi 与^{210}Pb达到衰变平衡。

对海洋沉积物,可能需要 1～5 g 样品,通常的做法是将样品消解,进行离子交换分离,最后的测量样品多是硫酸铅沉淀。

3　α 谱方法测量^{210}Pb

很多研究用 α 方法测量^{210}Pb。α 谱方法通过测量^{210}Po的 α 射线测量^{210}Pb。α 谱方法测量环境样品中的^{210}Po是环境样品 α 谱分析中最成熟的,而且也是最简单的。通常的做法是将样品消解之后,自沉积制样,其中沉积溶液中可能要加入掩蔽剂。

由于^{210}Po的 α 射线能量较高,因此容易识别。α 谱方法测量^{210}Pb需考虑两方面的问题:①要能确定^{210}Po与^{210}Pb是衰变平衡的,^{210}Po半衰期为

138.4 d，如果时间不够充裕，则要计算生长份额；②大部分测量不对样品进行分离纯化，自沉积源质量不高，影响谱分析。

参考文献

边淑华，胡泽建，韦爱平，等，2001. 近130年胶州湾自然形态和冲淤演变探讨[J]. 黄渤海海洋，19(3)：46-53.

蔡锋，陈承惠，苏贤泽，1991. 利用^{210}Pb测年法探讨临海工程建设对厦门同安湾沉积速率的影响[J]. 环境科学学报，11(3)：319-326.

陈绍勇，李文权，施文远，等，1988. 湄州湾沉积物的混合速率和沉积速率的研究[J]. 海洋学报，10(5)：566-574.

陈毓蔚，赵一阳，刘菊英，等，1982. 东海沉积物中^{226}Ra的分布特征及近岸区沉积速率的测定[J]. 海洋与湖沼，13(4)：380-386.

程芳晋，俞志明，宋秀贤，2013. 东海近岸泥质区柱状沉积物的百年内沉积粒度变化及其影响因素[J]. 海洋科学，37(10)：58-64.

程致远，梁卓成，林瑞芬，等，1990. 云南滇池现代沉积物^{210}Pb法的CF模式年龄研究[J]. 地球化学，(4)：327-332.

董太禄，1996. 渤海现代沉积作用与模式的研究[J]. 海洋地质与第四纪地质，16(4)：43-53.

杜瑞芝，刘国贤，杨松林，等，1990. 渤海湾现代沉积速率和沉积过程[J]. 海洋地质与第四纪地质，10(3)：15-22.

范德江，杨作升，郭志刚，2000. 中国陆架^{210}Pb测年应用现状与思考[J]. 地球科学进展，15(3)：297-302.

福尔，1983. 同位素地质学原理[M]. 潘曙兰，乔广生，译.北京：科学出版社：351.

格拉希维里，契切夫，帕塔尔肯，等，2004. 核素数据手册[M]. 3版. 北京：原子能出版社：336.

关祖杰，杨健明，余君岳，等，1995. 用γ谱方法测定大鹏湾的沉积速率[J]. 中山大学学报(自然科学版)，34(2)：32-37.

国家海洋局第一海洋研究所，1984. 胶州湾自然环境[M]. 北京：海洋出版社.

核素图表编制组，1977. 核素常用数据表[M]. 北京：原子能出版社：547.

胡邦琦，李国刚，李军，等，2011. 黄海、渤海铅-210沉积速率的分布特征及其影响因素[J]. 海洋学报，33(6)：125-133.

胡睿，刘健，仇建东，2012. 南黄海西部中陆架区近50年来沉积物重金属元素地球化学特征[J]. 海洋地质前沿，28(11)：31-37.

黄乃明，宋海青，牛光秋，等，1999. 大亚湾海底泥中γ放射性核素比活度随深度的变化及底泥沉积速率的估算[J]. 辐射防护通讯，19(2)：9-12.

蒋东辉，高抒，李凤业，2003. 渤海海峡区域现代沉积速率分布的数值计算[J]. 海洋科学，27(3)：32-35.

李冬梅，刘广山，李超，等，2009. 环厦门海域沉积物放射性核素分布与沉积速率[J]. 台湾海峡，28(3)：336-342.

李凤业，高抒，贾建军，等，2002. 黄、渤海泥质沉积区现代沉积速率[J]. 海洋与湖沼，33(4)：364-369.

李凤业，宋金明，李学刚，等，2003. 胶州湾现代沉积速率和沉积通量研究[J]. 海洋地质与第四纪地质，23(4)：29-33.
李凤业，史玉兰，1995a. 渤海现代沉积的研究[J]. 海洋科学，19(2)：47-50.
李凤业，史玉兰，1995b. 渤海南部现代沉积物堆积速率和沉积环境[J]. 黄渤海海洋，13(2)：33-38.
李凤业，袁巍，1991. 南海、南黄海、渤海^{210}Pb垂直分布模式[J]. 海洋地质与第四纪地质，11(3)：35-43.
李凤业，杨永亮，何丽娟，等，1999. 南黄海东郊泥区沉积速率和物源探讨[J]. 海洋科学，23(5)：37-40.
李凤业，史玉兰，申顺喜，等，1996. 同位素记录南黄海现代沉积环境[J]. 海洋与湖沼，27(6)：584-589.
李建芬，王宏，夏威岚，等，2003. 渤海湾西岸$^{210}Pb_{exc}$、^{137}Cs测年与现代沉积速率[J]. 地质调查与研究，26(2)：114-128.
李军，胡邦琦，窦衍光，等，2012. 中国东部海域泥质沉积区现代沉积速率及其物源控制效应初探[J]. 地质论评，58(4)：745-756.
李淑媛，苗丰民，刘国贤，等，1996. 渤海重金属污染历史研究[J]. 海洋环境科学，15(4)：28-31.
李文权，李淑英. 1991. ^{137}Cs法测定厦门西港和九龙江口现代沉积物的沉积速率[J]. 海洋通报，10(3)：63～68.
林敏基，李木荣，许永水，1990. 用 DDT 测年法测定厦门外港岩芯的现代沉积速率[J]. 海洋通报，9(2)：88-90.
林敏基，林志峰，郑文庆，等，1986. 东海陆架 BHC、DDT 的污染历史和沉积通量[J]. 海洋学报，8(4)：450-455.
林敏基，李木荣，许永水，1993. 应用六氯化苯测年法对厦门港现代沉积速率的测定[J]. 海洋与湖沼，24(3)：325-330.
林瑞芬，闵育顺，卫克勤，等，1998. 珠江口沉积物柱样^{210}Pb法年龄测定结果及其环境地球化学意义[J]. 地球化学，27(5)：401-411.
刘广山，2010. 同位素海洋学[M]. 郑州：郑州大学出版社：298.
刘广山，黄奕普，陈敏，等，2001. 南海东北部表层沉积物天然放射性核素与^{137}Cs[J]. 海洋学报，23(6)：76-84.
刘广山，李冬梅，易勇，等，2008. 胶州湾沉积物的放射性核素含量分布与沉积速率[J]. 地球学报，29(6)：769-777.
刘建国，李安春，陈木宏，等，2007. 全新世渤海泥质沉积物地球化学特征[J]. 地球化学，36(6)：559-568.
刘升发，石学法，刘焱光，等，2009. 东海内陆架泥质区沉积速率[J]. 海洋地质与第四纪地质，29(6)：1-7.
刘升发，石学法，刘焱光，等，2011. 近 2 ka 以来东海内陆架泥质区高分辨率的生物硅记录及其古生产力意义[J]. 沉积学报，29(2)：321-327.
刘莹，翟世奎，李军，2010. 长江口与闽浙沿岸泥质区现代沉积记录及其影响因素[J]. 海洋地质与第四纪地质，30(5)：1-10.
刘运祚，1982. 常用放射性核素衰变纲图[M]. 北京：原子能出版社：521.
卢玉楷，2004. 简明放射性同位素应用手册[M]. 上海：上海科学普及出版社：483.
吕晓霞，逄礴，宋金明，等，2014. 南黄海西部陆架 D7 岩芯的沉积年代研究[J]. 海洋环境科学,33(4):550-555.

孟伟,雷坤,郑丙辉,等,2005. 渤海湾西岸潮间带现代沉积速率研究[J]. 海洋学报,27(3):67-72.

潘少明,施晓东,Smith J N,1995. 海南岛三亚港现代沉积速率的研究[J]. 海洋与湖沼,26(2):132-137.

潘少明,王雪瑜,Smith J N,1994. 海南岛洋浦港现代沉积速率[J]. 沉积学报,12(2):86-93.

齐君,李凤业,宋金明,等,2004. 北黄海沉积速率及其沉积通量[J]. 海洋地质与第四世地质,24(2):9-14.

全亚荣,梁致荣,刘彝筠,等,1995. 海口、新海湾 ^{210}Pb法沉积速率的测定[J]. 中山大学学报(自然科学版),34(1):90-95.

石学法,刘升发,乔淑卿,等,2010. 东海闽浙沿岸泥质区沉积特征与古环境记录[J]. 海洋地质与第四纪地质,30(4):19-30.

宋云香,战秀文,王玉广,1997. 辽东湾北部河口区现代沉积速率[J]. 海洋学报,19(5):145-149.

万邦和,刘国贤,杨松林,等,1983. ^{210}Pb地质年代学方法的建立及在渤海锦州湾污染历史研究中的应用[J]. 海洋通报,2(5):66-70.

万国江,1997. 现代沉积的 ^{210}Pb计年[J]. 第四纪研究,17(3):230-239.

王桂芝,高抒,李凤业,2003. 北黄海西部的全新世泥质沉积[J]. 海洋学报,25(4):125-134.

王福,王宏,李建芬,等,2006. 渤海地区 ^{210}Pb、^{137}Cs同位素测年的研究现状[J]. 地质论评,52(2):244-250.

王宏,姜义,李建芬,等,2003. 渤海湾老狼坨子海岸带 ^{14}C、^{137}Cs、^{210}Pb测年与现代沉积速率的加速趋势[J]. 地质通报,22(9):658-664.

王文海,1986. 胶州湾自然环境概述[J]. 海岸工程,5(3):18-24.

王文海,王润玉,张书欣,1982. 胶州湾的泥沙来源及其自然沉积速率[J]. 海岸工程,1:83-90.

温春,刘健,张军强,等,2011. 南黄海江苏岸外潮流沙脊远端沉积与演化[J]. 海洋地质与第四纪地质,31(3):1-9.

夏小明,谢钦春,李炎,等,1999. 东海沿岸海底沉积物中 ^{137}Cs、^{210}Pb分布及其沉积环境解释[J]. 东海海洋,17(1):20-27.

夏明,张承蕙,马志邦,等,1983. 铅-210 年代学方法和珠江口、渤海锦州湾沉积速度的测定[J]. 科学通报,(5):291-295.

徐方建,李安春,李铁刚,等,2011. 末次冰消期以来东海内陆架沉积速率及其气候环境响应[J]. 地层学杂志,35(1):66-74.

许志峰,1995. 南海中北部海域晚更新世以来沉积速率及其变化机制[J]. 台湾海峡,14(4):356-360.

杨茜,孙耀,王迪迪,等,2010. 东海、黄海近代沉积物中生物硅含量的分布及其反演潜力[J]. 海洋学报,32(3):51-59.

杨松林,刘国贤,杜瑞芝,等,1991. 莱州湾及渤海中央盆地南部海域沉积速率的研究[J]. 海洋学报,13(6):804-812.

姚建华,曾文义,1988. 沉积物中 ^{210}Pb特殊剖面与自然事件、人类生产活动的关系[J]. 海洋通报,7(2):111-116

叶银灿,庄振业,刘杜娟,等,2002. 东海全新世沉积强度分区[J]. 青岛海洋大学学报,

32(6):941-948.
叶振成,陈伟琪,苏贤泽,等,1985. 沿岸沉积物中^{210}Pb、^{226}Ra的同时分离测定及其在地质年代学上的应用[J]. 厦门大学学报(自然科学版),24(3):361-366.
余华,刘振夏,熊应乾,等,2006. 末次盛冰期以来东海陆架南部 EA05 岩芯地层划分及其古环境意义[J]. 中国海洋大学学报,36(4):545-550.
张丽洁,王贵,姚德,等,2003. 胶州湾李村河口沉积物重金属污染特征研究[J]. 山东理工大学学报(自然科学版),17(1):8-14.
张荣敏,张桂林,黄博,等,2009. 山东半岛近岸海区现代沉积速率分析[J]. 海洋地质动态,25(9):15-18.
张志忠,李双林,董岩翔,等,2005. 浙江近岸海域沉积物沉积速率及地球化学[J]. 海洋地质与第四纪地质,25(3):15-24.
赵广明,叶思源,李广雪,等,2009. 渤海湾沉积地球化学记录及其对环境变迁的指示[J]. 海洋地质与第四纪地质,29(5):51-57.
赵一阳,李凤业,DeMaster D J,等,1991. 南黄海沉积速率和沉积通量的初步研究[J]. 海洋与湖沼,22(1):38-43.
曾文义,程汉良,曾宪章,等,1991. 厦门港的淤积现状及防淤建议[J]. 海洋通报,10(1):45-49.
郑全安,吴隆业,戴懋瑛,等,1992. 胶州湾遥感研究Ⅱ[J]. 动力参数计算.海洋与湖沼,23(1):1-6.
邹汉阳,苏贤泽,余兴光,等, 1982. ^{210}Pb法测定东海大陆架现代沉积速率[J]. 台湾海峡,1(2):30-40.
邹汉阳,曾文义,程汉良,等,1985. 沉积物中^{210}Pb、^{210}Po和^{226}Ra的分析及现代沉积速率的测定[J]. 海洋通报,4(6):10-14.
庄丽华,常凤鸣,李铁刚,2002. 南黄海 EY02-2 孔底栖有孔虫群落特征与全新世沉积速率[J]. 海洋地质与第四纪地质,22(4):7-13.
Appleby P G, Oldfield F, 1992. Application of ^{210}Pb to sedimentation studies[M]//Uranium-series disequilibrium:application to earth, marine, and environmental science, 2nd ed. Oxford:Clarendon Press:731-778.
Appleby P G, Oldfield F, 1978. The calculation of ^{210}Pb dates assuming a constant rate of supply of unsupported ^{210}Pb to the sediment[J]. Catena, 5:1-8.
Benninger L K, Aller R C, Cochran J K, et al., 1979. Effects of biological sediment mixing on the ^{210}Pb chronology and trace metal distribution in a Long Island Sound sediment core[J]. arth and Planetary Science Letters, 43:241-259.
Crozaz G, Langway Jr C C, 1966. Dating Greeland firn-ice cores with Pb-210[J]. Earth and Planetary Science Letters, 1:194-196.
DeMaster D J, Cochran J K, 1982. Particle mixing rates in deep-sea sediments determined from excess ^{210}Pb and ^{32}Si profiles[J]. Earth and Planetary Science Letters, 61:257-271.
Fuller C C, van Geen A, Baskaran M, et al., 1999. Sediment chronology in San Francisco Bay, California, defined by ^{210}Pb, ^{234}Th, ^{137}Cs, and ^{239,240}Pu[J]. Marine Chemistry, 64:7-27.
Goldberg E D, 1963. Geochronology with ^{210}Pb[M]//Radioactive dating. Vienna:IAEA:

121-131.

Lewis D M, 1977. The use of Pb-210 as a heavy metal tracer in the Susquehanna River system[J]. Geochimica et Cosmochimica Acta, 41: 1557-1564.

Lu X, Matsumoto E, 2005. How to cut a sediment core for ^{210}Pb geochronology[J]. Environmental Geology, 47: 804-810

McCall P L, Robbin J A, Matisoff G, 1984. ^{137}Cs and ^{210}Pb transport and geochronologies in urbanized reservoirs with rapidly increasing sedimentation rates[J]. Chemical Geology, 44: 33-65.

Moon D S, Hong G H, Kim Y I, et al., 2003. Accumulation of anthropogenic and natural radionuclides in bottom sediments of the Northwest Pacific Ocean[J]. Deep-Sea Research Ⅱ, 50: 2649-2673.

Officer C B, Lynch D R, 1983. Determination of mixing parameters from tracer distributions in deep-sea sediment cores[J]. Marine Geology, 5: 59-74.

Rama, Koide M, Goldberg E D, 1961. Lead-210 in natural water[J]. Science, 134: 98-99.

Robbins J A, 1978. Geochemical and geophysical applications of radioactive lead[M]// Biogeochemistry of lead in the environment. Amsterdam: Elsevier Scientific: 285-393.

Sanchez-Cabeza J A, Ani-Ragolta I, Masqué P, 2000. Some considerations of the ^{210}Pb constant rate of supply(CRS) dating model[J]. Limnology and Oceanography, 45(4): 990-995.

Zhao Y, Xu C, 1997. ^{210}Pb distribution characteristics in the lake sediment core at Great Wall Station, Antarctica[J]. Chinese Journal of Polar Science, 8(1): 33-36.

第五章　宇生放射性核素测年

天然^{14}C被发现不久之后，便用于考古测年，具有里程碑的意义，产生了应用宇生放射性核素的年代学。自发现^{14}C后，人们又相继发现了多种宇生核素，包括^{3}H，^{7}Be，^{10}Be，^{14}C，^{26}Al，^{32}Si，^{36}Cl，^{41}Ca，^{129}I等。人们进行这些核素的地球化学研究，并用这些核素在水圈、岩石圈和冰冻圈建立时间序列。本章主要介绍了海洋放射年代学研究较多的^{10}Be，^{129}I和^{32}Si，应用^{14}C的海洋放射年代学在第六章介绍。

第一节　^{10}Be测年方法

铍有一种稳定同位素^{9}Be，长寿命的^{10}Be半衰期为1.51×10^{6} a，铍的其他同位素半衰期都很短。^{10}Be在海洋水体混合和测年中得到应用，是放射年代学应用最多的宇生核素之一。海洋学研究中，^{10}Be主要在铁锰结核和结壳测年中得到应用，也用于海洋沉积物测年，但并不普及。按半衰期规则，^{10}Be适合的测年时间尺度为$10^{6}\sim10^{7}$ a。

1　宇生^{10}Be是合适的大洋沉积物测年核素

海洋沉积物所涵盖的是洋壳形成以来的时间尺度。除西太平洋外，各大洋洋壳的年龄主体在 1 Ma～100 Ma 时间范围。深海沉积物主要是生源物质和自生矿物，不像火成岩具有适合测年的矿物，所以在深海沉积物测年中至今并没有广泛使用的放射年代学方法。

深海沉积物沉积速率低，在 mm/ka 到 cm/ka 量级，按半衰期规则推算，用^{10}Be测年较为合适的岩芯长度应在 10～100 m 范围。从海洋或全球环境变化研究方面论，100 m 长的沉积物岩芯，可能涵盖几十个百万年的时间尺度，是海洋环境变化或全球环境变化，或可能是未来的海洋环境变化或全球环境变化主要研究的时间尺度。

2 ^{10}Be与铍的海洋地球化学

Measures 和 Edmond(1982)的研究给出，太平洋(30°N，158°W)海水中的铍浓度为4～30 pmol/L($2.4\times10^{12}\sim18\times10^{12}$ atoms/L，atoms 为原子数)。从表层到底层，浓度逐渐升高，如图 5.1.1 所示。文献将铍的这种分布称为类营养盐分布，是铍的颗粒活性的结果。从图 5.1.1 也能看出，铍与营养盐的分布明显不同，这种分布说明水柱的铍通过颗粒动力学过程被清除至深层水或沉积物。有时人们把这种分布说成是沉积物间隙水溶解的铍向上覆水扩散造成的，因此形成一种图像，上层水颗粒物吸附铍，铍随颗粒物沉降至沉积物，经矿化过程，溶解进入间隙水，然后向上覆水扩散。但也存在另外一种过程可能形成这种分布，即颗粒物沉降过程中铍解吸进入水体，颗粒物沉降起到向下层水体搬运铍的作用，因此水柱中深层水铍含量较上层水高。海洋沉积物的铍浓度为2×10^{-6}(10^{17} atoms/g)。

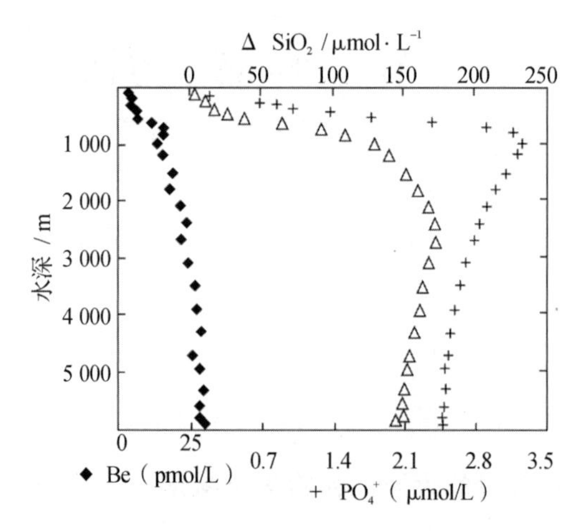

图 5.1.1 海水中 Be 和 SiO_2，PO_4^+ 深度分布

(Measures and Edmond，1982)

为了进行测年，早期的研究人们试图像^{14}C那样找出初始$^{10}Be/^{9}Be$比值。^{10}Be是高能宇宙射线与大气氮和氧散裂反应的产物。大气中的^{10}Be产生速率正比于宇宙射线通量，而宇宙射线通量受太阳活动和地磁场变化调制，所以宇宙射线通量，甚至大气中的^{10}Be产生速率是随地域和时间变化的。^{10}Be产生后，很快被空气中的颗粒物吸附，通过干、湿沉降到地表和海洋，所以大气中的铍不会达到同位素混合均匀。文献报道海水中的^{10}Be浓度为1×10^{6}～

3×10^{6} atoms/L，深海沉积物的^{10}Be浓度在 10^{9} atoms/g(10^{-2} Bq/kg)量级。铍在海水中的停留时间为几百年，亦有报道上千年，但并不是远大于大洋环流时间，所以铍在海洋中被认为不是同位素混合均匀的。Raisbeck 等(1980)的研究曾试图说明海水中的$^{10}Be/^{9}Be$是同位素比值均匀的，但几年后没了下文。文献报道的$^{10}Be/^{9}Be$比值为 $85\times10^{-9}\sim1\ 215\times10^{-9}$，离散很大，所以还没看到关于可用于计算年代的初始$^{10}Be/^{9}Be$比值的报道。

3 ^{10}Be测年方法

应用^{10}Be的测年有 3 种方式：①对时间尺度可以和^{10}Be半衰期相比的测年介质，通常是利用^{10}Be在测年介质中的分布估算生长速率或沉积速率。^{10}Be半衰期为 1.51 Ma，是晚中新世至早更新世合适的测年核素。②研究发现^{10}Be的沉积通量是随太阳活动变化的，对时间尺度远小于^{10}Be半衰期的研究介质，可以用太阳活动周期作为参考时间进行测年。③事件参考年代方法。人们发现在地球磁极发生翻转时，沉积物中的^{10}Be浓度发生突变，所以可能可以建立沉积物中^{10}Be浓度与地球磁极翻转的时间对应关系。Raisbeck 和 Yiou(1981)研究发现，极地冰芯中的^{10}Be浓度在35 000 a BP存在峰值，称为 Raisbeck 时间，也成为一个参考时间。

3.1 ^{10}Be分布与^{10}Be/^{9}Be比值法测年

^{10}Be方法进行深海沉积物沉积速率、海洋铁锰结核和结壳生长速率测定也基于恒定沉积速率或生长速率假设。该假设认为在研究时间范围内，或某时间区间内，沉积物的沉积速率、铁锰结核或结壳的生长速率不变，^{10}Be累积通量或$^{10}Be/^{9}Be$比值也恒定。

通常的做法是，测量沉积物岩芯、结核或结壳中的^{10}Be含量和/或$^{10}Be/^{9}Be$比值分布，将^{10}Be含量或$^{10}Be/^{9}Be$比值相对于深度作图，用下式拟合^{10}Be含量相对于深度 l 变化数据

$$^{10}Be_{l}={}^{10}Be_{0}\,e^{-dl} \tag{5.1.1}$$

式中，$^{10}Be_{l}$为 l 深度处的^{10}Be浓度；$^{10}Be_{0}$为假设的^{10}Be初始浓度，上式已暗含恒通量和恒定沉积速率假设；d 为拟合常数。沉积速率或生长速率为

$$V=\frac{\ln2}{dT} \tag{5.1.2}$$

式中，T 为^{10}Be的半衰期。用$^{10}Be/^{9}Be$比值法估算沉积速率，同样有：

$$\left(\frac{{}^{10}\mathrm{Be}}{{}^{9}\mathrm{Be}}\right)_l=\left(\frac{{}^{10}\mathrm{Be}}{{}^{9}\mathrm{Be}}\right)_0 \mathrm{e}^{-dl} \qquad (5.1.3)$$

式中，$\left(\frac{{}^{10}\mathrm{Be}}{{}^{9}\mathrm{Be}}\right)_1$ 为 l 深度处^{10}Be和^{9}Be的比值；$\left(\frac{{}^{10}\mathrm{Be}}{{}^{9}\mathrm{Be}}\right)_0$ 为假设的初始^{10}Be和^{9}Be的比值。沉积速率或生长速率计算仍用式(5.1.2)。

图5.1.2所示为北太平洋一个沉积物岩芯中的^{10}Be分布。分段拟合实验数据，得到岩芯上部0～220 cm段沉积速率为2.0 mm/ka，220～470 cm段为1.1 mm/ka，470～1 000 cm段为0.5 mm/ka；220 cm和470 cm深度年龄为1.1 Ma BP和3.4 Ma BP(Mangini et al.，1984)。

3.2 利用太阳活动周期的测年方法

太阳黑子是太阳光球上经常出没的暗黑斑点，已发现的有11 a周期、22 a周期、80 a周期和180 a周期，其中以11 a周期最为明确。国际上规定1755—1766年为第一个太阳活动周期，2007年进入第24个太阳活动周期，其中2011年或2012年是峰年。Beer等(1990)研究格陵兰冰芯中^{10}Be的分布发现，冰芯的^{10}Be含量与太阳黑子数变化趋势非常一致，如图5.1.3所示，图中^{10}Be的11 a和80 a变化周期与太阳黑子数变化周期一致。目前，只有关于冰芯中记录着太阳活动周期的报道。

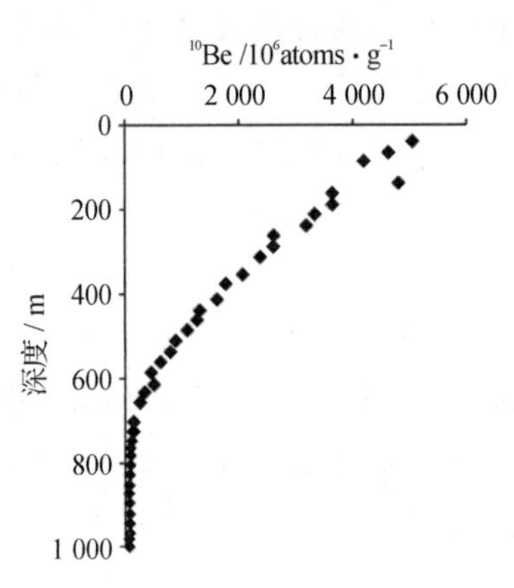

图5.1.2 北太平洋沉积物岩芯中^{10}Be分布(Mangini et al.1984)

4 关于^{10}Be测量方法的讨论

^{10}Be是纯β放射性核素，可以用β计数法和质谱法测量。由于半衰期长，比活度低，用β计数法测量环境样品的^{10}Be，除需要化学富集、分离、纯化外，对海洋沉积物样品约需几十克，甚至上百克的样品，而测量水体中的^{10}Be，可能需要几十立方米，甚至数百或上千立方米的水样(陈铁梅等，1989)，这极大地限制了^{10}Be的研究和应用。

加速器质谱(AMS)是为测量长寿命放射性核素发展起来的分析技术(Killius et al.，1992)。尽管以后的应用远超出长寿命放射性核素的测量范畴，但测量环境水平的宇生放射性核素具有明显的优势。AMS的发展

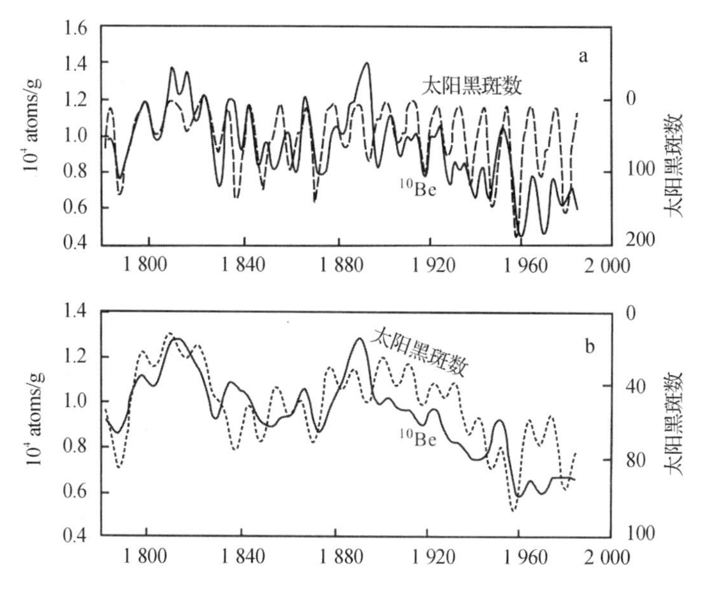

图 5.1.3 1783—1985 年冰芯中记录的^{10}Be与年太阳黑子数随时间的变化(Beer et al.,1990)

使测量水样^{10}Be的样品量减少到 1 L,测量沉积物样品需要量仅 1 g 即可,大大促进了应用^{10}Be的研究工作。

AMS 方法测量的是^{10}Be/^{9}Be比值,测量的样品是 BeO,需要的 BeO 样品量为 mg 量级,可达到的测量^{10}Be/^{9}Be比值(丰度灵敏度)为 10^{-15},可探测的原子数为 10^5(Tuniz,et al.,1998;Hotchkis et al.,2000)。

AMS 方法测量海洋沉积物中的^{10}Be的做法是:①先用酸将烘干、磨细的沉积物样品 0.5~1.0 g 溶解;②用 EDTA 掩蔽,利用 $Be(OH)_2$ 可溶于 NaOH 的性质将 Be 与 Fe、Mn 等分离;③将分离得到的 $Be(OH)_2$ 高温灼烧,使其生成 BeO;④以 1∶5 的比例将 BeO 与 Ag 粉混匀制靶。

海洋沉积物、铁锰结核或结壳的铍含量较低,在 10^{-6} 量级。为了方便操作,包括计算回收率和制靶有足够的样品量,通常的做法是在样品开始处理前加入 BeO 作为载体。样品中的^{10}Be原子数含量由下式计算得到:

$$A = \frac{r}{m_s} \frac{m(^9\mathrm{Be})}{M(^9\mathrm{Be})} N_A \tag{5.1.4}$$

式中,r 为测量得到的^{10}Be/^{9}Be原子数比值;$m(^9\mathrm{Be})$为加入的^{9}Be载体量;N_A为阿伏伽德罗常数;m_s为处理样品的质量;$M(^9\mathrm{Be})$为^{9}Be的原子量。

第二节　海洋铁锰结壳生长速率的^{10}Be法测定

海洋铁锰结核和结壳是宇生^{10}Be测年最成功的，发表的相关文章也最多。就铁锰结核和结壳的大小和所能分割的子样大小而言，^{10}Be特别适合于铁锰结核和结壳生长速率的测定，所以尽管测定^{10}Be需用复杂昂贵的加速器质谱方法，但人们还是对铁锰结核中的^{10}Be进行了广泛的研究。

铁锰结核大小和结壳的厚度在 cm 量级，生长速率为 mm/Ma 量级，按1 mm厚度分样推算，铁锰结核和结壳测年可能达到的时间分辨率为1 Ma。

1　海洋铁锰结核与结壳

海洋铁锰结核与结壳的化学组成与性质极为相似，主要由铁和锰的氧化物和氢氧化物组成，并富含铜、镍、钴、钼和其他微量元素。铁锰结核和结壳一般呈褐色、土黑色或绿黑色，由多孔的细粒结晶集合体、胶状颗粒和隐晶质物质组成，广泛分布于深海底表层。

1.1　铁锰结核

结核常为球形、椭圆形、圆盘状、葡萄状或多面状；个体大小悬殊，小的直径不足 1 mm，大者直径可达几十厘米，甚至 1 m 以上，常见的为 0.5～25 cm大小。大部分结核都有一个或多个核心，核心的成分可以是岩石或矿物碎屑，也可以是生物遗骸，围绕核心形成同心状壳层结构。

铁锰结核中含有 30 多种金属元素，其中的铜、镍、钴、锰、钼都达到了工业利用品位。估计世界铁锰结核的总储量约为(15～30)×10^{11} t，是最有开发前景的深海矿产资源。仅太平洋 1.8×10^{7} km^{2} 的范围内，在表层1 m厚的沉积物中，结核就有 10^{12} t 多，可提取锰 2×10^{11} t、镍 9×10^{9} t、铜5×10^{9} t及钴 3×10^{9} t。另外，结核中还有含量很高的分散元素和放射性元素，如铍、铈、锗、铌、铀、镭、钍等。

铁锰结核赋存于深海沉积物上，主要分布在太平洋，其次是印度洋和大西洋的洋盆和部分深海盆地。根据世界洋底的构造地貌特征和海区所处的构造位置以及结核的成分、地球化学和丰度，人们将世界大洋划分出15 个锰结核富集区(见图 5.2.1)，其中 8 个位于太平洋，东北太平洋克拉里昂与克里帕顿断裂带之间(Clarion-Clipperton fracture zone，CC 区)(7°～15°N,114°～158°W)铁锰结核丰度高达 30 kg/m^2,铜、钴、镍的总品位一般大于 3%,是最有开采价值的海区。

铁锰结核生长速率比沉积物的累积速率低 3 个量级,但没有被沉积物埋葬,被认为是由于结核不断翻转(turnover)的结果。

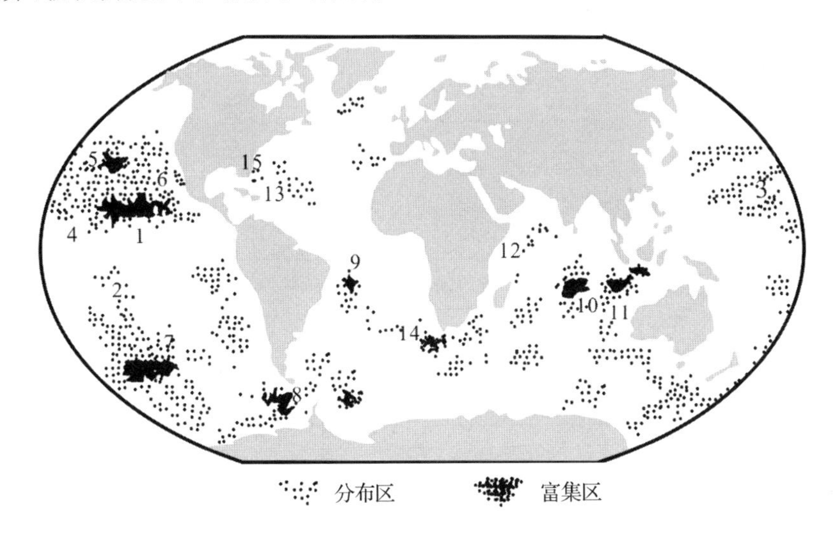

图 5.2.1 世界大洋铁锰结核分布(中国数字海洋,2015)

1.2 铁锰结壳

铁锰结壳是富含铁、锰、钴等金属元素的层状沉积物。钴是战略物资,备受世界各国的重视。一些结壳中的钴含量高,可高达 2%,比结核中钴的平均含量高 3～5 倍,所以常看到文献中有关于富钴结壳的说法。

铁锰结壳大多呈层壳状,少数包裹岩块、砾石,呈不规则球状、块状、盘状、板状或瘤壳状。结壳厚度一般在几厘米,厚的可达 20 多厘米。结壳呈黑色或暗褐色,内部有平行纹层构造,反映结壳生长过程中的环境变化。

海洋铁锰结壳生长在海底基岩上,产于海山、海岭和海底台地的顶部和上部斜坡区,通常以坡度不大、基岩长期裸露、缺乏沉积物或沉积层很薄的部位最富集。结壳以中太平洋海山区最富集,在印度洋和大西洋局部海区也有发现。

表 5.2.1 列出了人们对铁锰结核和结壳成因分析的结果。结核可以赋存在各种地形地貌的沉积物中，可以是水成的，热液成因的，成岩作用成因的，也可能是水成和热液共同作用或热液与成岩作用共同作用形成的。结壳主要是水成的，热液的，以及水成和热液共同作用成因的。

表 5.2.1 铁锰结核和结壳成因与环境

成因	水　成	热　液	成岩作用	水成和热液	热液与成岩作用	胶代过程
结核	深海平原 海台 海山	水下破火山口 断裂带	深海平原 海台	水下破火山口	深海平原 海台 深海山	所有海区
结壳	板块中央 火山高台	活动扩张轴 火山弧 断裂带 板块中央高台		活动火山弧 扩张轴 轴侧海山 断裂带		板块中央高台

2 ^{10}Be方法测定铁锰结壳的生长速率

铁锰结核和结壳^{10}Be测量的制样方法与沉积物中^{10}Be测量制样方法相似。重要的是^{10}Be方法进行铁锰结核和结壳测年的样品厚度不足20 mm，分样比沉积物岩芯精细得多。

图 5.2.2 所示为一个铁锰结壳(Ku et al.,1982)中的^{10}Be分布，图中标出了由^{10}Be分布估算得到的生长速率。

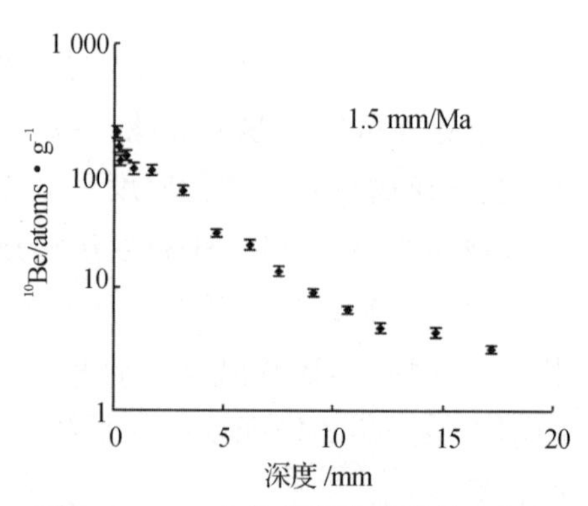

图 5.2.2 一个铁锰结壳中的^{10}Be分布 (Ku et al.,1982)

生长速率的计算方法是：将^{10}Be或^{10}Be/^{9}Be比值随采样深度变化数据用式(5.1.1)或式(5.1.3)拟合，得到d，代入式(5.1.2)计算生长速率。一些作者据结核或结壳中的^{10}Be或^{10}Be/^{9}Be分布将数据分段拟合，计算出不同层的生长速率。对比式(5.1.1)和式(5.1.3)，可以看出，只要实验数据在两个以上，就可以计算得到生长速率，所以一些作者利用相邻两个数据计算生长速率，得到生长速率随深度的变化。

3 铁锰结壳测年方法综述

除^{10}Be方法外，铀系法在铁锰结核和结壳测年中得到了大量应用，人们还用其他方法对铁锰结壳进行了测年（卜文瑞和石学法，2002；蔡毅华和黄奕普，2003；符亚洲等，2006）。以下对除^{10}Be和铀系法外的方法进行简单介绍。

3.1 元素地层学方法

大洋铁锰矿床的生长速率与化学成分之间有着密切的关系。研究发现（Heye and Marchig，1977），结核的生长速率与其中某些元素的含量高低关系密切，快速生长的壳层更易富集锰、镍和铜，慢速生长的壳层更易富集铁和钴。目前见报多的是用钴含量估算结壳生长速率，也有用铁锰组合估算生长速率的。

（1）铁锰结壳生长速率估算的钴地层学方法。Halbach 等（1983）发现水成结壳中钴的丰度仅受其生长速率的控制，结壳生长速率越快，其钴含量越低。结壳钴含量与结壳生长速率之间存在相关关系。Manheim 等（Manheim，1986；Manheim and Lane-Bostwick，1988）建立了铁锰结壳生长速率与其中钴含量的关系：

$$R=\frac{0.68}{(C-0.0012)^{1.67}} \tag{5.2.1}$$

式中，R 为生长速率（mm/Ma）；C 为结壳中钴的浓度（重量百分含量）；0.001 2 为碎屑本底钴的浓度（重量百分含量）。对钴含量在0.24%～2.0%范围内的太平洋海山铁锰结壳，Halbach 等（1983）提出以下生长速率计算公式：

$$R=\frac{1.28}{C\sim0.24} \tag{5.2.2}$$

对磷酸盐化的老壳层，式（5.2.2）中的钴浓度 C 由下式计算得到：

$$C=\frac{C_x}{1-0.05\Delta P}\frac{R_x}{R_b} \tag{5.2.3}$$

式中，C_x 和 R_x 为 x 深度处钴含量的测量值和 Mn/Co 含量比；R_b 为磷酸盐化与未磷酸盐化壳层界面的 Mn/Co 含量比；ΔP 为磷酸盐化的 x 深度磷含量和未磷酸盐化壳层磷含量平均值的差。

对低钴含量的结壳，Frank 等(1999)提出以下计算公式：

$$R=\frac{0.25}{C^{2.69}} \tag{5.2.4}$$

根据上述公式，只要测得结壳的钴含量分布，就可求得生长速率，推算出结壳的年龄。钴含量经验公式法简单易行，但是该方法的建立假定结壳中钴是水成来源的，而且结壳中钴通量基本恒定。再者钴经验公式也是建立在^{10}Be或者其他核素放射年代学基础上的。即使满足假设条件，钴经验公式仍存在无法解决结壳中普遍存在的生长间断问题。因此，钴经验公式法所得年龄在准确性方面不及放射性同位素方法，而且由于结壳中往往存在生长间断，使用钴经验公式法得到的年龄一般比真实年龄要小。

(2)Fe/Mn 比值法。Lyle 等(Lyle，1982；卜文端和石学法，2002)在研究结核生长速率与铁、锰含量关系的基础上，提出了依结核铁、锰含量计算其生长速率的经验公式：

$$R=16.0\frac{\mathrm{Mn}}{\mathrm{Fe}^2}+0.448 \tag{5.2.5}$$

式中，R 为结核生长速率(mm/Ma)，Mn，Fe 分别为结核中 Mn，Fe 的百分含量。这一公式的提出基于以下假设：①在生长过程中，结核以同一机制聚集元素；②结核中存在的微小尺度化学不均一性代表了其短期生长速率的改变或小尺度封闭体系的成岩再造作用；③结核的生长速率及其化学成分仅受形成结核的元素(主要为 Mn 和 Fe)供给量的控制。罗尚德等(1989)由扩散过程出发，提出如下生长速率(mm/Ma)与结核中铁和锰含量的关系：

$$R=\frac{52.0\left(\frac{\mathrm{Mn}}{\mathrm{Fe}}-0.5\right)^{1.25}+10}{\mathrm{Mn}} \tag{5.2.6}$$

3.2　同位素地层学方法

同位素地层学方法包括锶同位素和锇同位素地层学方法，已被用于铁锰结壳年代学研究。

(1)锶同位素地层学方法。人们已将锶同位素方法($^{87}Sr/^{86}Sr$)用于海洋沉积物测年(Burke et al.,1982;Depaolo and Ingram,1985;Richter and Turekian,1993;Palmer and Edmond,1989;符亚洲等,2006)。由于锶同位素在海水中滞留时间为2 Ma～4 Ma,比海水混合时间 10^3 a 长得多,因此在任何时期,全球各大洋中锶同位素组成都是均匀分布的。对水成铁锰结壳,结壳生长过程中,溶解在海水中的锶被结合进入壳层,海水的$^{87}Sr/^{86}Sr$比值便被记录下来。假设结壳中的锶同位素不发生沉积后的化学迁移和交换,那么只要测定结壳中的$^{87}Sr/^{86}Sr$比值,就可以和海水$^{87}Sr/^{86}Sr$曲线比较,推算结壳年代。

(2)锇同位素地层学方法。锇具有同位素组成分馏大、灵敏度高、不易受外界干扰等优点。同时锇在铁锰结壳中的含量基本不受成岩变化和区域因素的控制,即使强烈的磷酸盐化作用对其也没有大的影响(Palmer and Turekian,1986)。锇同位素地层学测年法被视为很有发展前景的结壳定年手段(Burton et al.,1999;姚德等,2002)。

锇在海水中的停留时间较长,其下限值为 4.4×10^4 a,远大于海水混合时间,因此在海水中,锇同位素组成呈均匀分布。将结壳的锇同位素组成和海水锇同位素组成曲线进行对比,可以推算结壳的生长年龄。图5.2.3 所示为新生代海水中锇同位素组成($^{187}Os/^{188}Os$)变化曲线。

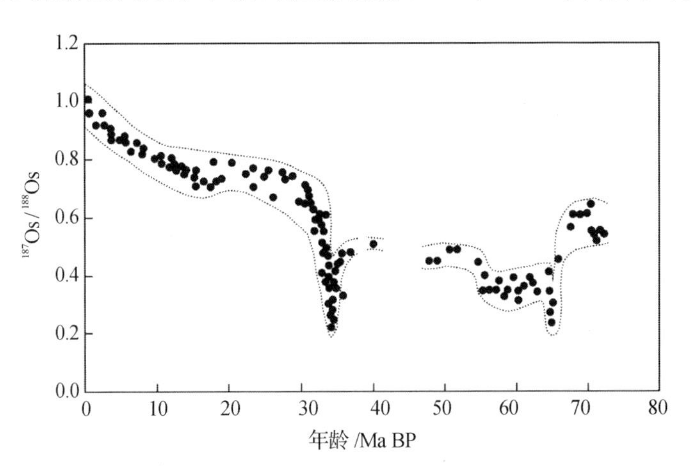

图 5.2.3　海水中的$^{187}Os/^{188}Os$丰度随时间变化(Klemm et al.,2005)

符亚洲等(Fu et al.,2005)将采自中太平洋的铁锰结壳的锇同位素组成与海水锇同位素演化曲线对比,估算得结壳生长起始时间约为 72 Ma。

Klemm 等(2005)测定了采自中太平洋的铁锰结壳的锇同位素组成,与^{10}Be方法、钴方法、铅同位素方法比较分析,建立了一个结壳的锇同位素地层年代剖面,也给出了晚白垩纪的起始生长年龄。

3.3 磁地层学方法

铁锰结核和结壳主要由铁和锰的氧化物和氢氧化物组成,而且生长时间跨新生代,所以期望其中记录着地球磁场的变化。

早在 1973 年,Crecelius 等(Crecelius, et al., 1973;卜文端和石学法,2002)就发现了记录在锰结核中的磁极倒转现象。Joshima 和 Usui(1998)测试了结壳中记录的磁极翻转时间序列,建立了结壳壳层古地磁年表。因记录在结壳中的磁极翻转事件具有全球性和同时性,便于进行全球对比,所以磁性地层法成为结壳生长速率测定的一种方法。这种方法除要求准确取样外,还要求有先进的测试技术。同时,对厚度大、生长速率较快的结壳才能达到必要的分辨率,取得良好的结果;而生长速率较慢、厚度小,或有生长间断时,用这种方法测定生长速率存在困难。

3.4 生物地层学方法(符亚洲等,2006)

生物地层学方法进行铁锰结壳定年用钙质超微化石。结壳中的超微化石保存很不完整,一般为印痕化石。Cowen 等(1993)通过一系列样品制作处理技术,在扫描电子显微镜下,对 Schumann 海山结壳中的超微化石印痕进行了分析鉴定,在厚层结壳下部壳层中的 *Toweius eminese*, *Toweius tovae*, *Coccolithus pelagicus* 和 *Chiasmolithus grandis* 所揭示的地质年龄为 51 Ma~54 Ma,推测该结壳形成于始新世或者更老的年代。俄罗斯学者 Мельников 等对西北太平洋海山结壳中钙质微体化石的研究结果表明,结壳老壳层中的化石属于 *Discoastermultiradiatus-Discoasterlodoensis* 带,生长于早始新世。Pulyaeva(1999)对采自麦哲伦海山区 IOAN, MG-36D 和 Dalmorgeologia 海山的铁锰结壳进行了钙质超微化石鉴定,根据超微化石 *Micula mura*, *Watznaueria barnesae* 鉴定结果,认为麦哲伦海山区铁锰结壳生长开始于晚白垩世。生物地层学方法虽比较可靠,且已有很好的应用,但是结壳中超微化石很难鉴定,并且结壳中生物化石非常稀少,特别在老壳层中由于被铁锰矿物交代而难以辨认,又不能排除有些结壳后期沉积改造混入的化石等,使用此方法很花费时间,所以应用也不普遍。此外,依据古生物化石得出的结壳的年龄,往往有很大的不确定性。

3.5　基岩年龄法

假设海山形成后不久，铁锰结壳就开始生长，则通过测定海山基岩年龄可以推测铁锰结壳起始生长时间。该方法得到的是最大年龄和最小生长速率。基岩的年龄一般用同位素地质年代学方法或据古生物化石确定，基岩的年龄作为结壳生长起始时间，亦即结壳底部的年龄。该方法不能给出结壳生长过程细节。De Carlo(1991)用 K-Ar 法确定了结壳的基岩年龄，然后计算了铁锰结壳的平均生长速率。此外，Prasad(1994)提出根据铁锰结壳基底中微玻陨石的年龄也可得到铁锰结壳的生长起始年龄。

4　铁锰结壳生长速率

过去的关于铁锰结壳的年龄问题，大多数研究结果都给出了最大达到中新世的生长年龄(符亚洲等，2006)，但是 McMurtry 等(1994)综合使用 ^{10}Be，Co 含量计算，$^{87}Sr/^{86}Sr$ 和 $\delta^{18}O$ 分析，并结合微化石地层学，表明 Schumann 海山 9.5 cm 厚的铁锰结壳的年龄达到了白垩纪，远大于以前学者给出的中新世的年龄；Pulyaeva 根据微化石定年也给出了麦哲伦海山区结壳开始生长于晚白垩纪的事实(Pulyaeva，1999)；Ling 等(2005)和周枫等(2005)对太平洋结壳进行了 Co 法定年，与结壳 Pb 同位素定年和沉积物岩芯的 Pb 同位素演化曲线比较，得到大于 70 Ma 的年龄；Klemm 等(2005)的研究结果表明厚铁锰结壳的年龄确实超过 70 Ma，达到了白垩纪。

表 5.2.2 列出了一些文献报道的铁锰结壳生长速率。铁锰结壳最大生长速率可达 20 mm/Ma，最小为 0.8 mm/Ma。图 5.2.4 是由文献数据绘制的生长速率频度分布，从图中也能看出，生长速率主要集中在 2～6 mm/Ma。

表 5.2.2 一些文献报道铁锰结壳生长速率

研究海区	样品	站位	采样层位/cm	测年方法	生长速率/mm·Ma^{-1}		参考文献
					测量值/范围值	平均值	
中太平洋	CXD05	173°30′36″E,20°01′48″N		Co 经验公式	0.83～5.09	1.34	崔迎春等,2008
西太平洋	MKD12	149°86′11″E,17°05′25″N	0～3	^{10}Be		3.99	王晓红等,2008
			3.0～7.2	Co 经验公式		1.72	
中太平洋	MP3D25	166°07′01″W,14°27′26″N	0～1.5,1.5～8.8	^{10}Be,Co 经验公式		1.99,1.94	
西太平洋	MDD42	150°34′51″E,17°34′24″N	0～10.0	Co 经验公式		2.10	
中太平洋	MP5D44	167°36′28″W,10°23′44″N	0～6.9	Co 经验公式		2.95	
中太平洋	CLD01	160°44′25″E,21°44′53″N	0～8.8	Co 经验公式		1.19	周枫等,2005
西太平洋	MDD53	150°17′18″E,17°26′34″N	0～11.9	Co 经验公式		1.47	
中太平洋	MP5D17	167°51′13″W,10°33′33″N	0～4.3, 4.3～5.9, 5.9～10.5, 10.5～13.7	$^{187}Os/^{188}Os$ 方法	1.16, 1.0, 5.11, 4.0	1.76	符亚洲等,2005
中太平洋	CAD15	162°52′E,15°15′N		$^{10}Be/^{9}Be$,$^{230}Th_{ex}$	2.19,2.68		黄奕普等,2006a
中太平洋	MHD59	178°36′W,18°11′N		$^{10}Be/^{9}Be$,$^{230}Th_{ex}$	2.55,4.74		
中太平洋	CBD12—2	178°39′E,17°59′N		$^{230}Th_{ex}$,$^{230}Th_{ex}/^{232}Th$	2.78,3.09		黄奕普等,2006b
中太平洋	MP3D18	165°45′W,13°47′21″N— 165°44′50″W,13°46′45″N		$^{230}Th_{ex}$,$^{231}Pa_{ex}$, $^{230}Th_{ex}/^{232}Th$	2.1,3.87,2.21		

续表

研究海区	样品	站位	采样层位/cm	测年方法	生长速率/mm·Ma^{-1} 测量值/范围值	平均值	参考文献
西太平洋	MDD43	151°16′E,17°54′N		$^{230}Th_{ex}$,$^{230}Th_{ex}/^{232}Th$	2.42,2.79		
中太平洋	CXD04	174°18′18″E,20°17′35″N—		$^{230}Th_{ex}$,$^{231}Pa_{ex}$	2.21,4.31		黄奕普等,2006b
		174°17′49″E,20°17′39″N		$^{230}Th_{ex}/^{232}Th$,$^{234}U_{ex}$	2.15,1.95		
中太平洋	MP5D44	167°36′32″W,10°24′14″N	1.5～4.0, 4.75～6.25	$^{129}I/^{127}I$	3.88,0.92	1.80	纪丽红,2011
中太平洋	CXD08-1	172°55′04″E,19°57′53″N	0.75～3.75, 3.75～7.75	$^{129}I/^{127}I$	1.99,0.82	1.14	

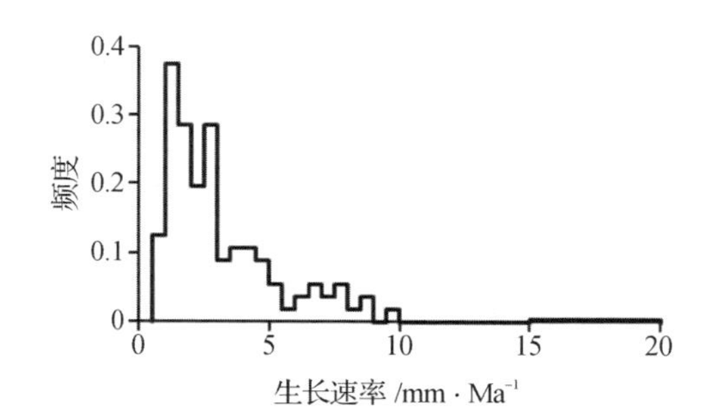

图 5.2.4 海洋铁锰结壳生长速率频度分布

第三节　宇生^{129}I测年

^{129}I半衰期为15.7 Ma,是人们研究较多的宇生放射性核素中半衰期最长的核素,按半衰期规则可进行10 Ma～80 Ma时间尺度的年代测定,是第三纪测年最为合适的时标。

1960年代就有人提出应用宇生^{129}I进行测年的报道(Raynolds,1960;York and Farquhar,1972;Elmore et al.,1980),到1990年代,自从人们建立了加速器质谱测定^{129}I方法,测定^{129}I所需样品量大大减少,灵敏度提高,使丰度探测限达到10^{-14},比天然^{129}I的丰度水平低两个量级。这使得天然水平环境样品中^{129}I测定成为可能,并开始得到较大量的应用。主要的测年体系有天然气水合物体系、石油体系、地热流体、火山弧和弧前区海洋沉积物(刘广山,2010)。笔者实验室曾用宇生^{129}I方法进行了海洋铁锰结壳年代测定(纪丽红,2011;Liu et al.,2011)。以下介绍宇生^{129}I在测年中的应用,应用^{129}I的铁锰结壳测年将在第四节中论述。

1　^{129}I与碘的海洋生物地球化学

环境中,碘是具有重要生物效应的微量元素。研究认为,碘易与有机物结合,因此碘在沉积物中,特别是生源沉积物中富集。海洋沉积物是自然界中含碘量最高的地质体,碘储量占地球总储量的70%。全球碘分布在不同时间尺度上受海洋系统控制,很多海产品中具有高碘含量,大气中的碘来源于海洋,弧前区卤水和油田卤水中有高的碘含量。

海洋中,除表层水外,碘几近均匀分布,而且主要是以IO_3^-的形式存在(Wong,1991)。由于生物学过程的影响,海洋表层水中的I^-可能具有比IO_3^-高的浓度。海水中的碘含量在24～120 mg/m^3,平均为60 mg/m^3。文献报道的不同海区沉积物碘含量差异较大,在2.5～2 000 mg/kg范围。

天然^{129}I在海水,甚至全球表层库同位素均匀分布,^{129}I的相对丰度(文献多用^{129}I/^{127}I或^{129}I/I比值表示,天然水平的3个量在数值上是相等的)约1.5×10^{-12},比较恒定,该值可以作为年代计算的初始^{129}I丰度。由于^{129}I半衰期较长,因此一定时间尺度内,地球表层库^{129}I的丰度也是恒定的。

2 天然气水合物体系的测年

由于碘的亲生物性，因而其在有机物中高度富集，为利用^{129}I测年和示踪富有机物矿床形成，改善对富有机物矿床起源和历史的理解提供了机会。深埋于海洋沉积物中的天然气水合物是一个典型的可用^{129}I测年的地质体系。

还未看到通过直接测定天然气水合物中^{129}I进行天然气水合物年代学研究的报道。研究发现天然气水合物选址岩芯间隙水中有高的碘含量。即使是来自大洋钻探计划(ocean drilling program，ODP)岩芯的可利用的很少量的沉积物样品的间隙水，也足以提供测定^{129}I/I比值的碘量(Fehn et al.，2000)，使利用其中的^{129}I进行测年成为可能。研究者利用^{129}I进行了气水合物选址沉积物间隙水年代测定(Fehn et al.，2000，2003，2006，2007；Muramatsu et al.，2001)。

对秘鲁陆架边缘ODP采样测定结果表明，开阔海区沉积物间隙水碘浓度仅为1 μmol/L，稍高于海水的碘浓度0.4 μmol/L，陆架区的沉积物间隙水的碘浓度为10 μmol/L，在天然气水合物选址站位，表层沉积物间隙水与其他站位浓度接近，但随深度增加，达到恒定的1 000 μmol/L，比海水中的碘浓度高2 500倍。其他海区存在天然气水合物的站位得到同样的结论(Fehn et al.，2000)。

多个研究结果表明，伴生天然气水合物的沉积物间隙水中的碘比所处沉积物老。一方面说明间隙水与沉积物中的碘不是同源的(Fehn et al.，2007)，另一方面说明吸附在沉积物上的碘与间隙水中的碘交换较慢。目前见报的是人们利用天然气水合物选址沉积物岩芯中的^{129}I进行间隙水年代估算。由于认为间隙水中的碘来自天然气水合物，因此测定这种间隙水中的^{129}I时给出的是天然气水合物形成时的年代。

Fehn等(2007)对秘鲁陆架边缘ODP研究天然气水合物选址站位间隙水进行了年代测定。研究站位水深5 376 m，岩芯长278 m，主体为第四纪—第三纪沉积物。除人类活动可能污染的层段外，在岩芯50 m深度以下，^{129}I丰度约为0.3×10^{-12}，另有一个点为0.14×10^{-12}，这两个值对应的年代分别为36 Ma和45 Ma。

3 石油体系的测年

石油地质学研究中，碳氢化合物的形成和迁移开始时间是储油层形成过程的关键问题(Liu et al.,1997)。由于碘具有亲生物性质,可以和有机物一起运移,因此可以用碘来示踪碳氢化合物及伴生卤水的输运。人们希望能直接测定石油的年龄,有文献报道,可以用铼、锇同位素进行石油年代测定,但是这两种元素的同位素是否是在石油形成时就存在于石油中尚存在疑问。目前也没有直接测定^{129}I进行石油年代测定的报道。石油可能形成于寒武纪之前到第三纪的任何一个地质时期,而^{129}I只适合于进行第三纪测年,亦即只能进行晚期成藏石油的年代测定。

研究认为,当有机物变成石油时,有机物中的大部分碘进入伴生的卤水(Liu et al.,1997),所以至今,关于^{129}I方法测定石油形成年龄的报道均是测定伴生卤水的年龄。由于源岩的年龄比石油的年龄和伴生卤水的年龄大得多,在石油体系中,源岩形成时的^{129}I已衰变殆尽,石油和卤水中的^{129}I主要是和石油一起迁移过来的,以及源岩中的^{238}U等核素新裂变产生的。如果同时测定体系的^{36}Cl,由于^{36}Cl半衰期仅 3.1×10^{5} a,相对于石油形成的年龄来说,体系形成时的^{36}Cl早已衰减掉,但是^{238}U衰变可以产生新的^{36}Cl。因为核裂变产生各种核素的比例是恒定的,所以同时测定体系的^{36}Cl可以校正就地产生的^{129}I。

Liu 等(1997)曾测定美国内华达铁路峡谷(Railroad Valley)伴有热液活动油田卤水的^{129}I和^{36}Cl。结果给出卤水中的^{129}I浓度分为两组:一组^{129}I的丰度为 0.5×10^{-12},另一组为 1.6×10^{-12}。后一组值高于 1.5×10^{-12},被认为可能是人工核素的污染造成的。前一组数据计算得到的年龄为 6 Ma~24 Ma,经过自发裂变校正后为 7 Ma~28 Ma,时间跨度可能是石油在不同时间从源区迁移到了现在的储层。

4 地热体系的测年

地热体系的测年包括盐卤水和地热流体。海洋热液系统存在于板块边界和热点海区。人们除关注热液过程形成富集金属的沉积矿物外,热液循环过程也是海洋地质学研究的基础过程。在俯冲带,特别是弧前区,盐卤水富集,伴生天然气水合物,比如日本千叶县、日本南部太平洋沿岸、新西兰东岸及秘鲁海槽大陆坡。人们想知道热液中碘的来源,^{129}I提供了这种可能(Snyder and Fehn,2002;Fehn et al.,2002;Muramatsu et al.,2001)。Muramatsu 等提出,在俯冲带,早期阶段热液将俯冲板块沉积物中的碘带入卤水储层,对日本千叶县弧前区的^{129}I方法测年研究得出结论,在 50 Ma 前碘从俯冲板块的沉积物中进入卤水，而盐卤水储层岩石的年龄为 0.8 Ma～2 Ma。

5 关于^{129}I测量方法的讨论

从物理性质看，可以有多种^{129}I测量方法，如 γ 谱方法、液闪方法、中子活化方法、质谱方法等。尽管很多研究者采用了富集分离方法，但这些方法的丰度探测限仍都大于 10^{-10}。地球表层库天然^{129}I的丰度为 10^{-12}，由于人工^{129}I的输入，环境中的^{129}I水平提高，但绝大部分环境样品的^{129}I丰度仍小于 10^{-10}。以上方法仅可以用于核设施周围环境或核设施流出物^{129}I的测量（张彩虹等，2002）。除北大西洋和北冰洋欧洲边缘海部分海水和海洋生物样品可用中子活化方法测定外（Hou et al.，1999，2001），不能用以上方法测量其他地区环境样品中的^{129}I。

加速器质谱对^{10}Be，^{14}C，^{26}Al，^{36}Cl，^{41}Ca和^{129}I的探测下限为 10^5 个原子，丰度探测限可达 10^{-15}，比常规质谱能达到的丰度探测限低5个量级（Hotchkis et al.，2000），可用于一般环境中^{129}I的测定。

加速器质谱方法测量^{129}I要求样品具有 AgI 的形式，所以制样时要将碘从样品基质中分离出来，并将其转化为 AgI 形式。有多种制样方法从样品中分离碘进行加速器质谱测量^{129}I，可分为：①燃烧释放-亚硫酸钠溶液捕集法，起先用于中子活化方法测定大体积样品中的^{129}I（Muramatsu et al.，1985），之后被用于加速器质谱方法测定^{129}I样品的制样，有用这种方法制样测量土壤、枫树叶、湖泊沉积物、河流沉积物和牛甲状腺^{129}I的报道（Englund et al.，2007，2008；Marchetti et al.，1997）。②有研究者用碱式沥取-萃取/反萃取方法制作样品测定陨石、月亮表面岩石、河口沉积物、大气气溶胶中的^{129}I（Nishiizumi et al.，1983；Oktay et al.，2000；Santos et al.，2006）。③笔者所在实验室用碱式沥取、离子交换分离、萃取/反萃取纯化方法分离测定碘建立了铁锰结壳^{129}I加速器质谱测量方法（纪丽红，2011）。④Moran 等（1998）在气密封条件下用强氧化剂溶解样品释放碘，用亚硫酸钠溶液捕集碘制样，测定了海洋沉积物中的^{129}I。⑤Fehn等（1986）用蒸馏水洗涤，然后用浓硝酸沥取，从海洋沉积物中分离碘，制作加速器质谱测量^{129}I的样品。⑥李柏等（2005）将生物样品碱式灰化后用沸水浸取，用 CCl_4 萃取-$NaHSO_3$ 反萃取方法分离碘，制作加速器质谱测量^{129}I的样品。⑦Fitoussi和 Raisbeck（2007）为制作同时测量^{129}I，^{60}Fe和^{26}Al的样品，先用含盐酸羟胺的乙酸溶液将样品沥取，取固体用氢氧化四甲铵溶液浸取，用正磷酸保持碘为碘酸盐的形式，之后用离子交换法进行纯化，洗出液中加入硝酸银形成碘化银沉淀，制作供加速器质谱测量^{129}I的样品。

20世纪80年代以来，北京大学、中国原子能院、上海原子核所和西安加速器质谱中心相继建立或引进了加速器质谱系统（郭之虞等，1997；蒋崧生等，1992；陈茂柏，2001；周卫建等，2007），开展了^{14}C，^{10}Be，^{26}Al，^{41}Ca，^{129}I等多种核素测量方法和应用研究（郭之虞等，1997；何明等，1997；谢运棉等，1998；Dong et al.，2006；周本胡等，2007；李柏等，2005；周卫建等，2007；沈承德等，1995；Gu et al.，1997）。

第四节　应用宇生^{129}I的海洋铁锰结壳测年

海洋铁锰结壳厚度在几厘米到十几厘米尺度，从晚白垩纪和新生代开始生长到现在，刚好是^{129}I测年的时间尺度。文献多用铀系法和^{10}Be方法测量测年，得到的生长速率为mm/Ma量级。铀系法测定铁锰结壳所能利用的样品仅仅为表层的2 mm，^{10}Be方法所能利用的也只是表层的20 mm厚的样品（黄奕普等，2006a，b），由于生长速率测定要将样品分割为多个子样，这两种方法测年，特别是利用铀系法测年，样品的分割很困难，也很不准确。用^{129}I进行铁锰结壳测年，单个样品采样的厚度可达mm或cm量级，采样准确度提高，所以铁锰结壳可能是好的^{129}I测年材料，可以为利用铁锰结壳进行海洋环境变化，特别是第三纪的海洋环境变化提供时标。

1　铁锰结壳中碘和^{129}I测量方法

1.1　结壳中碘的测量方法

对^{129}I测量样品处理过程中的离子交换流出液，在酸性条件下，用饱和溴水将I^-氧化成IO_3^-，加入淀粉-KI显色剂，IO_3^-与显色剂中过量的I^-反应生成I_2，最后用紫外-可见分光光度法进行测量。该方法回收率为83.1%～98.9%，平均为90.3%。重复测量11份铁锰结壳样品得到的结果相对标准偏差为2.6%。

1.2　结壳中^{129}I的测量方法

(1)首先将铁锰结壳分割，磨细，混匀，烘干。

(2)取 20～30 g 已烘干的样品，用 1 mol/L $NH_2OH \cdot HCl$，1 mol/L $H_2C_2O_4$ 和 1 mol/L Na_2SO_3 混合溶液，在 45 ℃温度下水浴浸取 12 h，沥取铁锰结壳中的碘。

(3)分离沥取液，用 6 mol/L H_2SO_4 溶液调节 pH＜2；加入过量 $NaNO_2$ 溶液将样品中的 I^- 氧化成 I_2；用 CCl_4 萃取，用 0.1 mol/L H_2SO_4 和 0.1 mol/L Na_2SO_3 混合溶液反萃取，分离碘。

(4)反萃取液通过阴离子交换柱(NO_3^- 型)，用 0.5 mol/L 的 KNO_3 溶液洗脱 NO_2^-，Cl^-，SO_4^{2-}，SO_3^{2-} 等干扰离子，用 2 mol/L KNO_3 溶液洗脱碘。取 10 mL 洗脱液，用分光光度法测定样品中的碘含量。

(5)用浓硝酸酸化其余洗脱液，加入 $AgNO_3$ 溶液，避光放置过夜，生成 AgI 沉淀。

(6)过滤沉淀，用水和乙醇冲洗沉淀，避光烘干后，置于干燥器中，避光保存待测。

用中国原子能科学研究院的加速器质谱系统(China Institute of Atomic Energy-AMS，CIAE-AMS)测量样品。加速器是美国高压工程公司(HVEC)制造的 HI-13 型串列加速器，最高端电压可达 14 MeV；离子源为美国 NEC 公司生产的铯溅射负离子多靶强流源；注入器由一台 90°的球面静电分析器和 112°的双聚焦磁分析器组成；高能分析系统由磁分析器和静电分析器组成。本研究样品测量时选择9^+离子为测量^{129}I的离子态，串列加速器实际所加端电压为 7.83 MV。^{129}I测量用硅半导体探测器，^{127}I 用法拉第筒测量。

2 铁锰结壳的碘和^{129}I分布

测定了 4 块铁锰结壳的碘分布，样品编号为 MP5D44，CXD62-1，MP1D02 和 CXD08。

全部 4 块结壳共 49 个样品，碘含量范围为 27～836 mg/kg，平均值为 173 mg/kg。4 块结壳的碘具有相同的分布模式，均呈现出两段式分布，如图 5.4.1 所示。依据碘分布，可以将结壳分为新壳层和老壳层。对每一个结壳的新壳层和老壳层中，碘具有比较恒定的含量水平，新壳层的碘含量比老壳层低。对 MP5D44，CXD62-1，MP1D02 和 CXD08 结壳(见图 5.4.1)，跃变层分别位于表层下 4～5 cm，3.5～4.5 cm，5～6 cm 和 4～6 cm 深度。新壳层碘含量平均值分别为 45.9 mg/kg，57.9 mg/kg，

71.9 mg/kg 和 35.1 mg/kg，相差较小。老壳层碘含量平均值分别为 109 mg/kg，272 mg/kg，310 mg/kg 和 600.4 mg/kg，分别是新壳层的 2.4 倍、4.7 倍、4.3 倍和 17.1 倍。细分析发现 MP5D44 和 CXD08 两块结壳，在老壳层，碘含量呈现随深度增加趋势。结壳 CXD62-1 较薄，以上论述中的最深处的一个数据被当作老壳层的碘含量，虚线是推想的老壳层碘分布。

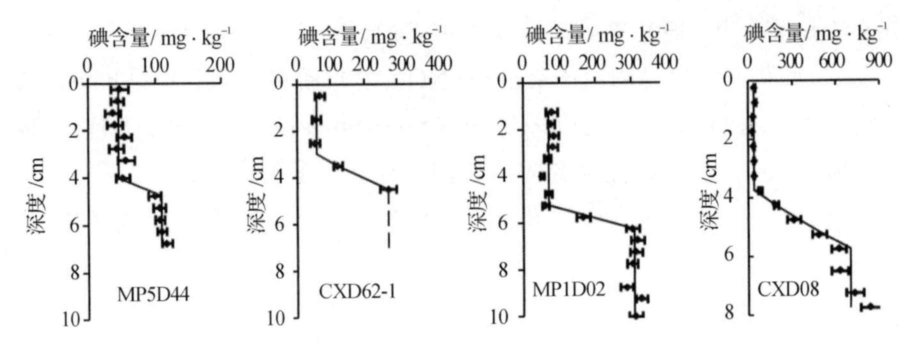

图 5.4.1　4 块铁锰结壳中中碘分布

结果给出，所测两个结壳（MP5D44 和 CXD08）中的$^{129}I/^{127}I$ 比值（原子数比）范围为 $7\times10^{-14}\sim1.27\times10^{-12}$，最低$^{129}I/^{127}I$ 比值达到了加速器质谱测定^{129}I的探测限水平。图 5.4.2 所示为两块结壳中$^{129}I/^{127}I$ 比值的分布。可以发现，由两个结壳的$^{129}I/^{127}I$ 比值分布可以将两个结壳分为两个生长层，与文献的结论一致，也与结壳中碘的分布一致，界面深度与碘分布的跃变层位一致。两个生长层的$^{129}I/^{127}I$ 比值随深度增加分别近似呈指数衰减变化趋势。

3　海洋铁锰结壳^{129}I年代学方法

目前可以用两种方法建立年代框架。

3.1　指数函数拟合法

假设整个结壳或某区间具有相同的生长速率和测年核素累积速率，则结壳中或某个层段核素含量或同位素比值随深度变化将呈指数分布，可以用指数函数拟合放射性核素分布计算得到生长速率，然后从表层或某个参考层按生长速率推算各个层位的年代。如图 5.4.2 所示，MP5D44 和 CXD08 两块结壳^{129}I的浓度不具有恒累积速率特征，但由$^{129}I/^{127}I$ 比值分布推测可能具有恒定初始比值，所以可以用指数函数拟合$^{129}I/^{127}I$ 比值数据，估算生长速率。我们用这种方法估算了两块结壳的生长速率。

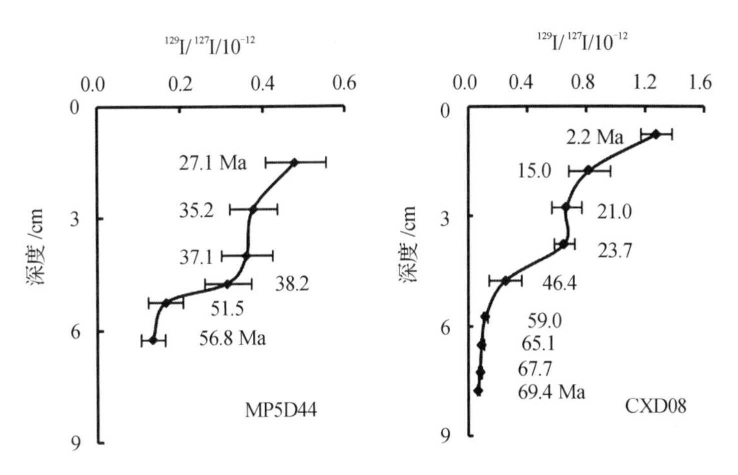

图 5.4.2　两块铁锰结壳中$^{129}I/^{127}I$比值分布

3.2　给定$^{129}I/^{127}I$初值法

文献给出，海洋中可能存在同位素均匀的碘分布，并提出在人工放射性输入之前海洋中$^{129}I/^{127}I$的比值为1.5×10^{-12}。该值是结壳形成时的初始$^{129}I/^{127}I$比值。以该初始值计算得到的两块结壳不同层位的年代值标于图 5.4.2 中。

3.3　内生长^{129}I的校正

海洋铁锰结壳中的^{129}I有两种来源：一种是结壳形成时从海水中结合的碘中的^{129}I，具有初始$^{129}I/^{127}I$值，另一种是结壳中的天然可裂变核素裂变产生的^{129}I。只有结壳形成时从海水中结合的^{129}I可用于测年，年代计算要进行裂变产生的^{129}I的校正。假设裂变产生的^{129}I全部滞留在结壳内，计算得 MP5D44 结壳校正前与校正后最老壳层的年龄分别为52.0 Ma和 56.8 Ma；CXD08 结壳分别为 68.2 Ma 和 69.4 Ma

4　结壳生长的年代框架与生长过程推演

由结壳的$^{129}I/^{127}I$比值分布及其计算得到的年代，我们得到以下结论：

(1)为了评判结壳的各种测年方法的可靠性，Henderson 和 Burton (1999)对用作测年的元素或同位素在结壳中的扩散系数进行了计算，结果得出 Th，Nd，Pb，Be，Hf 在结壳中具有低的扩散系数，保存着生长时的环境信息，铀部分失去了沉积时的信息，所以$\delta^{234}U$方法得到的铁锰结壳生长速率不正确。用同样的方法，我们计算了碘在铁锰结壳中的扩散系数，结果得出结壳中碘的扩散系数比铀小一个量级，与 Hf 接近，说明^{129}I可用于铁锰结壳测年。结壳中的^{129}I分布验证了以上推论，证明天然^{129}I可用于海洋铁锰结壳测年。

(2)MP5D44 和 CXD08 两块结壳的生长年代分别为 27.1 Ma～56.8 Ma 和 2.2 Ma～69.4 Ma，其中 CXD08 结壳涵盖了结壳生长的主要地质历史时期。MP5D44 结壳表层 0～15 mm 深度处的样品被用于其他项目测量，所以缺少该结壳表层的^{129}I年代数据。

(3)海洋铁锰结壳是按顺序生长的，因为层位越深，年代越老，而表层的年龄最小(见图 5.4.2)。

(4)对结壳分层采样，两个相邻层距离除以两层的年龄差，可以得到两相邻层之间的生长速率。如图 5.4.3 所示，结壳的生长速率是随时间变化的。

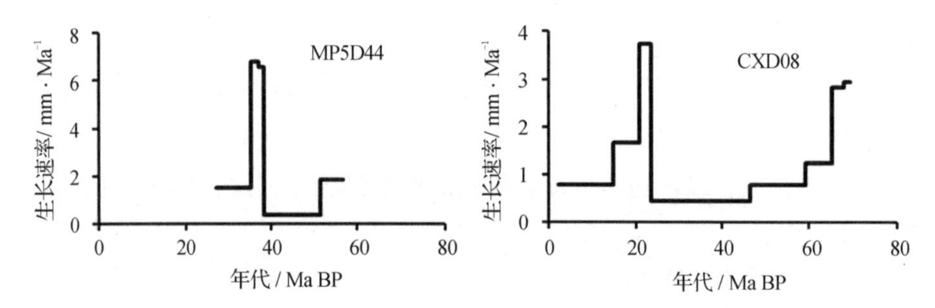

图 5.4.3 MP5D44 和 CXD08 铁锰结壳生长速率随时间的变化

(5)结壳生长过程中存在生长间断。如果两个相邻层之间的生长速度极低，或远低于平均生长速率，则可以认为该区间存在生长间断。图 5.4.3 所示为两个结壳生长速率随年代的变化，从图中可以推测，MP5D44 结壳在 38.2 Ma～51.5 Ma 生长速率低，可能存在生长间断；而结壳 CXD08 在 23.7 Ma～46.4 Ma 生长速率低，可能存在生长间断。由于分样厚度不够薄，分辨率较差，因此从我们的数据只能推测在以上年代区间存在生长间断，生长间断时间估计会比以上区间小，但是可以看出生长间断在新老壳层的连接点处，文献给出该时间的间断持续时间为 6 Ma～8 Ma。MP5D44 在 27.1 Ma～35.2 Ma，CXD08 结壳在 2.2 Ma～15 Ma，也可能存在生长间断。

5 结壳元素分布

用 ICP-MS 方法测定了 3 块结壳中的 Fe，Mn，Ca，P，Cu，Zn，Co，Ni 和

Mg,其中 MP5D44 和 CXD08 两块结壳中 Fe,Mn,Ca,P,Cu,Zn 和 Co 的分布如图 5.4.4 所示。从图中可以看出,结壳中常量元素含量随深度的变化是明显的,而且与碘和^{129}I的分布变化存在明显的相关性。Ca 与 P 含量随深度的变化与碘一致,Fe,Mn,Cu,Zn 和 Co 含量与碘的变化趋势相反。变化剧烈的深度在生长间断时间区间,这些元素的变化趋势也与文献的结论一致。

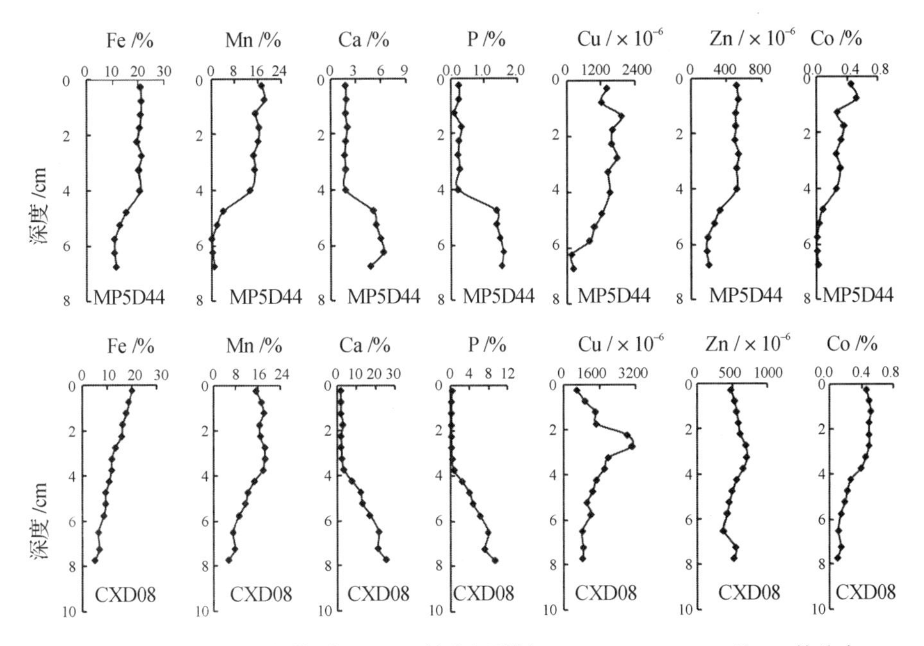

图 5.4.4 MP5D44(上排)和 CXD08 结壳(下排)Fe,Mn,Ca,P,Cu,Zn 和 Co 的分布

6 ^{129}I方法与铀系法和钴法测年结果的比较

目前用于海洋铁锰结壳的放射年代学方法中,铀系法和^{10}Be法与^{129}I法具有不同的测年时间尺度,且测年时间区间不重叠,但不同测年方法的比较是粗略的。用^{129}I方法得到的铁锰结壳生长速率为 0.38～6.78 mm/Ma,与大多数文献报道的结壳生长速率一致。

对 MP5D44 结壳,杨惠灵(2012)用铀系法($^{230}Th_{ex}$和$^{230}Th_{ex}/^{232}Th$法)给出表层 0～1.22 mm 深度处的生长速率为 1.23～11.2 mm/Ma,与^{129}I方法的结果一致。

由结壳中钴的分布,从文献中选择合适的经验公式计算生长速率,对结壳 MP5D44 和 CXD08,其生长速率分别为 2.27～14.60 mm/Ma 和

2.29～4.93 mm/Ma，与^{129}I方法得到的结果一致。

7　存在的问题

结果已可以证明^{129}I可以用于海洋铁锰结壳测年，进行海洋铁锰结壳生长过程和海洋环境变化记录研究。但研究中发现，由于不是高分辨分样，即一个年代数据涵盖很长一段时间，因此不能对生长过程做出很好的解释。由于经费所限，并由此造成的所能利用的技术方面的原因，样品分割不够细，使测年的时间分辨率受到限制。

目前测量海洋铁锰结壳中的^{129}I，除加速器质谱方法外，还没有其他方法可用。由于加速器质谱方法测定^{129}I需要一定的样品量，因此要进一步进行利用^{129}I的海洋铁锰结壳生长过程和记录的海洋环境变化研究，需要建立高分辨的铁锰结壳分样方法，如 1～2 mm 分割一层样品，时间分辨率提高到 1 Ma，可很好地推算生长速率随时间的变化、生长间断和记录的海洋环境变化。

第五节　应用宇生^{32}Si的海洋沉积物测年

^{32}Si的半衰期为 150 a，按半衰期规则，^{32}Si可测年的时间尺度为 100～800 a，是千年时间尺度最合适的测年核素。在海洋学研究中，人们用^{210}Pb方法和^{137}Cs方法进行百年时间尺度的测年，用^{14}C进行千年到万年时间尺度的测年，更长时间的测年有铀系法，^{32}Si刚好填补了千年时间尺度测年方法的空白。这个时间区间是人类研究气候变化最重要的时期。

^{32}Si适合于滨外海区海洋沉积物测年，如果沉积速率为 mm/a 量级，则可测年的岩芯长度在 100 cm 左右。

1　^{32}Si的海洋生物地球化学

硅是地壳中除氧之外第二丰度高的元素，占地壳组成的 27.7%。硅有 18 种同位素，其中^{28}Si，^{29}Si和^{30}Si是稳定同位素，丰度分别为 92.21%，4.70%和 3.09%。^{32}Si是长寿命宇生放射性核素。

环境中的^{32}Si主要由宇宙射线与大气中的氩发生散裂反应产生。^{32}Si主要产生在平流层和上对流层，在大气中的停留时间为 1 a，通过大气循环进入下对流层，并主要通过湿沉降到地表或海洋(Craig et al.,2000)，然后循环进入地球的各个储库中。

海洋中的硅是营养元素，是海洋化学主要研究对象之一。^{32}Si进入海洋后与海洋中的硅混合在一起。^{32}Si在水中的浓度单位为 Bq/m^3，在 SiO_2 中的比活度单位为 Bq/kg。

天然^{32}Si的含量很低，雨水中^{32}Si浓度最高，可达 45.0 mBq/m^3，其次为河水和深层大洋水，大洋表层水中含量较低，总体上随水深呈逐渐增加趋势。地球上的^{32}Si主要存储在海洋深层水中，占 68%，大陆占 29%，其他储库所占份额很少。

海洋中的硅主要有 4 种形式：①溶解态的硅；②海水悬浮颗粒物；③海底生源蛋白石；④海底的非生源无机硅。由于天然海水中的硅酸总是不饱和的，因此溶解态的硅在海水中主要以硅酸形式存在，并且不受水合二氧化硅沉淀的影响。海水中的含硅悬浮颗粒主要是硅藻、硅鞭藻、放射虫等活体和死后的硅质介壳。海底生源蛋白石主要是硅藻、硅鞭藻和放射虫等的介壳。因为硅质介壳溶解速度慢，所以大部分未完全溶解直接进入海底。

海水中硅的平均停留时间约 10^4 a，比^{32}Si半衰期长得多，所以大洋中的^{32}Si主要存在于水体中，从海水进入沉积物部分很少。海水中^{32}Si的停留时间就等于^{32}Si的平均寿命。

^{32}Si与稳定硅同位素具有相同的化学和生物学特性，不仅能直接被海洋中的浮游生物吸收，而且能通过高营养级的摄食在食物链中传递，直接参与生物过程的循环，因此，^{32}Si对于硅的生物地球化学过程研究是一种非常合适的示踪剂。大气沉降的^{32}Si进入湖泊和海洋表层水以溶解硅的形式存在，之后，部分^{32}Si将会被硅藻、硅鞭藻等浮游植物和放射虫等浮游动物吸收进入硅质有机体内，最终形成硅质介壳。生物死亡后，少量^{32}Si会随硅质介壳溶解重新进入水体，大部分则直接沉降进入深层水或海底沉积物，在沉积物中最后转化为生源蛋白石，即生物硅。在水-沉积物界面上，部分^{32}Si也会随生物蛋白石溶解进入水体，但大部分的生源蛋白石将被埋藏，成为沉积物的一部分。这些生物硅非常稳定，经过 10^6～10^9 a 时间才能发生溶解(Treguer et al.,1995)，所以生物硅中^{32}Si在衰变之前能够完好保存，不受外界的非生源硅的干扰(Morgenstern et al.,2001)。

2 ^{32}Si的半衰期

自1953年人工方法制备出新核素^{32}Si，就开始^{32}Si半衰期的测量工作。除了早期的核物理方法外，还用地球化学方法进行了^{32}Si半衰期的推算。1980年以前报道的结果在200～710 a。随着加速器质谱和低本底液体闪烁技术的发展，1980—1990年得到的^{32}Si半衰期在101～178 a。1991—2001年的结果在120～178 a。依据对文献的评述，^{32}Si的推荐半衰期为150 a(刘广山，2010)。按该半衰期计算，^{32}Si的比活度为2.76×10^{12} Bq/g，当1 kg SiO_2中含有1 Bq ^{32}Si时，^{32}Si与总硅的丰度比为6.82×10^{-16}。

3 海洋沉积物的^{32}Si测年

^{32}Si测年可以估算沉积速率，方程为

$$^{32}Si={}^{32}Si_0\,e^{-\lambda_{32}t} \tag{5.5.1}$$

式中，^{32}Si为沉积物样品中^{32}Si的浓度或$^{32}Si/Si$丰度比；$^{32}Si_0$为沉积物形成时其中的^{32}Si的浓度或$^{32}Si/Si$丰度比。由于$^{32}Si_0$是未知的，因此需测量两层以上的样品中的^{32}Si浓度，以式(5.5.2)计算d值。

$$^{32}Si={}^{32}Si_0\,e^{-dl} \tag{5.5.2}$$

然后用式(5.5.3)计算沉积速率V。

$$V=\frac{\ln 2}{dT} \tag{5.5.3}$$

Morgenstern等(2001)用^{32}Si方法测年研究了恒河三角洲的沉积速率，结果得出，距今0～50 a时间区间，沉积速率为3.1 cm/a，50 a以前，为0.7 cm/a。

4 关于^{32}Si测年方法的讨论

早期的海洋溶解^{32}Si研究几乎都是利用水体中硅质海绵来测定的。因为海水中的溶解硅与海绵的蛋白石骨架共生在一起，所以当时认为水体中硅质海绵中二氧化硅浓度等于水体中的硅浓度，且海绵中^{32}Si也等于水体中^{32}Si活度，这样可以省去处理大量(上百吨)海水的繁杂劳动。Kharkar等(1963)认为这是一种最简单，或许最具有创造性地从海水中采集或富集

二氧化硅的技术。

Somayajulu 等(1973)以天然海绵为载体来富集海水中的溶解硅,成功地得到了南太平洋海水中溶解硅和^{32}Si的分布。随后,Somayayjulu 等(1987,1991)在 GEOSECS 项目中采用阿克利纶合成纤维制成"铁纤维"来富集海水中的溶解硅。他们投入了大量的时间、人力和物力,共消耗 3 000 kg 纤维,成功得到了三大洋水体中^{32}Si的垂直分布。

很多情况下,海洋中的^{32}Si测量能否取得好的结果,或是否探测得到^{32}Si,取决于^{32}Si在二氧化硅中的比活度,所以很多文献在给出水体中^{32}Si浓度的同时,也给出^{32}Si在二氧化硅中的比活度。用加速器质谱进行的测定给出的是丰度,即^{32}Si和总硅的原子数比值。

^{32}Si是纯 β 放射性核素,衰变发出的 β 射线最大能量为 225 keV;^{32}Si衰变产生的^{32}P,也是纯 β 放射性核素,衰变发出的 β 射线最大能量为 1 710 keV。从衰变性质看,可以用 β 谱、β 计数法测量^{32}Si,如果利用子体^{32}P 的衰变测量^{32}Si,则也可利用契伦科夫计数法。环境中的^{32}Si含量极低,雨水中^{32}Si浓度为 0.01 Bq/m^3 量级,海水中的含量比雨水要低一个量级,所以测量海洋中的^{32}Si必须富集几立方米以上的海水,并使用极低本底水平的放射性测量仪器,使待测样品中含量高到可测量的水平,并减少其他核素的影响。

当然也可用加速器质谱方法测量^{32}Si。目前除大气沉降和冰雪样品的外,还不能用加速器质谱的方法测量其他环境样品中的^{32}Si,所以,测量^{32}Si用得多的是 β 计数法,而且大都是利用子体^{32}P 衰变发出的 β 射线测量^{32}Si的。原因是,除了^{32}P 衰变发出的 β 射线能量较高,易于测量外,大部分环境样品中含有大量的硅元素,而测量又需要富集大体积水样或从大体积的固体样品中分离出硅元素,分离出的硅的量会很大,不能制成适合于测量的待测样品。相对而言,环境介质中的磷含量较低,或样品处理后样品中已不含磷,最后测定的是^{32}Si衰变产生的磷,所以用测量^{32}P 的方法测量样品介质是磷的化合物,能制成适合于测量的样品。即使原始样品中磷含量较高,由于用于测量^{32}Si的^{32}P 是由^{32}Si生长出来的,因此在进行样品分离时可以先将原样品中的磷分离出去,而由^{32}Si衰变生长出来的^{32}P 的质量总是很少的。

参考文献

卜文端,石学法,2002. 大洋铁锰矿床生长速率测定研究进展[J]. 地球科学进展,17(4):

551-556.

柴东浩,陈廷愚,2001. 新地球观——从大陆漂移到板块结构[M]. 太原:山西科学技术出版社:193.

蔡毅华,黄奕普,2003. 富钴结壳定年简介[J]. 海洋科学,27(7):32-37.

陈茂柏,2001. 上海超灵敏小型加速器质谱计的研制[J]. 核技术,24(sup):1-9.

陈铁梅,李坤,郭之虞,等,1989. 加速器质谱计在地球科学中的应用[J]. 海洋地质与第四纪地质,9(1):103-114.

崔迎春,任向文,刘季花,等,2008. 中太平洋海山区富钴结壳构造与地球化学特征及意义[J]. 海洋科学进展,26:35-43.

符亚洲,彭建堂,胡瑞忠,等,2006. 大洋富钴结壳的年代学研究方法评述[J]. 地球与环境,34(3):1-8.

符亚洲,彭建堂,屈文俊,等,2005. 中太平洋富钴结壳剖面的锇同位素组成[J]. 科学通报,50:1654-1659.

郭之虞,赵镪,刘克新,等,1997. 北京大学加速器质谱装置及^{14}C测量[J]. 质谱学报,18(2):1-6.

何明,姜山,蒋崧生,等,1997. 加速器质谱测定^{129}I的研究[J]. 原子能科学技术,31(4):301-305.

黄奕普,邢娜,何明,等,2006a. 太平洋富结壳基于^{10}Be的生长速率与生成年代[M]//同位素海洋学研究文集:第4卷. 海洋放射年代学. 北京:海洋出版社:212-230.

黄奕普,邢娜,彭安国,等,2006b. 太平洋富结壳基于U系法的生长速率与生成年代[M]//同位素海洋学研究文集:第4卷:海洋放射年代学.北京:海洋出版社:231-274.

纪丽红,2011. 海洋沉积物和铁锰结壳碘的地球化学与^{129}I年代学[D]. 厦门:厦门大学博士论文.

蒋崧生,姜山,马铁军,等,1992. ^{10}Be断代法测定锰结核生长速率和深海沉积物沉积速率的研究[J]. 科学通报,(7):592-594.

李柏,章佩群,陈春英,等,2005. 加速器质谱法测定环境和生物样品中的^{129}I[J]. 分析化学,33(7):904-908.

刘广山,2010. 同位素海洋学[M]. 郑州:郑州大学出版社:298.

刘广山,纪丽红,2010. ^{129}I的海洋放射年代学及其他应用研究进展[J]. 台湾海峡,29(1):140-147.

罗尚德,王蕾,黄奕普,1989. 锰结核生长与沉积环境的关系[J]. 沉积学报,7(4):77-84.

马配学,穆治国,郭之虞,1998. 大洋沉积物中^{10}Be和^{26}Al的浓度变化与定年[J]. 海洋地质与第四纪地质,18(2):17-25.

沈承德,1997. 深海沉积物^{10}Be记录研究[J]. 第四纪研究,17(3):203-210.

沈承德,易惟熙,刘东生,1995. 中国黄土^{10}Be研究进展[J]. 地球科学进展,10(6):591-595.

王晓红,周力平,王毅民,等,2008. 太平洋富钴结壳高密度环境记录解读[J]. 中国科学

D辑地球科学,38:1112-1121.

吴世炎,尹明端,施纯坦,等,1999. ^{10}Be-加速器质谱法测定深海多金属结核的生长速率[J]. 热带海洋,18(1):73-77.

谢运棉,班莹,蒋崧生,等,1998. 用串列加速器质谱计测定环境水中^{129}I的浓度[J]. 辐射防护,18(2):81-88.

杨惠灵,2012. 太平洋富钴结壳的铀系年代学与元素地球化学[D]. 厦门:厦门大学硕士论文.

易惟熙,沈沉德,1989. 宇宙成因核素^{10}Be在全球变化研究中的一些应用[J]. 地质地球化学,17(2):35-40.

姚德,张丽洁,Wiltshire J C,等,2002. 富Co铁锰结壳铂族元素与铼-锇同位素组成及其意义[J]. 海洋地质与第四纪地质,22(3):53-58.

张彩虹,宋海龙,任晓娜,2002. 核设施液态流出物中^{129}I的测定[J]. 核化学与放射化学,24(4):210-213.

中国数字海洋[EB/ON]. (2015)[2015-03-10]http://www.iocean.net.cn/ioceanpedia/htmlPage/2015/03/26/201503261135 444687500.html.2015.

周本胡,长岛泰夫,姜山,等,2007. 加速器质谱测量^{129}I方法的改进[J]. 核电子学与探测技术,27(4):740-744.

周枫,凌洪飞,陆尊礼,等,2005. 中太平洋铁锰结壳铅同位素研究[J]. 海洋地质与第四纪地质,25:55-62.

周鹏,李冬梅,刘广山,等,2015. 应用宇生放射性同位素硅-32示踪海洋过程的研究[J]. 同位素,28(1):7-19.

周卫建,卢雪峰,武振坤,等,2007. 西安加速器质谱中心多核素分析的加速器质谱仪[J]. 核技术,30(8):702-708.

周文勤,1997. 加速器质谱分析超痕量铍同位素研究深海沉积物沉积速率和多金属结核生长速率[J]. 岩矿测试,16(2):109-117.

Aldahan A, Alfimov V, Possnert G, 2007. ^{129}I anthropogenic budget: major sources and sinks[J]. Applied Geochemistry, 22:606-618.

Aldahan A, Possnert G, 1998. A high-resolution ^{10}Be profile from deep sea sediment covering the last 70 ka: indication for globally synchronized environmental events[J]. Quaternary Geochronology, 17:1023-1032.

Beer J, Blinov A, Bonani G, et al., 1990. Use of ^{10}Be in polar ice to trace the 11-year cycle of solar activity[J]. Nature, 347:164-166.

Broecker W S, 1991. The great ocean conveyor[J]. Oceanography, 4(2):79-89.

Burke W H, Denison R E, Hetherington R A, et al., 1982. Variation of seawater ^{87}Sr/^{86}Sr throughout Phanerozoic time[J]. Geology, 10:516-519.

Burton K W, Bourdon B, Birck J L, et al., 1999. Osmium isotope variations in the oceans recorded by Fe-Mn crusts[J]. Earth and Planetary Science Letters,171:185-197.

Cowen J P, DeCarlo E H, McGee, D L, 1993. Calcareous nannofossil biostratigraphic dating of a ferromanganese crust from Schumann Seamount[J]. Marine Geology,115: 289-306.

Craig H, Somayajulu B L K, Turekian K K, 2000. Paradox lost: silicon-32 and the global ocean silica cycle[J]. Earth and Planetary Science Letters,175:297-308.

Crecelius E A, Carpenta R, Merrill R T, 1973. Magnetism and magnetic reversals in ferromanganese nodules[J]. Earth and Planetary Science Letters,17:391-396.

De Carlo E H, 1991. Paleoceanographic implications of rare earth element variability within a Fe-Mn crust from the central Pacific Ocean[J]. Marine Geology,98:449-467.

Dong K J, He M, Wu S Y, et al., 2006. Measurement of long-lived nuclides with AMS and its applications at CIAE[J]. Nuclear Physics Review,23(1):18-22.

Depaolo D J, Ingram B L, 1985. High resolution stratigraphy with strontium isotopes[J]. Science,227:938-941.

Elmore D, Gove H E, Ferraro R, et al., 1980. Determination of ^{129}I using tandem accelerator mass spectrometry[J]. Nature,286:138-140.

Englund E, Aldahan A, Possnert G, et al., 2007. A routine preparation method for AMS measurement of ^{129}I in solid material[J]. Nuclear Instruments and Methods in Physics Research,B259:365-369.

Englund E, Aldahan A, Possnert G, 2008. Tracing anthropogenic nuclear activity with ^{129}I in lake sediment[J]. Journal of Environmental Radioactivity,99:219-229.

Fabryka-Martin J, Bentley H, Elmore D, et al., 1985. Natural Iodine-129 as an environmental tracer[J]. Geochimica et Cosmochimica Acta,49:337-347.

Fabryka-Martin J, Davis S N, Elmore D, 1987. Applications of ^{129}I and ^{36}Cl in hydrology[J]. Nuclear Instruments and Methods in Physics Research,B29:361-371.

Fabryka-Martin J, Davis S N, Elmore D, et al., 1989. In-situ production and migration of ^{129}I in the Stripa granite, Sweden[J]. Geochimica et Cosmochimica Acta,53:1817-1823.

Fehn U, Holdren G R, Elmore D, et al., 1986. Determination of natural and anthropogenic ^{129}I in marine sediments[J]. Geophysical Research Letters,13:137-139.

Fehn U, Lu Z, Tomaru H, 2006. Data report: $^{129}I/I$ ratios and halogen concentrations in pore waters of the Hydrate Ridge and their relevance for the origin of gas hydrates: a progress report[Z]. Proceedings of ODP, Scientific Results, 204: 1-25 (MS 204SR-107).

Fehn U, Peters E K, Tullai-Fitzpatrick S, et al., 1992. ^{129}I and ^{36}Cl concentrations in waters of the eastern Clear Lake area, California: residence times and source ages of hydrothermal fluids[J]. Geochimica et Cosmochimca Acta,56:2069-2079.

Fehn U, Snyder G, Egeberg P K, 2000. Dating of pore waters with ^{129}I: relevance for the origin of marine gas hydrates[J]. Science, 289: 2332-2335.

Fehn U, Snyder G T, Matsumoto R, et al., 2003. Iodine dating of pore waters associated with gas hydrates in the Nankai area, Japan[J]. Geology, 31: 521-524.

Fehn U, Snyder G T, Muramatsu Y, 2007. Iodine as a tracer of organic material: ^{129}I results from gas hydrate systems and fore arc fluids[J]. Journal of Geochemical Exploration, 95: 66-80.

Fehn U, Snyder G T, Varekamp J C, 2002. Detection of recycled marine sediment components in crater lake fluids using ^{129}I[J]. Journal of Volcanology and Geothermal Research, 115: 451-460.

Fehn U, Tullai S, Teng R T D, et al., 1987. Determination of ^{129}I in heavy residues of two crude oils[J]. Nuclear Instruments and Methods in Physics Research, B29: 380-382.

Fehn U, Tullai-Fitzpatrick S, Teng R T D, et al., 1990. Dating of oil field brines using ^{129}I [J]. Nuclear Instruments and Methods in Physics Research, B52: 446-450.

Fitoussi C, Raisbeck G M, 2007. Chemical procedure for extracting ^{129}I, ^{60}Fe and ^{26}Al from marine sediments: prospects for detection of a ~2.8 My old supernova[J]. Nuclear Instruments and Methods in Physics Research, B259: 351-358.

Frank M, O'Nions R K, Hein J R, et al., 1999. 60 Myr records of major elements and Pb-Nd isotopes from hydrogenous ferromanganese crusts: reconstruction of seawater paleochemistry[J]. Geochimica et Cosmochimica Acta, 63(11/12): 1689-1708.

Fu Y Z, Peng J T, Qu W J, et al., 2005. Os isotopic compositions of a cobalt-rich ferromanganese crust profile in Central Pacific[J]. Chinese Science Bulletin, 50(18): 2106-2112.

Futa K, Peterman Z E, Hein J R, 1988. Sr and Nd isotopic variations in ferromanganese crusts from the Central Pacific: implications for age and source provenance[J]. Geochimica et Cosmochimica Acta, 52: 2229-2233.

Gallagher D, Mcgee E J, Mitchell P I, et al., 2005. Retrospective search for evidence of the 1957 Windscale fire in NE Ireland using ^{129}I and other long-lived nuclides[J]. Environmental Science and Technology, 39 (9): 2927-2935.

Gu Z Y, Lal D, Liu T S, et al., 1997. Wethering histories of Chinese loess deposits based on uranium and thorium series nuclides and cosmogenic ^{10}Be[J]. Geochimica et Cosmochimica Acta, 61(24): 5221-5231.

Halbach P, Segl M, Puteanus D, et al., 1983. Co-fluxes and growth rates in ferromanganese deposits from central Pacific Seamount areas[J]. Nature, 304: 716-719.

Hein J R, Bohrson W A, Schulz M S, et al., 1992. Variations in the fine-scale composition of a central Pacific ferromanganese crust: Paleoceanographic implications[J].

Paleoceanography,7:63-77.

Hein J R,Koschinsky A,Bau M,et al., 2000. Cobalt-rich ferromanganese crusts in the Pacific[M]//Cronan D S. Marine Mineral Deposits.Boca Raton:CRC Press:239-279.

Henderson G M,Burton K W, 1999. Using $^{234}U/^{238}U$ to assess diffusion rates of isotope tracers in ferromanganese crusts[J]. Earth and Planetary Science Letters, 170: 169-179.

Heye D, Marchig V, 1977. Relationship between the growth rate of manganese nodules from the Central Pacific and their chemical constitution[J]. Marine Geology, 23: M19-M25.

Hotchkis M, Fink D, Tuniz C, et al., 2000. Accelerator mass spectrometry analyses of environmental radionuclides: sensitivity, precision and standardisation[J]. Applied Radiation and Isotopes,53:31-37.

Hou X,Dahlgaard H,Nielsen S P,2001. Chemical speciation analysis of ^{129}I in seawater and a preliminary investigation to use it as a tracer for geochemical cycle study of stable iodine[J]. Marine Chemistry,74:145-155.

Hou X,Dahlgaard H,Rietz B,et al., 1999. Determination of ^{129}I in seawater and some environmental materials by neutron activation analysis[J]. Analyst,124:1109-1114.

Ingram B L,Hein J R,Farmer G L, 1990. Age determinations and growth rates of Pacific ferromanganese deposits using strontium isotopes[J]. Geochimica et Cosmochimica. Acta,54:1709-1721.

Ilus E, 2007. The Chernobyl accident and the Baltic Sea[J]. Boreal Environment Research, 12:1-10.

Joshima M,Usui A, 1998. Magnetostratigraphy of hydrogenetic manganese crusts from Northwestern Pacific seamounts[J]. Marine Geology,146:53-62.

Kharkar D P,Lal D,Somayayjulu B L K, 1963. Investigations in marine environments using radioisotope produced by cosmic rays[C]// Radioactive Dating. Athens:IAEA: 175-187.

Killius L R,Litherland A E,Rucklidge J C,et al., 1992. Accelerator mass-spectrometric measurements of heavy long-lived isotopes[J]. Applied Radiation and Isotopes,43(1-2):279-287.

Klemm V,Levasseur S,Frank M,et al., 2005. Osmium isotope stratigraphy of a marine ferromanganese crust[J]. Earth and Planetary Science Letters,238:42-48.

Krishnawami S,Mangini A,Thomas J H,et al., 1982. ^{10}Be and Th isotopes in manganese nodules and ajacent sediments:nodule growth histories and nuclide behavior[J]. Earth and Planetary Science Letters,59:217-234.

Ku T L,Kusakabe M,Nelson D E,et al., 1982. Constancy of oceanic deposition of ^{10}Be as recorded in manganese crusts[J]. Nature, 299: 240-242.

Lal D, 1999. An overview of five decades of studies of cosmic ray produced nuclides in oceans[J]. The Science of the Total Environment, 237/238: 3-13.

Ling H F, Jiang S Y, Frank M, et al., 2005. Differing controls over the Cenozoic Pb and Nd isotope evolution of deepwater in the central North Pacific Ocean[J]. Earth and Planetary Science Letters, 232: 345-361.

Liu G S, Ji L H, Xie L B, et al., 2011. AMS measurement of ^{129}I in marine ferromanganese crust[M]// Beijing National Tandem Accelerator Laboratory Annual Report. Beijing: Atomic Energy Press: 89-92.

Liu X, Fehn U, Teng R T D, 1997. Oil formation and fluid convection in Railroad Valley, NV: a study using cosmogenic isotopes to determine the onset of hydrocarbon migration[J]. Nuclear Instruments and Methods in Physics Research, B123: 356-360.

López-Gutiérrez J M, García-León M, Schnabel Ch, et al., 1999. Determination of ^{129}I in atmpspheric samples by accelerator mass spectrometry[J]. Applied Radiation and Isotopes, 51: 315-322.

Lyle M, 1982. Estimating growth rates of ferromanganese nodules from chemical compositions: implications for nodule formation processes[J]. Geochimica et Cosmochimica Atca, 46(11): 2301-2306.

Mangini A, Segl M, Bonani G, et al., 1984. Mass spectrometric ^{10}Be dating of deep-sea sediments applying the Zürich tandem accelerator[J]. Nuclear Instruments and Methods in Physics Research, B5: 353-358.

Manheim F T, 1986. Marine Cobalt Resources[J]. Science, 232: 600-608.

Manheim F T, Lane-Bostwick C M, 1988. Cobalt in ferromanganese crusts as a monitor of hydrothermal discharge on the Pacific sea floor[J]. Nature, 335: 59-62.

Marchetti A A, Gu F, Robl R, et al., 1997. Determination of total iodine and sample preparation for AMS measurement of ^{129}I in environmental matrices[J]. Nuclear Instruments and Methods in Physics Research, B123: 352-255.

McMurtry G M, VonderHaar D L, Eisenhauer A, et al., 1994. Cenozoic accumulation history of a Pacific ferromanganese crust[J]. Earth and Planetary Science Letters, 125: 105-118.

Measures C I, Edmond J M, 1982. Beryllium in the water column of the central North Pacific[J]. Nature, 297: 51-53.

Moran J E, Fehn U, Hanor J S, 1995. Determination of source ages and migration patterns of brines from the U.S. Gulf Coast basin using ^{129}I[J]. Geochimica et Cosmochimica Acta, 59: 5055-5069.

Moran J E, Fehn U, Teng R T D, 1998. Variations in ^{129}I/^{127}I ratios on recent marine sediments: evidence for a fossil organic component[J]. Chemical Geology, 152:

193-203.

Moran J E, Oktay S, Santschi P H, et al., 1999. Atmospheric dispersal of ^{129}Iodine from nuclear fuel reprocessing facilities[J]. Environmental Science and Technology, 33: 2536-2542.

Morgenstern U, Geyh M A, Kudrass H R, et al., 2001. ^{32}Si dating of marine sediments from Bangladesh[J]. Radiocarbon, 43: 906-916.

Muramatsu Y, Fehn U, Yoshida S, 2001. Recycling of iodine in fore-arc areas: evidence from the iodine brines in Chiba, Japan[J]. Earth and Planetary Science Letters, 192: 583-593.

Muramatsu Y, Uchida S, Sumiya M, et al., 1985. Iodine separation procedure for the determination of iodine-129 and iodine-127 in soil by neutron activation analysis[J]. Journal of Radioanalysis and Nuclear Chemistry Letters, 94: 329-338.

Nishiizumi K, Elmore D, Honda M, et al., 1983. Measurements of ^{129}I in meteorites and lunar rock by tandem accelerator mass spectrometry[J]. Nature, 305: 611-612.

Oktay S D, Santschi P H, Moran J E, et al., 2000. The ^{129}I bomb pulse recorded in Mississippi River delta sediments: Results from isotopes of I, Pu, Cs, Pb, and C[J]. Geochimica et Cosmochimica Acta, 64(6): 989-996.

Palmer M R, Edmond J M, 1989. The strontium isotope budget of the modern ocean[J]. Earth and Planetary Science Letters, 92: 11-26.

Palmer M R, Turekian K K, 1986. ^{187}Os/^{186}Os in marine manganese nodules and the constraints on the crustal geochemistries of rhenium and osmium[J]. Nature, 319: 216-220.

Pegram W J, Krishnaswami S, Ravizza G E, et al., 1992. The record of sea water ^{187}Os/^{186}Os variation through the Cenozoic[J]. Earth and Planetary Science Letters, 113: 569-576.

Pigati J S, Lifton N A, 2004. Geomagnetic effects on time-integrated cosmogenetic nuclide production with emphasis on in situ ^{14}C and ^{10}Be[J]. Earth and Planetary Science Letters, 226: 193-205.

Prasad M S, 1994. Australasian microtektites in a substrate: a new constraint on ferromanganese crust accumulation rates[J]. Marine Geology, 116: 259-266.

Raisbeck G M, Yiou F, 1999. ^{129}I in the oceans: origins and applications[J]. The Science of the Total Environment, 237-238: 31-41.

Raisbeck G M, Yiou F, Fruneau M, et al., 1980. ^{10}Be concentration and residence time in the deep ocean[J]. Earth and Planetary Science Letters, 51(2): 275-278.

Raisbeck G M, Yiou F, 1981. ^{10}Be in the environment: some recent results and their applications[C]//Symposium on accelerator mass spectroscopy. Argonne Illinois,

228-241.

Raynolds J H, 1960. Rare gases in tektites[J]. Geochimica et Cosmochimica Acta, 20: 101-114.

Richter F M, Turekian K K, 1993. Simple models for the geochemical response of the ocean to climatic and tectonic forcing[J]. Earth and Planetary Science Letters, 119: 121-131.

Santos F J, López-Gutiérrez J M, Chamizo E, et al., 2006. Advances on the determination of atmospheric ^{129}I by accelerator mass spectrometry (AMS)[J]. Nuclear Instruments and Methods in Physics Research, B249: 772-775.

Santos F J, López-Gutiérrez J M, García-León M, et al., 2007. ^{129}I record in a sediment core from Tinto River (Spain)[J]. Nuclear Instruments and Methods in Physics Research, B259: 503-507.

Smith J N, Ellis K M, Kilius L R, 1998. ^{129}I and ^{137}Cs tracer measurements in the Arctic Ocean[J]. Deep-Sea Research Ⅰ, 45: 959-984.

Snyder G T, Fehn U, 2002. Origin of iodine in volcanic fluids: ^{129}I results from the Central American Volcanic Arc[J]. Geochimica et Cosmochimica Acta, 66: 3827-3838.

Somayajulu B L K, Lal D, Craig H, 1973. Silicon-32 profiles in the South Pacific[J]. Earth and Planetary Science Letters, 18(2): 181-188.

Somayajulu B L K, Rengarajan R, Lal D, et al., 1987. GEOSECS Atlantic ^{32}Si profiles[J]. Earth and Planetary Science Letters, 85: 329-342.

Somayajulu B L K, Rengarajan R, Lal D, et al., 1991. GEOSECS Pacific and India Ocean ^{32}Si profiles[J]. Earth and Planetary Science Letters, 107: 197-216.

Treguer P, Nelson D M, Van Bennekom A J, et al., 1995. The silica balance in the world ocean: a reestimate[J]. Science, 286: 375-379.

Tuniz C, Bird J R, Fink D, et al., 1998. Accelerator mass spectrometry[M]. Boca Raton: CRC Press: 371.

VonderHaar D L, Mahoney J J, McMurtry G M, 1995. An evaluation of strontium isotopic dating of ferromanganese oxides in a marine hydrogenous ferromanganese crust[J]. Geochimica et Cosmochimica Acta, 59: 4267-4277.

Wang L, Ku T L, Luo S, et al., 1996. ^{26}Al-^{10}Be systematic in deep-sea sediments[J]. Geochimica et Cosmochimica Acta, 60: 109-119.

Wong G T F, 1991. The marine geochemistry of iodine[J]. Reviews in Aquatic Sciences, 4(1): 45-73.

Wogman N A, Thomas C W, Cooper J A, et al., 1968. Cosmic ray-produced radionuclides as tracers of atmospheric precipitation processes[J]. Sciences, 159: 189-192.

Yiou F, Raisbeck G M, Zhou Z Q, et al, 1994. ^{129}I from nuclear reprocessing: potential as an oceanographic tracer[J]. Nuclear Instruments and Methods in Physics Research, B92:

436-439.

York D,Farquhar R M, 1972. The earth's age and geochronology[M]. Oxford:Pergamon Press.

Zhou Z Q,Raisbeck G M,Yiou F,et al., 1995. ^{129}I as a tracer of North Atlantic deep water formation and transport[J]. Report CSNSM 95-11:12.

Lal D,Somayajulu B L K, 1990. 利用宇宙成因的^{32}Si研究近岸水体的混合作用的可能性[M]//戈德堡,掘部纯男,猿桥藤子. 同位素海洋化学.黄奕普,施文远,邹汉阳,等译. 北京:海洋出版社:90-97.

Pulyaeva I, 1999. 麦哲伦海山铁锰结壳的纹层[C]//第30届国际地质大会论文集:海洋地质与古海洋学. 北京:地质出版社:86-100.

第六章　^{14}C的海洋放射年代学

^{14}C的半衰期为 5 730 a，按半衰期规则，用^{14}C方法可测年时间在 3 ka～30 ka范围。由于技术的发展，^{14}C测年的时间拓展到 2 ka～50 ka，一些文献甚至说可达 100 ka，即全新世和晚更新世。

^{14}C测年方法是利比(Libby)于 20 世纪 40 年代末期提出的，利比因此也获得 1962 年的诺贝尔化学奖。在 40 年代中期，根据宇宙射线和核反应的知识，科学家预言在地球大气层存在宇宙射线成因的核素。利比通过测量甲烷气中的^{14}C证实了这一假说，并提出天然^{14}C可以作为时钟记录生物死亡后经历的时间。在考古学家的帮助下，利比测量已知年龄的木材样品，经过测量证实样品中的^{14}C浓度是随着年代增加有规律地降低的。之后经过 6 年的努力，于 1952 年利比出版了关于^{14}C测年的原理和方法的论述 *Radiocarbon Dating*。此后，人们对^{14}C测年方法进行了广泛研究，并广泛应用在考古学、地质学中。

^{14}C测年用于含碳物质的年代测定，近些年 AMS 技术的发展，使得微量样品可用于测年，并使样品处理方法简化，在海洋学中也得到了广泛应用。

第一节　^{14}C测年方法原理

1　^{14}C测年基础

在人类利用原子能之前，环境中^{14}C是宇宙射线产生的中子与大气中的^{14}N作用产生的，反应式可以表示如下：

$$n + {}^{14}N \longrightarrow {}^{14}C + p$$
$$ {}^{14}C \xrightarrow{\beta^-} {}^{14}N$$

显然，以上反应是循环的。在地表库中，新产生的^{14}C很快与大气中的氧结合成$^{14}CO_2$，这种$^{14}CO_2$随气流与大气混合均匀分布于大气圈。

氮是大气中丰度最高的元素，而且人们认为在^{14}C的几个半衰期时间尺度，大气中的氮浓度是恒定的，因此^{14}C产生速率取决于宇宙射线产生中子的速率，即宇宙射线的通量。假设在^{14}C可测年的时间尺度内，宇宙射线的强度是不变的，则地球表层^{14}C的产生速率是恒定的。由于^{14}C衰变为^{14}N，以及大气与地表物质碳交换，^{14}C从大气中迁出，与^{14}C产生速率达到动态平衡，使大气中具有恒定的^{14}C浓度。

植物通过光合作用吸收^{14}C，^{14}C在生物圈循环，并使其在生物体内均匀分布，达到动态平衡。生物死亡后，如果生物体是一个封闭体系，碳交换停止，其中的^{14}C按衰变规律变化。大气中的^{14}C以恒定的速度散落入海洋，在海水中以碳酸盐形式沉淀，或以其他颗粒形式沉淀，碳交换停止，其中的^{14}C的活度按衰变规律变化。同样，参与碳交换的其他物体，碳交换停止后，其中的^{14}C活度按衰变规律变化。所以，如果已知生物体死亡时、沉积物沉淀时、其他物体碳交换停止时其中的^{14}C含量，并测定得某时刻研究对象中碳的^{14}C含量，则可计算研究对象所经历的年代。

2　年代计算方法

^{14}C测年中，人们测定的是样品中单位质量碳的^{14}C含量。用放射性计数方法测定的是活度，单位是Bq/gC；质谱方法给出^{14}C的丰度，亦即$^{14}C/^{12}C$原子数比，一般用R表示。当测年材料满足测年条件时，有如下关系：

$$A=A_0 e^{-\lambda t} \tag{6.1.1}$$

$$R=R_0 e^{-\lambda t} \tag{6.1.2}$$

式(6.1.1)中，A和A_0分别为现在和体系形成时测年材料中的^{14}C比活度(Bq/gC)。式(6.1.2)中，R和R_0分别为测年时和体系形成时测年材料中的^{14}C丰度($^{14}C/^{12}C$原子数比)。

由式(6.1.1)和式(6.1.2)得到的年代计算公式为

$$t=\frac{1}{\lambda}\ln\frac{A_0}{A} \tag{6.1.3}$$

$$t=\frac{1}{\lambda}\ln\frac{R_0}{R} \tag{6.1.4}$$

式(6.1.1)～式(6.1.4)中,λ 为^{14}C的衰变常数,与半衰期的关系是 $\lambda=\frac{\ln 2}{T_{1/2}}$,$T_{1/2}=5\ 730$ a。

3 关于^{14}C的半衰期

历史上,曾多年使用^{14}C测年方法提出者利比开始使用的半衰期值5 568 a,并称其为利比半衰期。利用该半衰期值已发表了大量年代学数据,但随后测定的^{14}C半衰期为5 730 a,而且已得到科学家们的公认。为了保持一致,在第六次国际^{14}C会议上一致通过所有实验室公开发表的^{14}C数据今后一律仍沿用利比半衰期进行计算,如果要将^{14}C年龄换算为新的半衰期,将以利比半衰期计算的年龄乘以1.03。但实际上,之后不久,人们就利用5 730 a作为半衰期,只是至今人们在报道年代数据时仍要注明所用的半衰期值。

4 ^{14}C初始浓度与测年结果的表示

经过多年的研究,人们已经给出公认的式(6.1.1)～式(6.1.4)中的A_0和R_0值,分别是0.225 8 Bq/gC和1.176×10^{-12}。以上数值称为现代碳标准(modern carbon,MC)。研究表明,不同高度、不同纬度的大气中CO_2的^{14}C浓度差异较小(仇士华和蔡莲珍,2009),所以,以上是全球范围统一的^{14}C初始浓度。

由^{14}C方法测定得到的年龄称为碳同位素年龄,一般在其后标以BP(before presend),是指1950年作为起点向前推算的时间。在考古学中,为了与历史比较,人们也将年龄换算成日历年,公元年用AD(Anno Domini)表示,公元前用BC(Before Christ)表示。以下是一个^{14}C测年计算的例子。

一块考古样品中碳的^{14}C比活度是0.106 Bq/g(6.25×10^{-9}/g),计算该样品的年龄。

将$\lambda=\frac{\ln 2}{T_{1/2}}$代入式(6.1.3)得到,$t=\frac{T}{\ln 2}\ln\frac{A_0}{A}$。本例中,$A_0=0.225\ 8$ Bq/g,$A=0.106$ Bq/g,$T=5\ 730$ a。计算得该块考古样品的年龄为$t=6\ 397$ a。

用质谱测量^{14}C的研究中,一般通过与标准样品比较进行相对测量。标准的碳同位素组成R_s是已知的,与现代碳的标准之比定义为

$$K_s = \frac{R_s}{R_{mc}} \tag{6.1.5}$$

式中，下角标 s 表示标准；mc 表示现代碳。年代计算公式(6.1.4)变为

$$t = \frac{1}{\lambda} \ln\left(\frac{R_s}{K_s R}\right) \tag{6.1.6}$$

第二节　^{14}C测年校正与结果误差分析

随着^{14}C测年方法得到广泛深入研究，人们考虑了很多可能的影响因素，并对校正方法进行了研究，主要有同位素分馏校正、库效应校正、Suess效应、大气^{14}C浓度变化等。在文献报道的^{14}C测年文章或报告中，要指明测量仪器，包括加速器质谱、液闪计数器及气体正比计数器。^{14}C年龄有直接测定值、惯用年龄、Marine 校正年龄及 Intcal 校正年龄（王宏和范昌福，2005；王宏等，2004）。不同测量设备的样品处理方法不同，给测量结果带来了误差（卢雪峰和周卫建，2003），所以^{14}C测年也校正测量设备和样品处理方法引起的误差。^{14}C测年校正主要是同位素分馏校正和库效应校正。也有其他效应研究的报道，如大气^{14}C浓度随时间变化校正、Suess 效应等，但实际测年中应用较少。

1　同位素分馏校正

现代碳标准是混合均匀的空气碳的^{14}C含量。生物吸收碳时，由于分馏，生物体中富集^{12}C，歧视^{14}C，因此对利用测定生物体中^{14}C进行年代推算时，对实测得到的^{14}C要进行分馏校正。其计算公式为

$$A = A_m\left[1 - \frac{2\times(25+\delta\,^{13}C_{PDB})}{1\ 000}\right] \tag{6.2.1}$$

式中，A_m为样品的^{14}C测量值。

测得一样品的$\delta\,^{13}C_{PDB} = -28.7‰$，碳的$^{14}C$比活度为0.169 2 Bq/g，年代计算公式为

$$t=\frac{T}{\ln 2}\ln\frac{A_0}{A} \tag{6.2.2}$$

式中，$A_0=0.225\ 8$ Bq/g，$T=5\ 730$ a。

不考虑分馏校正时，$A=0.016\ 92$，得到 $t=2\ 385$ a。考虑分馏校正计算样品的年龄时：

$$A=A_m\left[1-\frac{2\times(25+\delta\ ^{13}C_{PDB})}{1\ 000}\right]=0.170\ 5\ \text{Bq/g} \tag{6.2.3}$$

计算得到 $t=2\ 324$ a。校正的结果与未校正时有明显的差异。在实际测量中还要考虑本底和测量时分馏的影响。

2　海水库效应

海洋是地球上最大的碳库，碳以 CO_3^-，CO_2，HCO_3^- 等形式存在于海水中。由于海洋是一个巨厚的水体，因此大气中的 CO_2 与海水中溶解的 CO_2 的交换只在表层海水中进行，深层海水只能通过海水的垂直运动上升到表层后才能参与大气的交换。海水混合速度缓慢，深层水处于与大气隔绝状态，其中的^{14}C浓度较低；表层海水受到上涌的深层水的稀释，^{14}C浓度也略低于大气中的浓度；海洋碳酸盐（贝壳、珊瑚等）的碳来源于海水，所以其中的^{14}C也略低于大气的浓度。贝壳、珊瑚等样品的初始^{14}C浓度略低于现代碳标准的5%～10%，如果只考虑这方面的影响，测定的^{14}C年龄可比实际年龄大400～800 a。以上由于海水中的^{14}C浓度低于现代碳标准造成的^{14}C年龄偏低现象，称为海水库效应。

深层水涌升比较明显的在两极地区，库效应的影响也比较严重。在北极地区，海洋库效应产生的^{14}C年龄偏差为750 a；南极地区为1 650 a；我国和澳大利亚海岸^{14}C年龄偏差为350～450 a，这些数值与同位素分馏效应产生的偏差差不多在同一水平。

在内陆淡水湖泊中，如果湖水中溶解有不含^{14}C的石灰岩，在这些湖泊中生长的动植物吸收了这些碳，则初始^{14}C浓度会低于现代碳而导致^{14}C年龄测定结果偏大，这一效应常被称作硬水效应。通过采集在湖泊中生长的现代生物样品可以进行校正。

3　Suess 效应与核爆效应

Suess 效应也称为工业效应，是休斯于1955年根据树轮样品的^{14}C测定结果发现的。这一效应是由于 18 世纪末以来的工业化，大量燃烧化石燃料、向大气层排放了不含^{14}C的碳造成的。受它的影响，大气层中^{14}C浓度到 1950 年大约下降了 2%，目前仍以大约每年 0.05%的速度下降。为了避开 Suess 效应的影响，初期的现代碳标准采用的是 1890 年以前生长的木头。现在采用的草酸及糖碳标准样的放射性活度，实际上也是根据 1890 年以前生长的木头的放射性活度确定的。

与 Suess 效应影响相反的是核爆效应，它是由大气层核武器试验产生的^{14}C对大气层的污染造成的。1954 年起，直到 1990 年，在禁止大气层核武器试验条约签订前，美国和苏联进行了大量核试验，使得北半球大气^{14}C浓度比核试验前增加了 100%，20 世纪 70 年代以后缓慢地下降，但目前仍比天然水平的^{14}C浓度高。由核爆炸产生的^{14}C曾成功地被作为一种示踪剂，用来研究土壤水的渗透速率和土壤剖面有机质的积累速率等。对大气层^{14}C浓度的监测已成为环境保护的观测项目之一。

Suess 效应和核试验的出现并不是^{14}C测年的时间尺度，所以这两种效应的影响主要在样品污染上。

4 大气^{14}C浓度自然变化

^{14}C测年用现代大气中^{14}C的浓度作为测年体系形成时^{14}C的初始浓度，假定大气层中^{14}C浓度在过去几万年间是不变的。事实上，由于太阳活动、地磁场强度与方向变化，及气候的变化等导致^{14}C产生速率以及地球表面碳循环条件发生变化，使过去几万年来大气层中^{14}C浓度出现了波动（见图 6.2.1）。根据对已知年龄树轮样品的测定结果，现已查明存在 3 种周期的波动：①8 000 a年长周期，幅度为 10%，可使^{14}C年龄产生最大可达 800 a 的偏差；②100～500 a 的周期变化，以 150～200 a 为主，^{14}C浓度幅度变化

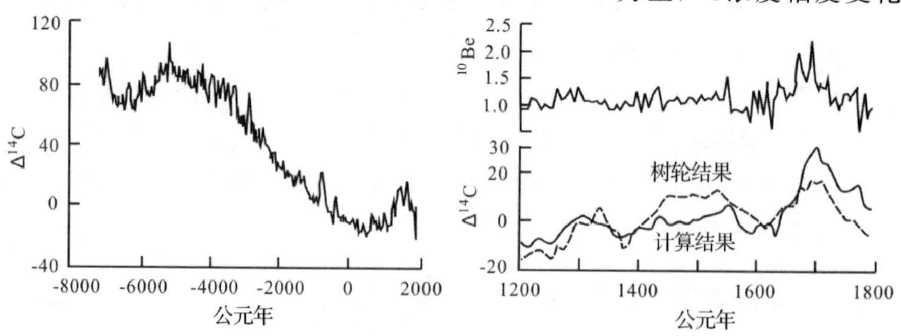

图 6.2.1 大气中^{14}C浓度的长期变化(Siegenthaler,1989)

为2%～3%；③以太阳黑子 11 a 的活动周期为主的短周期变化，^{14}C浓度变化幅度为 1%左右，短周期变化可使^{14}C年龄产生最大为 200 a 的偏差。

国外的一些^{14}C实验室从 20 世纪 60 年代起，对大气层^{14}C浓度变化对^{14}C测年的影响进行了大量的研究，并把这些变化与太阳黑子活动、地球磁场强度变化，以及冰期对全球碳循环的影响联系起来。进行过系统测定的树轮系列样品有 4 组：①美国 Bristlcone 松树的树轮系列，时间跨度为公元 1950 年到公元前 6050 年；②中欧白桦树树轮系列，共测定 500 余个数据，时间跨度为4 800 a左右；③北爱尔兰白桦树的树轮系列，共有 700 多个数据，时间跨度为6 000 a左右；④美国 Dougles 冷杉树的树轮系列，共有 200 余个数据，时间跨度为从公元元年到 1950 年。

很多实验室提供^{14}C年龄数据并未做树轮校正。

5 年代误差估算

对用计数方法测量^{14}C的研究工作，用误差传递方法可以得到式(6.1.3)的误差计算公式为

$$\sigma_t^2=\frac{1}{\lambda^2}\left[\frac{1}{\lambda^2}\left(\ln\frac{A_0}{A}\right)^2+\frac{\sigma_{A_0}^2}{A_0^2}+\frac{\sigma_A^2}{A^2}\right] \tag{6.2.4}$$

早期的^{14}C测年中，人们通过在相同测量条件和计数时间下测量样品和标准，年代计算公式可以写为

$$t=\frac{1}{\lambda^2}\ln\frac{N_0}{N} \tag{6.2.5}$$

误差公式变为

$$\sigma_t^2=\frac{1}{\lambda^2}\left[\frac{1}{\lambda^2}\left(\ln\frac{N_0}{N}\right)^2+\frac{\sigma_{N_0}^2}{N_0^2}+\frac{\sigma_N^2}{N^2}\right] \tag{6.2.6}$$

由于实验室标准的^{14}C比活度一般都不等于现代碳标准中^{14}C的比活度，因此以上方法中要引进活度校正因子。设实验室所用标准和现代碳的^{14}C活度有如下关系：

$$FN_s=N_0 \tag{6.2.7}$$

如果认为校正因子不存在误差，则误差计算公式仍为上式，只是计数

角标改为 s。

$$\sigma_t^2 = \frac{1}{\lambda^2}\left[\frac{1}{\lambda^2}\left(\ln\frac{FN_s}{N}\right)^2 + \frac{\sigma_{N_s}^2}{N_s^2} + \frac{\sigma_N^2}{N^2}\right] \tag{6.2.8}$$

式(6.2.8)中,

$$N_s = N_{st} - N_b \tag{6.2.9}$$

$$N = N_t - N_b \tag{6.2.10}$$

式(6.2.9)和式(6.2.10)中,N_{st}为标准总计数;N_t为样品总计数;N_b为本底计数。N_{st},N_t 和 N_b 的误差可以按计数统计误差估算(刘广山,2006)。实际上,以上方法测量要求标准和样品中的碳含量质量是相同的,否则要引入碳质量校正。

6 最早可测定年代估算

最早可测定的年代 t_u对应于样品的最小可探测的^{14}C活度 A_{mda},所以有

$$t_u = \frac{1}{\lambda}\ln\frac{A_{mc}}{A_{mda}} \tag{6.2.11}$$

第三节 ^{14}C的海洋化学与大洋环流

^{14}C测年在大洋环流研究中取得了极大的成功,这是自利比提出^{14}C测年以来^{14}C研究的最大成功,具有划时代的意义。在海洋学研究中,人们通过测量海洋中的^{14}C分布,计算大洋深层水的年龄,明确了大洋深层水的输运路径与大洋环流的时间尺度。

1 大洋水中^{14}C的分布

海水中的^{14}C直接来源于大气,表层海水与大气交换平衡。表层水以下,通过混合作用,表层水中的^{14}C向深层水中扩散,加上扩散过程中^{14}C自身的衰变,所以总体上海水中的^{14}C随水深增加呈指数衰减趋势。图 6.3.1 所示是北大西洋、南大洋和北太平洋总溶解无机碳浓度和 Δ^{14}C值的垂直分布。总无机碳浓度和 Δ^{14}C具有镜像对称分布的趋势。在表层水中,北

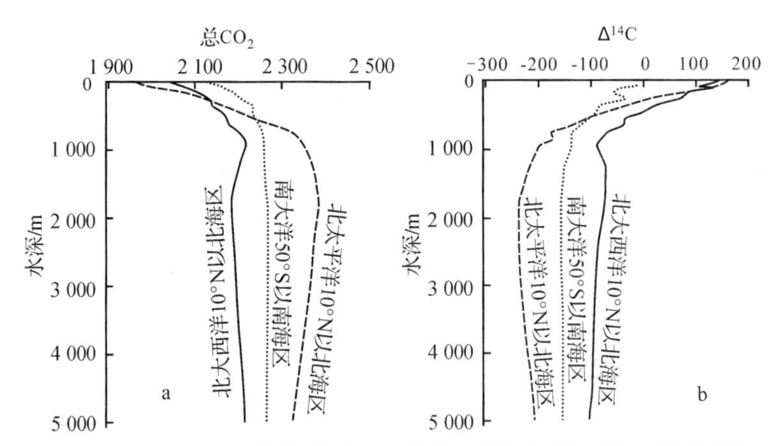

图 6.3.1　北大西洋、南大洋、北太平洋总溶解无机碳(a)和 Δ14C(b)的垂直分布(Siegenthaler,1989)

大西洋和北太平洋的总溶解无机碳浓度低于南大洋,而 Δ14C却高于南大洋。随水深增加,总溶解无机碳浓度逐渐增加,而 Δ14C值逐渐减小,到 600～1 000 m水深。在该水深之下,溶解无机碳和 Δ14C变化不再像上层水那么明显,溶解无机碳浓度是北大西洋＜南大洋＜北太平洋,而 Δ14C值是北大西洋＞南大洋＞北太平洋。北太平洋具有最低的 Δ14C值,可达－250‰。

图 6.3.2 所示是 GEOSECS 计划在太平洋海区的 Δ14C断面分布,分为北太平洋断面、西太平洋断面和东太平洋断面。北太平洋断面 Δ14C的变化平缓,Δ14C值随深度逐渐减小,到深层水 2 000～3 000 m,至极小值－240‰,然后随水深增加又略有增加。

东太平洋和西太平洋南北断面 Δ14C变化如图 6.3.2b 和 6.3.2c 所示,表层水 Δ14C变化较平缓。在北太平洋,深层水出现低的 Δ14C值,最低达－240‰;向南逐渐增加,形成向南的低 Δ14C值水舌。在南太平洋30°S～65°S海区,西太平洋上层水与中层水 Δ14C等值线向下弯曲,形成与镭同位素类似的等值线分布,只是浓度梯度方向相反。

图 6.3.3 所示是大西洋西海盆 Δ14C的分布。从图中能明显看出,由北大西洋向下,到中层水,然后向南,Δ14C值逐渐降低,到南大洋的最低值为－150‰,但仍远高于太平洋和印度洋深层水的 Δ14C值。南大西洋上层水和中层水同样存在向下弯曲的变化趋势,人们将南大洋 Δ14C这种变化趋势归因于南大洋存在的辐合带。

印度洋 Δ14C的分布如图 6.3.4 所示。西印度洋和东印度洋断面 Δ14C的分布极为相似,在热带海区,深层水为低 Δ14C值水体,等值线呈现出向

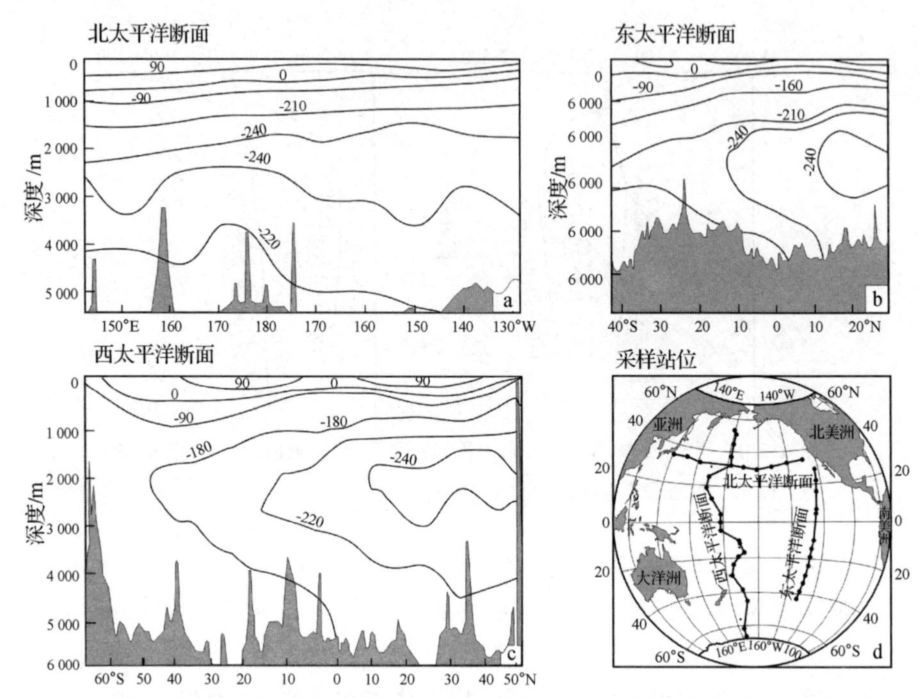

图 6.3.2 太平洋的 Δ ^{14}C分布(Östlund and Stuiver,1980)

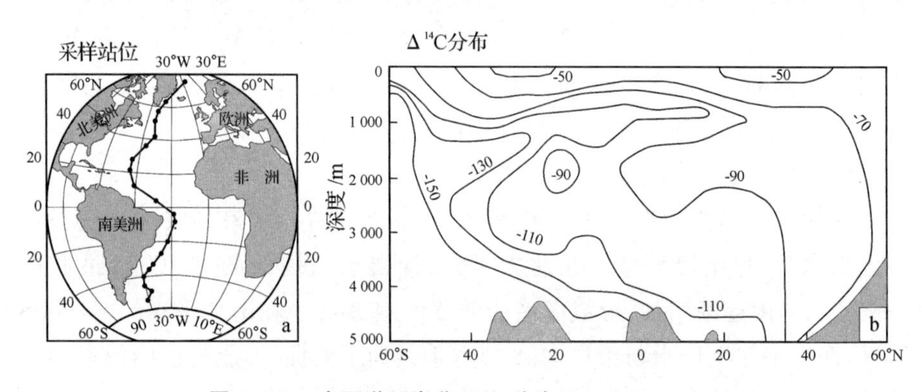

图 6.3.3 大西洋西海盆 Δ ^{14}C分布(Broecker,1991)

南扩张的趋势,核心水体 Δ ^{14}C值为－175‰～－195‰。西印度洋和东印度洋上层水的 Δ ^{14}C分布与该海区 ^{226}Ra的等值分布走向类似,梯度方向相反。对上层水的 Δ ^{14}C分布加以放大,这种趋势就显得更明显,而且表现出中印度洋断面也存在这种分布的可能,可能出现正的 Δ ^{14}C值,为人工输入 ^{14}C的标志。

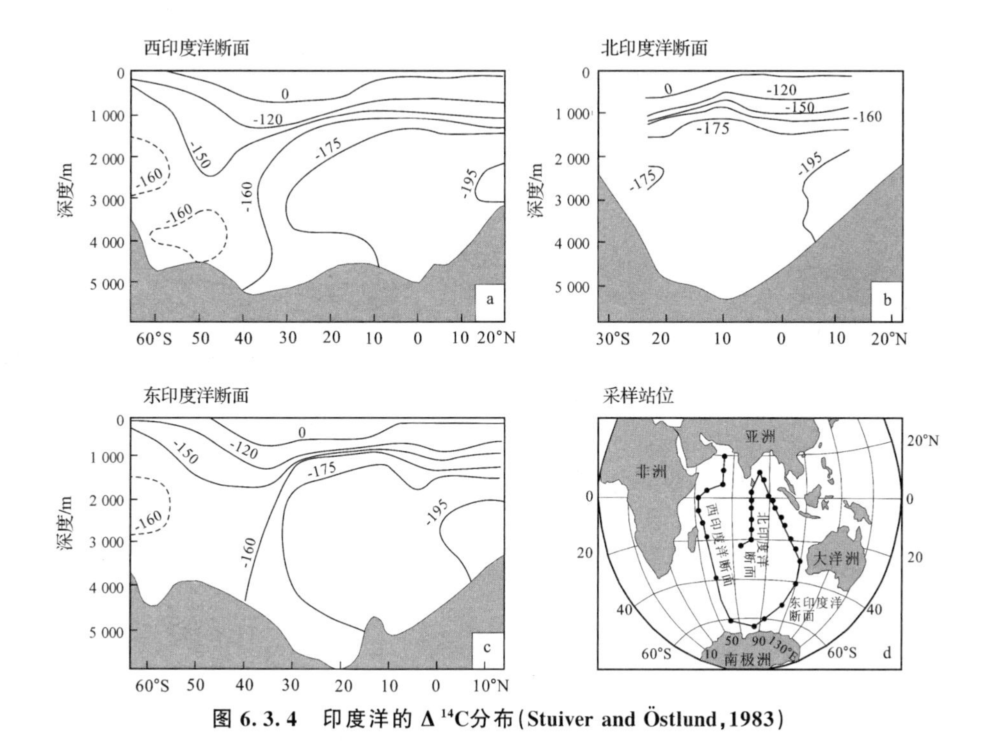

图 6.3.4 印度洋的 $\Delta^{14}C$分布(Stuiver and Östlund,1983)

2 ^{14}C分布揭示的大洋环流路径与时间特征

Stuiver 和 Östlund(1983)研究了三大洋 1 500 m 水深以下水体中^{14}C的分布,结果给出各大洋在南极绕极流形成交换。在 49.5°S 以南1 500 m水深以下,水体中的 $\Delta^{14}C$值具有一致的浓度平均值,为(158±6)‰。从图 6.3.5 可以看出,海洋深层水从北大西洋到南大洋,再由南大洋到北印度洋和北太平洋,逐渐变老。Stuiver 和 Östlund 将大洋分为大西洋、印度洋、太平洋和南大洋 4 个箱,估算得从绕极流向印度洋和太平洋的净通量分别为 20 Sv 和 25 Sv,相应的可以估算出 1 500 m 水深处上升流的速度为 10 m/a 和 5 m/a。也估算出在绕极流区,大于 1 500 m 水深处约有 41 Sv深层水形成,该水体的 $\Delta^{14}C$值为−149‰,与新形成的南极底层水的 $\Delta^{14}C$值−152‰一致(Weiss et al.,1979)。Stuiver 和 Östlund(1983)用^{14}C质量平衡方法估算出太平洋、印度洋和大西洋深层水停留时间分别为 510 a,250 a 和 275 a,南极绕极深层水的停留时间为 85 a。

按图 6.3.3,取北大西洋深层水的 $\Delta^{14}C$值为−70‰,南大西洋深层水的 $\Delta^{14}C$为−150‰,设海水的 $\delta^{13}C=0$,仅考虑放射性衰变,可以按以下方

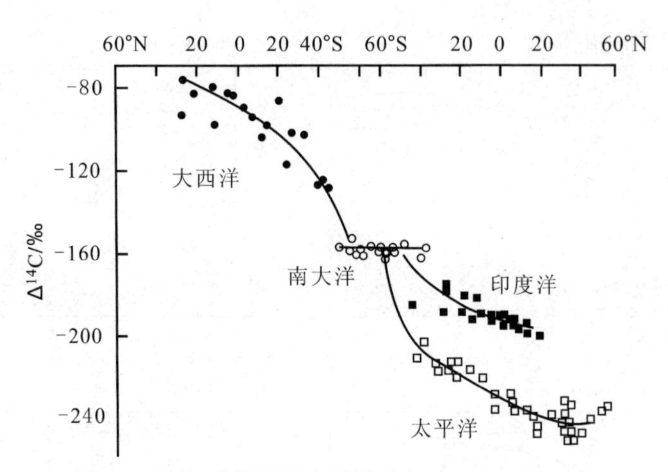

图 6.3.5 三大洋深层水^{14}C浓度(Siegenthaler,1989)

法计算水体从北大西洋输运到南大西洋经历的时间。

$$\Delta^{14}C=\delta^{14}C-2\times(\delta^{13}C+25)\left(1+\frac{\delta^{14}C}{1\ 000}\right) \tag{6.3.1}$$

由于$\delta^{13}C=0$,所以有

$$\Delta^{14}C=0.95\times\delta^{14}C-50 \tag{6.3.2}$$

可得

$$\delta^{14}C=\frac{\Delta^{14}C+50}{0.95} \tag{6.3.3}$$

据定义:

$$\delta^{14}C=\left(\frac{A_s}{A_{abs}}-1\right)\times 1\ 000 \tag{6.3.4}$$

可得

$$A_s=\left(\frac{\delta^{14}C}{1\ 000}+1\right)A_{abs}=\left(\frac{\Delta^{14}C+50}{950}+1\right)A_{abs}=(\Delta^{14}C+1\ 000)\frac{A_{abs}}{950} \tag{6.3.5}$$

用下角标 1 和 2 分别表示北大西洋和南大西洋,可得

$$\frac{A_{s1}}{A_{s2}}=\frac{\Delta^{14}C_1+1\ 000}{\Delta^{14}C_2+1\ 000}=\frac{-70+1\ 000}{-150+1\ 000}=\frac{93}{85} \tag{6.3.6}$$

代入测年公式：

$$t=\frac{T}{\ln 2}\ln\frac{A_{s1}}{A_{s2}}=743\ \text{a} \tag{6.3.7}$$

以上数值与 Stuiver 和 Östlund(1983)给出的大西洋水体停留时间差异很大,可能存在未考虑到的影响因素。

3 ^{14}C示踪的海洋有机地球化学

通过海气界面,大气中的^{14}C进入海洋并溶于海水中。通过光合作用,海洋浮游植物吸收溶解无机碳,然后通过食物链向高营养级输运,同时通过物理、化学和生物学过程,有机碳在不同形态中分配。^{14}C同样参与这种过程,所以通过测定不同形态的^{14}C可以研究海洋中碳的分配、转移和循环过程。^{14}C示踪的海洋有机地球化学研究海洋中溶解有机碳(DOC)和颗粒有机碳(POC)的生物地球化学。Druffel 等(1992)的研究结果表明：

(1)表层水溶解无机碳中的^{14}C浓度接近于大气中的浓度,说明海洋中溶解无机碳来源于大气。

(2)悬浮颗粒物和沉降颗粒物中的Δ^{14}C值与大气Δ^{14}C接近,说明颗粒物中的有机碳来源于海洋表层,浮游植物通过光合作用吸收溶解无机碳,浮游植物死亡,并沉降到海洋深处,因而深层水的悬浮颗粒物具有高的Δ^{14}C。

(3)^{14}C方法给出 DOC 的年龄为 1.6 ka～6.0 ka,说明海洋中的 DOC 中的碳已存在了数千年。

4 全球碳循环与^{14}C(Siegenthaler,1989)

4.1 简化的碳循环模式

^{14}C循碳元素循环路径传输。由于自然界碳循环极其复杂,分子库详细描述源和汇通量几乎是不可能的,通常将自然界分为图 6.3.6 所示的大气、海洋、生物和沉积物 4 个主要的库进行讨论。表 6.3.1～表 6.3.3 分别是全球主要碳库的贮量、库间碳通量和碳在库中的停留时间(Siegenthaler,1989)。

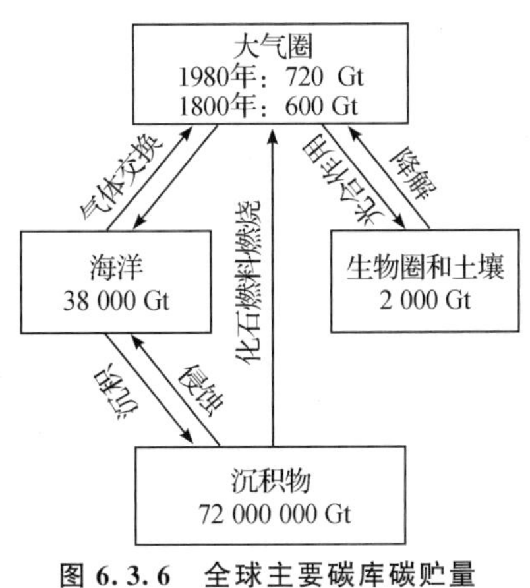

图 6.3.6 全球主要碳库碳贮量 (Siegenthaler,1989)

大气碳的 99%是 CO_2,工业化前大气中的 CO_2 浓度为 280×10^{-6} (V/V),

CH_4 和 CO 分别为 1.5×10^{-6} 和 0.1×10^{-6}，所以，大气与其他库之间，包括海洋、生物和土壤之间主要以 CO_2 的形式进行碳交换。海洋是最大的碳库，贮量约为大气的 60 倍。海洋中的碳主要是溶解无机碳，也称作总 CO_2 或 ΣCO_2，包括 HCO_3^-，CO_3^{2-} 和 CO_2。海洋中的溶解有机碳仅为溶解无机碳的百分之几。

表 6.3.1　全球主要库的碳贮量(Siegenthaler,1989)

库	形　式	浓度/ $10^{-6}(V/V)$	贮量/ 10^{15} gC	说　明
大气	CO_2(1850 年前)	280	594	对流层占大气质量的 80%，平流层占 20%
	CO_2(1980)	338	717	
	CH_4	1.5	4	
	CO	0.1		
海洋	总无机碳		37 400	
	溶解有机碳		1 000	
	颗粒有机碳		3	
陆地生物圈	生物		560	
	土壤、腐殖质		1 500	
地下水			450	
沉积物	无机碳		60 000 000	
	有机碳		12 000 000	
化石燃料			4 100	

表 6.3.2　全球主要碳库的碳交换路径与停留时间
(Siegenthaler,1989)

库	交换路径	停留时间/a
工业化前总大气	总大气	4.2
	仅与海洋交换	7.6
	仅与生物圈交换	9
陆地生物圈	光合作用与呼吸	11
海洋生物圈	光合作用与呼吸	0.07
海洋	仅与大气交换	490
	仅沉积物	180 000
大气+生物+海洋	形成沉积物	210 000

表 6.3.3 全球主要碳库的库间碳通量(Siegenthaler,1989)

源-汇	交换形式	通量/10^{15} gC·a^{-1}
大气-海洋	CO_2 交换	78
大气-陆地生物	光合作用/呼吸	65
海洋	光合作用	45
海洋沉积物		0.2
火山作用		0.07
化石燃料	燃烧	5.3

4.2 海洋中 CO_2 的停留时间

平均停留时间反映的是对干扰反应的响应速率,是地球物理和生物地球化学感兴趣的量。CO_2 的平均停留时间是当前两大研究主题——全球变化和海洋生物地球化学的关键参数。平均停留时间定义为进入库到离开库所经历的时间的平均值,在稳态情况下:

$$\tau=\frac{M}{F} \tag{6.3.8}$$

式中,τ为停留时间;M 为所研究物质(CO_2)的贮量;F 为总源或汇通量。

尽管计算停留时间用总通量,但经常用某部分通量计算停留时间,通常要指定输运路径,即所谓部分(partial)停留时间。大气中 CO_2 相对于海气交换的停留时间为 7.6 a。因为大气中的 CO_2 存在与陆地生物圈的交换,所以实际大气中 CO_2 的停留时间仅 4.2 a,大气中^{14}C的停留时间亦为 4.2 a。部分停留时间大于总停留时间。海洋中 CO_2 的平均停留时间是 490 a(见表 6.3.2)。

4.3 ^{14}C示踪的 CO_2 的海气交换

^{14}C方法研究大气-海洋的 CO_2 交换速率曾经是地球物理学家的主攻问题。在稳态条件下,海洋中^{14}C的衰变必然与由大气净输入海洋的^{14}C平衡。大气净输入海洋的^{14}C通量等于总输入通量和输出通量的差:

$$\lambda A_{oc} N_{oc}=F_{as}(A_a-A_s)S \tag{6.3.9}$$

所以有

$$F_{as}=\frac{\lambda A_{oc}N_{oc}}{(A_a-A_s)S} \tag{6.3.10}$$

式(6.3.9)和式(6.3.10)中,λ 为^{14}C的衰变常数;N_{oc}为海洋中溶解碳的总量;A_{oc}为海洋溶解碳的^{14}C浓度;A_a和 A_s分别为低层大气和上层海洋的平均^{14}C浓度;S 为海洋面积,如果研究的是全球范围,则是全球海洋的面积;F_{as}为海洋表面单位面积的平均总 CO_2 交换通量。在稳态条件下,全球总的交换通量在两个方向上是相同的。

以上假设陆地径流输入以及与沉积物的交换是可以忽略的,或者说河流输入与净输出到沉积物的^{14}C被认为是接近相等的。文献中取以下参数:$N_{oc}=3.84\times10^{19}$ gC,$A_a=1$,$A_s=0.95$,$A_{oc}=0.84$,$S=3.62\times10^{14}$ m^2,得到 $F_{as}=216$ gC·m^{-2}a^{-1}=17.9 mol·m^{-2}·a^{-1}。全球的大气-海洋 CO_2 交换速率为 78.2×10^{15} gC·a^{-1}(见表 6.3.3),该数值的误差为±0.25%,主要来自海洋中^{14}C的浓度的不确定性。

第四节　海洋沉积物的^{14}C测年

近岸海域的海洋沉积物沉积速率在 0.1～1 cm/a 量级,深海沉积物的沉积速率在 1～10 mm/ka 量级,半深海的沉积速率在以上两种海域的沉积速率之间,最合适的测年核素是^{14}C。

国内学者对中国海及邻近海域的海洋沉积物进行了大量^{14}C测年研究,表 6.4.1 所列是一些文献报道的海洋沉积物的^{14}C测年结果。研究岩芯的长度比较分散,在几十厘米到几十米之间,测定的年代在几百年到几万年范围;沉积速率差异也很大,从 0.2 mm/ka 到 0.1 mm/a。

表 6.4.1　文献报道的一些海域沉积物的^{14}C测年结果

海　区	站位与岩芯	年　龄	沉积速率/cm·ka^{-1}	文　献
渤海				
渤海西海岸	3 个岩芯, 高程 1.4～3.2 m; 研究岩芯长 20 cm	1.1～19.0 m 深度, 0.24 ka～8.45 ka	0.02～1.4	陈永胜等, 2014
河北海兴小山	高程 35.1 m; 岩芯长 500.25 cm	9.2 ka～34.3 m 深度, 6.5 ka～34.78 ka		胡云壮等, 2014

续表

海　区	站位与岩芯	年　龄	沉积速率/cm·ka^{-1}	文　献
环渤海海岸带	文石，方解石，建礁层，古土壤，泥炭，贝壳	0.356 ka～17.803 ka		王宏等，2004
	腐殖质，炭质泥 炭屑，木头	0.295 ka～15.50 ka		王宏等，2005
黄海				
南黄海	岩芯长 60.65 cm	15.02 ka～19.93 cm 深度，9.91 ka～11.1 ka		杨子赓等，2001
黄海南部海槽		10 ka～20 ka		赵松龄和李国刚，1991
南黄海西部陆架区	岩芯中的贝壳和螺，孔深 65.10 m	40.63 ka～110.20 ka		张军强等，2015
南黄海中部泥质区	3 个岩芯 长度 342～395 cm	1.5 ka～6.5 ka		胡邦琦等，2012
东海				
冲绳海槽南部	岩芯长 298 cm	154 cm 深度，10.75 ka 246.5 cm 深度，15.25 ka 283 cm 深度，14.95 ka	14.5 37.2	蒋富清等，2002
冲绳海槽	6 个岩芯 取样深度 52～531 cm	670 a～41.26 ka	3.81 ～108.50	李培英等，1999
福建南日群岛附近海域	站位水深 27 m 岩芯长 1 004 cm	1.27 ka～11.25 ka		尹希杰等，2014
长江口北支		30.15 cm 深度，5.6 ka 18.9 cm 深度，2.45 ka		吉云松等，2003
冲绳海槽北部陆坡	岩芯长 190 cm	底部 44 ka	1.5～14	向荣等，2005
南海北部				
南海北部	岩芯长 720 cm	110～655 cm 深度，11.15 ka～36.79 ka	7.2～85.7	赵宏樵等，2008
南海东北部	岩芯长 265 cm	10～250 cm 深度，1.366 ka～15.140 ka	9.9～32.7	魏国彦等，1999
南海深水海盆	5 个岩芯， 长 28～37.5 cm	0.965～11.06 ka	3.1～11.8	李粹中，1990

续表

海　区	站位与岩芯	年　龄	沉积速率/cm·ka^{-1}	文　献
南海神狐海域	岩芯长 261.86 m，175.17 m	15～680 cm 深度，4.02 ka～36.78 ka	1.18～33.33	陈芳等，2015
其他海域				
巽他海峡	研究岩芯上部，长 215 cm	13.8～208.8 cm 深度，3.5 ka～16.8 ka	7.46～16.98	侯红明，2001
西北冰洋	岩芯长 56 cm，站位水深 35 m	19～20 cm 深度，12 ka 21～22 cm 深度，31 ka 57～58 cm 深度，50 ka	0.16～2.2	梅静等，2012
北冰洋门捷列夫海岭	岩芯长 30～35 cm	表层 4.240 ka 底层 49.068 ka		Pooe et al.，1999
挪威海北部	岩芯长 365 cm，站位水深 2 598 m	1.98 ka～18.00 ka，底部 26 ka	5.8～28.1	陈漪馨等，2015
南极普里兹湾	岩芯长 624 cm 站位水深 2 916 m	92 cm 深度，27.443 ka 114 cm 深度，36.661 ka	0.15～4.76	武力等，2015

文献报道的^{14}C年龄中，有直接测量值、惯用值、近似惯用值及多种校正年龄。本节中，我们没有明确区分是哪一种年龄，而是摘用了范围数据。

第五节　^{14}C测年样品处理方法与存在的问题

^{14}C测年的介质是含碳介质。海洋沉积物中的生物遗骸主要是钙质生物的骨骼，有孔虫等是常用的海洋沉积物测年材料。与其他测年方法类似，^{14}C方法测年也要经过采样、样品处理、制样、测量和年龄计算几个步骤（陈以健等，1991）。至今，^{14}C方法测年的难点和主要工作量集中在样品处理和制样两步上。海洋学研究中应用^{14}C测年的样品有木头、木炭、碳酸盐、沉积物、骨头、有机物等。以下讨论不限于海洋^{14}C的测年样品。

1　木头样品

木头是^{14}C测年用得最多的样品。其预处理方法是：先用 2%～5%的盐酸煮洗，除去碳酸盐，再用 2%的氢氧化钠溶液煮洗。对一些严重腐烂的木头，在氢氧化钠溶液煮洗过程中的损失会很大，因此不能用氢氧化钠溶液煮洗。

^{14}C测定样品制样比较好的办法是将木质素分离出来作为^{14}C测量样品。木头的纤维素占40%～45%，半纤维素占15%～35%，木质素占17%～25%。分离纤维素的方法是：将样品切成小片，取约25 g干样，用三角烧瓶加入300 mL的水和3 mL的浓盐酸，加热到70 ℃后，再加入7.5 g次氯酸钠（$NaClO_2$），并在瓶口安装上冷凝回流器，在水浴内加热至60～70 ℃，每隔30 min添加一次盐酸和次氯酸钠，直至样品全部变为淡黄色或乳白色。然后将样品洗净、烘干。由于反应过程中释放出的黄色气体（ClO_2），在空气中的浓度较高时会发生爆炸，因此操作应在通风橱内进行。

新鲜的木头含液体组分，可能对树轮样品造成污染。埋葬在沉积物中的木头，容易受到从上覆土壤淋滤下来的腐殖酸污染。虽然大多数情况下可以用化学方法将污染物消除，但对于一些长期浸泡在水中的木头，很难将污染物清除干净。

2 木炭样品

^{14}C测年样品木炭的预处理方法与木头相同。需注意的是，有些样品外观上像木炭，如元素碳和腐殖质的混合物，需要区分清楚，因为后者大部分能被氢氧化钠溶液溶解掉，因而不能用氢氧化钠溶液处理样品。

对分散在沉积物中的炭屑样品，可在放大镜下挑选，也可以用化学方法将杂物去掉。方法是：将样品用盐酸清洗后，用1%的氢氧化钠溶液煮洗，清洗干净后加入200 mL 2 mol/L的盐酸和150 mL的次氯酸钠，煮沸20 min，再用清水清洗干净，然后再用1∶1的浓硝酸和浓硫酸的混合液浸泡10 min，冲洗干净后用200 mL的丙酮溶液淋洗，用吹风机吹干后再用蒸馏水冲洗干净，烘干后备用。

3 泥炭样品

大部分泥炭是在酸性环境中形成的，其中的腐殖酸含量较高。若其中含有从外部侵入的腐殖酸，则很难清除掉。如果泥炭层的埋藏深度较浅，现代植物的根系可能侵入泥炭中，则要将这些未腐烂的新根系从样品中清除掉。如果入侵的根系腐烂了，则污染是无法去除的。

泥炭中的贝壳碎屑，用稀盐酸溶液浸泡去除。

4　沉积物样品

^{14}C测年中经常将沉积物样品称为淤泥，含有不同数量的有机碳和无机碳。

海洋与湖泊的表层沉积物，因受风浪、生物、人类捕鱼活动等影响，都不同程度地受到扰动。因此，表层 50 cm 深度以内的样品往往出现一些与沉积层序不相符的反常数据。此外，湖水中"死碳"含量较高，在湖中生长的动物和植物体内的^{14}C浓度也会低于现代碳的浓度，结果会导致^{14}C年龄偏老。有时从陆地冲刷来的有机物也能造成较明显的污染。

沉积物中的无机碳组分也可用作^{14}C测年。一些海洋及湖泊岩芯的测定结果表明，有机碳和无机碳的^{14}C均可用于沉积物测年。

地下水位以下的沉积物易受到地下水的污染，老样品特别容易受到现代碳的污染，引起测年误差。

5　土壤样品

很多情况下，人们认为土壤不是海洋学研究的内容，实际上海岛土壤为海洋研究提供了很多信息。土壤中的有机质以腐殖质为主，此外还有未完全分解的动物和植物残体。土壤腐殖质的成分比较复杂，有能在酸性及碱性溶液中溶解的富里酸、可溶于碱性溶液但不溶于酸性溶液的腐殖酸（胡敏酸）、可溶于酒精的吉美朗马酸，以及不溶于上述溶液的胡敏素。富里酸占腐殖质总量的 20%～15%。由于它的可溶性特别强，易被雨水淋滤在土层内迁移，因此^{14}C年龄常比腐殖酸及胡敏素组分年轻。腐殖酸占腐殖质总量的 30%～35%，胡敏素占 45%～65%。由于它们的聚合顺序是富里酸⟶腐殖酸⟶胡敏素，所以腐殖酸和胡敏素的流动性比富里酸低，通常只将样品用酸性溶液浸泡与清洗，以除去无机碳及富里酸后，残余物用于^{14}C测年，所得年龄实际上是腐殖酸和胡敏素的混合年龄，代表这种组分在土壤层中的平均停留时间。

有些实验室通过严格的化学处理，从土壤中分离出孢粉及炭屑组分进行年龄测定。由于所获得的产物数量有限，因此只能采用加速器质谱方法测量。

6　珊瑚和贝壳样品

海洋中的珊瑚、贝壳等样品大多数由文石组成，其中有些贝壳（如牡蛎)由方解石组成。它们的碳来自海水中溶解的碳酸盐。虽然由于受同位素分馏效应与库效应的影响,其初始^{14}C浓度与现代碳有些差别,但总的来说,它们是比较好的^{14}C测年物质。预处理时需要用2%的盐酸将样品表面的污染物腐蚀掉。

文石在地表环境下可以转变为方解石,在变化过程中有可能受现代碳的污染。通过X射线衍射分析可以检验样品是否发生过晶型转变。有些研究指出,埋藏在比较封闭条件下的贝壳,即使有一半以上的文石已转变为方解石,"新碳"对样品的污染仍十分轻微。

7 次生碳酸盐样品

次生碳酸盐样品包括泉华、石笋、片流石、钙质胶结层、钙结核等。由于次生碳酸盐的初始^{14}C浓度往往低于大气的^{14}C浓度,如果沉积后发生重结晶,则又会引进污染。

次生碳酸盐样品的^{14}C可能来自大气层中CO_2、植物根呼出的CO_2,和有机物腐烂时释放出的CO_2。这些碳可能具有与现代碳接近的初始^{14}C浓度。还有一部分碳可能来源于古老的石灰岩和钙质微尘,通过对一些次生碳酸盐"包裹"着的木头样品的对比测定,可以比较精确地估计出碳酸盐沉积的初始^{14}C浓度。

土壤钙质层及钙结核的碳主要来源于土壤空隙中的空气,初始^{14}C浓度可能接近现代碳的浓度。它们的形成可能反复经历过溶解、沉淀,再溶解、再沉淀过程,每一个过程都可能受到"新碳"污染。如果重结晶作用发生在钙结核形成以后,样品的年龄大于2万~3万a,则现代的碳的污染将会非常严重。

8 骨头样品

骨头由羟基磷灰石组成,碳酸盐结合在晶体中。现代骨头中无机物含量占80%左右。骨头中的有机物主要为骨胶原(约占18%)和蛋白质、脂肪等(约占2%)。由于这些有机组分容易分解为可溶性物质而流失掉,故化石骨头中的有机碳含量常常只有1%~5%,放射性计数法测量骨头有机碳^{14}C常需要1 kg~2 kg的样品。

骨胶原的提取方法是:将骨头粉碎为碎块,用8%的盐酸浸泡约20 min,除去表面的污染,然后用pH=3的热(90 ℃)盐酸溶液浸泡数小时，使骨胶原全部浸出，将溶液蒸干后，沉淀物即为骨胶原。有些实验室用离子交换树脂，从骨胶原组分中进一步分离出氨基酸，然后用加速器质谱计测量。这一方法可以减少来自土层腐殖酸对骨头样品的污染。

骨头的无机碳组分可能含有来源于土层的次生碳酸盐沉积，可以先用50％的醋酸溶液浸泡样品，去掉次生碳酸盐。

9 溶解无机碳

海水和地下水中的溶解碳酸盐的^{14}C测定需要大体积的水样。为避免运输过程中的困难和污染，采样时可以将溶解碳酸盐转变为碳酸盐沉淀，使携带方便。方法是：将水样装入带盖的塑料桶，加入适量的氢氧化钠溶液调节水样的 pH 到 8，这时水中的碳酸氢根离子（HCO_3^-）大部分转变为碳酸根离子（CO_3^{2-}）；然后加入 50～100 g 的氯化铯（CsCl），盖好盖子后用力摇动水样，静置 0.5 h 后，弃上清液，收集碳酸盐沉淀，回实验室进一步处理。一般情况下需要处理上百升水，才能满足^{14}C测年需要。

地下水的^{14}C年龄一般均理解为雨水渗入饱和带后的平均停留时间。由于地下水对石灰岩的溶解，将会有一部分“死碳”加入，使数据的解释及使用复杂化。以玄武岩为主的地层，利用^{14}C方法研究地下水的补给速率可能比较好。

10 其他样品

大气中的 CO_2 浓度测定是环境污染检测的一项内容。样品的采集方法是：将空气通过吸收液[NaOH 或 $Ba(OH)_2$ 溶液]，吸收大气中的 CO_2，之后在实验室将样品溶液酸化，将 CO_2 从吸收液中释放出来，进一步处理。

古代的铁器及陶器中常残留一些未充分氧化的碳，将样品加高温可以收集到一些 CO_2，可以帮助对这些古代器具进行测年。

也有人对考古遗址出土的石灰砂浆进行过^{14}C年龄测定。砂浆中的碳酸钙被认为是砂浆硬化过程中生成的，因此测定结果大致相当于考古遗址的建造年代。

参考文献

陈芳,庄畅,周洋,等,2015. 南海神狐海域 MIS12 期以来的碳酸盐旋回与水合物分解[J]. 现代地质,29(1):145-154.

陈以健,焦文强,彭贵,1991. 放射性碳(^{14}C)法[M]//陈文寄,彭贵主编. 年青地质体系的年代测定. 北京:地震出版社:17-56.

陈文寄,彭贵,1991. 年青地质体系的年代测定[M]. 北京:地震出版社:297.

陈漪馨,刘焱光,姚政权,等,2015. 末次盛冰期以来挪威海北部陆源物质输入对气候变化的响应[J]. 海洋地质与第四纪地质,35(3):95-108.

陈永胜,王福,田立柱,等,2014. 渤海湾西岸全新世沉积速率对河流供给的响应[J]. 地质通报,33(10):1582-1590.

葛淑兰,陈志华,刘建兴,等,2014. 南极半岛布兰斯菲尔德海峡沉积物的地磁场长期变化与定年[J]. 极地研究,26(1):98-110.

侯红明,2001. 末次冰期以来巽他陆架的演变及其对南沙群岛海区古环境的影响[J]. 热带海洋学报,20(2):29-34.

胡邦琦,杨作升,赵美训,等,2012. 南黄海中部泥质区 7200 年以来东亚冬季风变化的沉积记录[J]. 中国科学:地球科学,42(10):1568-1581.

胡云壮,胥勤勉,袁桂邦,等,2014. 河北海兴小山 CK3 孔磁性地层与第四纪火山活动记录[J]. 古地理学报,16(3):411-426.

吉云松,刘苍字,洪雪晴,等,2003. 长江口北支中全新世以来的两次环境变异[J]. 海洋地质动态,19(3):1-5.

蒋富清,李安春,李铁刚,2002. 冲绳海槽南部柱状沉积物地球化学特征及其古环境意义[J]. 海洋地质与第四纪地质,22(3):11-17.

李粹中,1990. 南海深海沉积物^{14}C测年和近代沉积速率的研究[J]. 海洋学报,12(3):340-346.

李培英,王永吉,刘振夏,1999. 冲绳海槽年代地层与沉积速率[J]. 中国科学(D 辑),29(1):50-55.

刘广山,2006. 海洋放射性核素测量方法[M]. 北京:海洋出版社:303.

刘广山,2010. 同位素海洋学[M]. 郑州:郑州大学出版社:298.

卢雪峰,周卫建,2003. 放射性碳测年国际比对活动的初步结果[J]. 地球化学,32(1):43-47.

梅静,王汝建,陈建芳,等,2012. 西北冰洋楚科奇海台 P31 孔晚第四纪的陆源沉积物记录及其古海洋与古气候意义[J]. 海洋地质与第四纪地质,32(3):77-86.

仇士华,蔡莲珍,2009. ^{14}C测年及科技考古论文集[C]. 北京:文物出版社:1-322.

王宏,范昌福,2005. 环渤海海岸带^{14}C数据集(Ⅱ)[J]. 第四纪研究,25(2):141-156.

王宏,李凤林,范昌福,等,2004. 环渤海海岸带^{14}C数据集(Ⅰ)[J]. 第四纪研究,24(6):601-613.

王宏,李建芬,裴艳东,等,2011. 渤海湾西岸海岸带第四纪地质研究成果概述[J]. 地质调查与研究,35(2):81-97.

王旭晨,戴民汉,2002. 天然放射性碳同位素在海洋有机地球化学中的应用[J]. 地球科学进展,17(3):348-354.

魏国彦,李孟扬,段威武,等,1991. 南海东北部末次冰期-全新世古海洋学[J]. 海洋地质与第四纪地质,19(3):19-28.

武力,王汝建,肖文申,等,2015. 东南极普里兹湾陆坡扇晚第四纪高分辨率地层年龄模式[J]. 海洋地质与第四纪地质,35(3):197-208.

向荣,李铁刚,阎军,2005. 冲绳海槽北部陆坡 4.4 万年以来古海洋环境演化的地质记录[J]. 海洋地质与第四纪地质,25(1):71-78.

杨子赓,王圣洁,张光威,等,2001. 冰消期海侵进程中南黄海潮流沙脊的演化模式[J]. 海洋地质与第四纪地质,21(3):1-10.

尹希杰,许江,赵绍华,等,2014. 南日群岛东部海域岩芯沉积物有机碳含量和$\delta^{13}C_{TOC}$值的变化特征及古气候环境意义[J]. 应用海洋学学报,33(2):160-166.

张军强,刘健,孔祥淮,等,2015. 南黄海西部陆架区 SYS-0804 孔 MIS6 以来地层和沉积演化[J]. 海洋地质与第四纪地质,35(1):1-12.

赵松龄,李国刚,1991. 黄海南部黄海槽沉积的成因及其浅地层结构[J]. 海洋学报,13(5):672-678.

赵宏樵,韩喜彬,陈荣华,等,2008. 南海北部 191 柱状沉积物主元素特征及其古环境意义[J]. 海洋学报,30(6):85-93.

Bard E,Arnold M,Maurice P,et al.,1987. Measurements of bomb radiocarbon in the ocean by means of accelerator mass spectrometry:technical aspects[J]. Nuclear Instruments and Methods in Physics Research,1987. B29:297-301.

Broecker W S,1991. The great ocean conveyor[J]. Oceanography,4(2):79-89.

Broecker W, Mix A, Andree M, et al., 1984. Radiocarbon measurements on coexisting benthic and planktic foraminifera shells: potential for reconstructing ocean ventilation times over the past 20000 years[J]. Nuclear Instruments and Methods in Physics Research,B5(2):331-339.

Broecker W S,Peng T H,1980. The distribution of bomb-produced tritium and radiocarbon at GEOSECS station 347 in the eastern North Pacific[J]. Earth and Planetary Science Letters,49:453-462.

Broecker W S,Peng T H,1980. Seasonal variability in the $^{14}C/^{12}C$ ratio for surface ocean water[J]. Geophysical Research Letters,7:1020-1022.

Broecker W S, Peng T H, 1982. Tracers in the Sea[M]. New York: Lamont-Doherty Geological Observatory:690.

Druffel E R M,Williams P M,Bauer J E,et al.,1992. Cycling of dissolved and particulate organic matter in the open ocean [J]. Journal of Geophysical Research, 97: 15639-15659.

Duplessy J C, Bard E, Arnold M, et al., 1987. AMS ^{14}C-chronology of the deglacial warming of the North Atlantic Ocean [J]. Nuclear Instruments and Methods in Physics Research, B29: 223-227.

Kromer B, Pfleiderer C, Schlosser P, et al., 1987. AMS ^{14}C measurement of small volume oceanic water samples: experimental procedure and comparison with low-level counting technique[J]. Nuclear Instruments and Methods in Physics Research, B29: 302-305.

Lal D, Peters B, 1967. Cosmic ray produced radioactivity on the earth[J]//Encyclopedia of Physics, XLVI/2, Berlin: Springer: 551-612.

Lingenfelter R E, Ramaty R, 1979. Astrophysical and geophysical variations in ^{14}C production[M]//Radiocarbon variations and absolute chronology. New York: Wiely: 513-537.

Linick T W, La Jolla, 1978. Measurements of radiocarbon in the oceans[J]. Radiocarbon, 20: 333-359.

Lowe D C, Wallace G, Sparks R J, 1987. Applications of AMS in the atmospheric and oceanographic sciences[J]. Nuclear Instruments and Methods in Physics Research, B29: 291-296.

Nakai N, Ohishi S, Kuriyama T, et al., 1987. Application of ^{14}C-dating to sedimentary geology and climatology: sea-level and climate change during the Holocene[J]. Nuclear Instruments and Methods in Physics Research, B29: 228-231.

Nydal R, Lövseth K, 1983. Tracing bomb ^{14}C in the atmosphere 1962—1980[J]. Journal of Geophysical Research, 88: 3621-3642.

O'brien K, 1979. Secular variations in the production of cosmogenic isotopes in the earth's atmosphere[J]. Journal of Geophysical Research, 84: 423-431.

Östlund H G, Stuiver M, 1980. GEOSECS Pacific radiocarbon[J]. Radiocarbon, 22(1): 25-53.

Östlund H G, 1987. Radiocarbon in dissolved oceanic CO_2 [J]. Nuclear Instruments and Methods in Physics Research, B29: 286-290.

Poore R Z, Osterman L, Curry W B, et al., 1999. Late Pleistocene and Holocene meltwater events in the western Arctic Ocean[J]. Geology, 27(8): 759-762.

Reimer P J, Bard E, Bayliss A, et al., 2013. IntCal13 and MARINE13 radiocarbon age calibration curves 0-50,000 years cal BP[J]. Radiocarbon, 55(4): 1869-1887.

Siegenthaler U, 1989. Carbon-14 in the oceans[M]//Fritz P, Ch Fontes J. Handbook of environmental isotope geochemistry: Volume 3. Amsterdam: Elsevier: 75-137.

Stuiver M, Östlund H G, 1980. GEOSECS Atlantic radiocarbon[J]. Radiocarbon, 22(1):

1-24.

Stuiver M, Östlund H G, 1983. GEOSECS Indian Ocean and Mediterranean radiocarbon[J]. Radiocarbon, 25(1): 1-29.

Stuiver M, Reimer P J, 1993. Extended ^{14}C data base and revised CALIB 3.0 ^{14}C age calibration program[J]. Radiocarbon, 35(1): 215-230.

Weiss R F, Östlund H G, Craig H, 1979. Geochemical studies of the Weddell Sea[J]. Deep-Sea Research Part A, 26: 1093-1120.

第七章　人工放射性核素测年

很多人工放射性核素已用作示踪剂研究海洋学问题，最为突出的是 ^{3}H（氚）和 ^{14}C 示踪的海洋混合过程研究。作为局地源项，英国 Sellafield 的核工厂排放的 ^{90}Sr 与 ^{137}Cs 和法国 Cap de la Hague 排放的 ^{129}I 已被用于示踪北海和波罗的海水团向北冰洋的运移（Livingston，1988；Kershaw and Baxter，1995）。人工放射性核素通过大气沉降和径流输入海洋，而且源项是随时间变化的，因此海洋沉积物中的人工放射性核素的分布是随时间变化的。已有用人工 ^{137}Cs，^{90}Sr，^{239}Pu 和 ^{129}I 进行海洋沉积物测年的报道，^{137}Cs 方法也在湖泊沉积物测年研究中得到广泛应用。

人工放射性核素测年利用核素进入环境的通量随时间变化的峰位置作为参考时间来推算年代，所以是事件年代学方法。

第一节　海洋环境中人工放射性核素的源项

环境中的人工放射性核素的主要来源为大气层核试验、核事故和核工厂的排放（Hong et al.，2004；Aarkrog，2003），其他来源还有核电厂日常运行的排放、海洋放射性废物处置、失事核潜艇、失事卫星、核武器丢失、医学和工业同位素应用等的释放与排放。海洋环境中的人工放射性核素来源可分为大气沉降、径流输入、放射性废物处置、液体排放等几方面。研究表明，海洋中人工放射性核素的主要源项是全球落下灰，其主要来源于核试验。据估计，核试验全球海洋落下灰人工放射性核素总量达 10^{20} Bq，其中氚占约 99%。单个核事故对海洋环境输入最大的是 1986 年 4 月的切尔诺贝利核电站事故释放和 2011 年 3 月日本福岛核电站事故排放入海的放射性物质（Hong et al.，2004；刘广山，2015）。

1 核试验

核爆炸始于 1945 年。1954—1958 年、1961—1962 年间，美国和苏联在大气层进行了大量核试验；1964 年以后又进行了少量大气层核试验；1980 年以后，主要进行的是地下核试验，大气层核试验已很少。除了 1945 年美国在日本广岛和长崎投放的原子弹以战争为目的外，其他核爆炸都以试验为目的，所以往往将核爆炸称之为核试验。世界上已有 8 个国家进行过2 000多次核试验，其中美国和苏联的核试验次数约占 80%。

核试验可以产生几百种放射性核素，并通过落下灰进入海洋，或沉降于陆地并通过河流进入海洋。大部分核试验产生的放射性核素半衰期很短，在爆炸发生后很短时间内衰变殆尽，一些长寿命核素产生量又少，所以核试验产生的可用于海洋学研究的人工放射性核素仅少数几种，如^{3}H，^{14}C，^{90}Sr，^{137}Cs和核燃料成分$^{239+240}Pu$等，近些年开展了较多的^{129}I相关的研究。

核试验主要有两种形式，即原子弹和氢弹。原子弹产生的放射性尘埃颗粒较大，主要在对流层，并很快在试验场附近沉降，所以放射性沉降是局地性的。氢弹的放射性尘埃颗粒小，约 μm 量级，被认为进入了平流层，所以能输运到全球各地，这是核试验的放射性可以形成全球沉降的原因。

上述核试验的两个时期中的 1954 年和 1963 年已成为人们利用人工放射性核素进行沉积物测年的参考时间，其中 1963 年被认为是全球放射性最大沉降年，这个时期的核试验是氢弹核试验，造成了全球放射性沉降。

最典型的输入海洋放射性核素最多的是美国的叶尼威克环礁试验。网上报道 1946—1958 年间，美国共在马绍尔群岛进行了 67 次核试验。其他对海洋影响较大的核试验可能是苏联在新地岛进行的氢弹核试验。据说该试验氢弹威力为 100 Mt TNT 当量。

由于气象学的因素，北半球中纬度的西太平洋平流层大气入侵对流层，故放射性尘埃在该地区海洋中富集，使西北太平洋水体中比其他海区有高的人工放射性核素浓度(Waugh and Polvani，2000)。

全球释放进入海洋的人工放射性核素主要是^{3}H；其次是^{137}Cs，^{90}Sr和^{14}C，在同一量级，比^{3}H低 2 个量级；核燃料成分钚的同位素比^{137}Cs低 1～2 个量级。由于大气层核试验越来越少，因此环境中大气沉降的人工放射性核素也越来越少。

Aarkrog(2003)基于 UNSCEAR 报告(2000)估算了进入世界大洋的人工放射性核素。估计大气裂变核试验有 189 Mt(TNT),其中 29 Mt 沉降在试验场附近,160 Mt 为全球落下灰。大部分局地落下灰(28 Mt)沉降在美国太平洋马绍尔群岛试验场附近。法国 1966—1974 年在穆鲁罗瓦(Mururoa)和方阿陶法(Fangataufa)进行核试验,1993—1996 年放射性沉降限于距环礁 22 km 以内(Chiappini et al.,1999)。

2 核事故

核事故泄漏是除核试验之外往环境中排放人工放射性核素的最主要途径。实际上自从人们开始利用核能起,核事故就伴随着发生。到目前为止,重大的核事故有 18 次,最为严重的是 1986 年 4 月苏联的切尔诺贝利核电站事故。其次还有 2011 年 3 月的日本福岛核电站事故、1957 年 10 月的英国温斯克尔综合核设施火灾和 1979 年 3 月的美国宾夕法尼亚州三里岛核电站事故。这些事故将大量放射性物质释放入大气和海洋。

3 核工厂与核电站正常运行排放

随着核技术工业的发展,很多国家建立了大量的核工厂,几乎所有核工厂在正常运行中会排放放射性核素于大气中,并有液体流出物向环境中排放。很多核工厂,包括核电厂,以反应堆为主体,反应堆运行总要排放放射性核素于大气中。世界上有相当大一部分核电站建在海边,这其中一方面是为了利用海水进行循环冷却,另一方面也是为了利用大体积海水稀释排放的低放射性液体流出物,所以核设施或核电站附近海域比其他地方更易探测到人工放射性核素。

核事故和核设施运行排放的放射性核素总是局地性的。即使是切尔诺贝利那样最严重的核事故,放射性物质也主要散落在欧洲地区,日本福岛核电站事故释放的放射性物质也主要分布在日本和西北太平洋。核设施正常运行排放的放射性核素能扩散的范围更小,经常在 km 量级范围,最多也就在 10 km 量级范围,更大范围的影响非常小。

4 海洋人工放射性核素的其他来源

4.1 海洋中的核事故与放射性物质丢失(Hong et al.,2004)

海洋中的核事故可分为两种:一种是军事目的的核装置事故,主要是失踪的核潜艇与丢失的核弹头，另一种是海上工程结束时丢弃或事故造成的同位素装置的丢失。

自 40 多年前核潜艇问世以来，美、俄、英、法等国共建造和发展了核潜艇 500 余艘。除了核潜艇的正常运行会向海洋中排放放射性物质外，在近半个世纪的时间里，核潜艇事故频频发生，必然会向海洋排放放射性物质，或潜在排放放射性物质的可能。经过对有关资料的分析统计，核潜艇沉没的事故多达 17 起（新华网）。

失踪的核潜艇和丢失的核弹头是海洋中真正潜在的可能的人工放射性源项。由于军事保密的原因，核潜艇和核弹头失事前后均千方百计地不让外界知道其行踪，因此失去了准确定位和打捞时机，成了真正的潜在源项。2000 年 8 月，巴伦支海失事的库尔斯克号核潜艇，采取了积极的打捞措施，其中一个主要原因就是防止其上的反应堆在海底释放放射性物质。

海洋工程丢失放射性同位素设备的放射性同位素总量都很高，最低的也在 GBq 量级以上，但从整个海洋来看，放射性总量并不高，只可能存在局地尺度水体放射性水平的影响。

4.2 核动力卫星空中燃烧

一些卫星用核能产生热或电。苏联曾发射了 30 颗核动力卫星，卫星的寿命可达 500 a。卫星运行到最后，通常是将其引导至更高轨道，以使其中的裂变产物在卫星与核设施重新进入大气层前衰变掉（IAEA，2001）。

美国的 Transit 5BN-3 导航卫星的放射性同位素发电机包含 630 TBq ^{238}Pu，运行到最后，1964 年未能引导至预定轨道，返回大气层 120 km 高度，在西印度洋的马达加斯加上空燃烧，核燃料在全球范围内散落。

4.3 放射性废物海洋处置

从 1948 年起，日本、新西兰、朝鲜、美国等进行了海洋放射性废物处置（Hong et al.，2004）。

海洋处置的放射性废物通常用 200 L 的内衬水泥或沥青的金属桶包装，处置的废物主要是固体或固化的低放射性废物，有些用大块石料，也有用聚合物的。在西太平洋，处置的放射性废物量达 0.89 PBq，东北太平洋为 0.55 PBq。东北太平洋处置的废物 β-γ 发射核占 98%以上，氚占1/3，其余包括裂变和活化产物，如^{90}Sr，^{137}Cs，^{55}Fe，^{58}Co，^{60}Co，^{125}I 和^{14}C；也包含少量 α 发射核，其中钚和镅的同位素占 96%。苏联在远东海域处置的液体和固体放射性废物总量达 456 TBq 和 418 TBq。日本、朝鲜、俄罗斯于

1994 和 1995 年，在处置场海域和参考海域采集海水、沉积物和海藻样品进行测定，结果表明远东海域^{90}Sr，^{137}Cs，^{238}Pu，$^{239+240}Pu$浓度较低，主要源于落下灰。

4.4 径流输入（IAEA，2005）

陆地^{90}Sr贮量的 19％和^{137}Cs贮量的 2％会被径流清除进入海洋。全球放射性释放的^{90}Sr有 245 PBq，^{137}Cs有 345 PBq 沉降在陆地上。切尔诺贝利事故约有 10 PBq ^{90}Sr和 69 PBq ^{137}Cs沉降在陆地上。至 2000 年，约 23 PBq ^{90}Sr和 8 PBq ^{137}Cs通过径流进入海洋。经过衰变校正，到 2000 年，这部分^{90}Sr贮量为 9 PBq，^{137}Cs为 3 PBq。径流输入海洋的^{90}Sr占海洋贮量的 6％，^{137}Cs仅占 1％～2％。总体来说，径流对海洋放射性贮量的贡献意义不大。

5 不同源的$^{137}Cs/^{90}Sr$和$^{240}Pu/^{239}Pu$活度比

表 7.1.1 列出了不同源的$^{137}Cs/^{90}Sr$和$^{240}Pu/^{239}Pu$活度比。不同源的$^{137}Cs/^{90}Sr$和$^{240}Pu/^{239}Pu$活度比不同，通过测量环境中这两组核素的活度比，可以判断环境中放射性物质的来源，并采取相应的对策。

表 7.1.1 不同源的$^{137}Cs/^{90}Sr$和$^{240}Pu/^{239}Pu$活度比

核事件	主要释放时间	$^{137}Cs/^{90}Sr$	$^{240}Pu/^{239}Pu$	文 献
全球核试验落下灰	1962 年为最大释放年	1.5	0.18	IAEA，2005
切尔诺贝利核电站事故释放	1986 年	5		
Sellafield 排放	1975 年是最大排放年	11		
内华达（Nevad）试验场		1.53	0.03	Aarkrog，2003
太平洋试验场			>0.3	IAEA，2005
新地岛（Novaya Zemlya）/巴伦支海			<0.03	
穆鲁罗瓦（Mururoa）岛试验场			<0.06	

尽管进入海洋的人工放射性核素源项很多，但大多数都不用作示踪剂进行年代测定。目前见报的用作年代研究的大都是利用核试验大气沉降

的人工放射性核素形成的峰。也有用英国温斯克尔核工厂大火和苏联切尔诺贝利核电站事故发生时间作为参考时间进行测年的报道。

6 大气沉降的人工放射性核素的全球分布

核爆产生的放射性核素通过大气沉降分布于全球范围内，并存在纬度效应。图 7.1.1 所示是大气沉降的^{90}Sr的纬度分布，图中显示大气中的落下灰从平流层向对流层的迁移量在中纬度区域最大。此外还可以看出南半球的落下灰量比北半球的少，这与南半球核试验数量少有关。

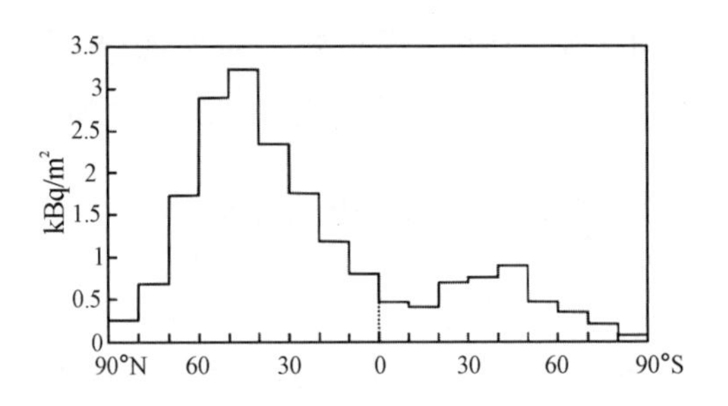

图 7.1.1　累积^{90}Sr沉降通量的纬度分布(Aarkrog,2003)

第二节　人工放射性核素测年参考时间

与天然放射系核素类似，海洋中的人工放射性核素也可以分为保守性的和非保守性的，或分别称为非颗粒活性的和颗粒活性的。保守性核素具有高的溶解度，它们进入海洋后的重新分布由海洋混合过程所决定。通常认为^{3}H，^{14}C，^{90}Sr，^{137}Cs和^{129}I是保守性核素；^{106}Ru，^{144}Ce，$^{239+240}$Pu等是颗粒活性核素，在海水中的行为与^{234}Th和^{210}Pb等天然颗粒活性类似，进入海洋后，它们将快速被颗粒物清除，并沉降进入海底沉积物中。一些核素的保守和非保守行为与局地的海洋条件和关注的时间尺度有关。例如，^{137}Cs通常被认为是保守性核素，但在近岸或高生产力海区，有比开阔水域高得多的颗粒物清除速率，所以沿岸海域水体中的^{137}Cs可以被快速清除。一旦^{137}Cs与黏土结合，将沉积在沉积物中(IAEA，2005)。钚(Pu)被认为是颗粒活性核素，但在开阔大洋和年时间尺度，钚的分布受物理混合控制。与还原钚和氧化钚的化学行为相比，局地的地球化学更能决定钚的保守和非保守行为。业已证明，陆地核试验释放的钚进入海洋比平流层沉降进入海洋的钚更快速地迁出进入海底沉积物。

保守性核素适合于研究海洋混合问题，非保守性核素适合于海洋沉积年代测定。利用人工放射性核素进行沉积物测年，发现沉积物中核事件的记录是关键。研究发现，人工放射性核素在沉积物岩芯中的分布不平滑，明显的峰值对应于核试验最大沉降年或核事故发生时间。

1 核试验为沉积年代学提供的参考时间

1945 年 7 月 16 日，新墨西哥州沙漠中爆炸了第一个原子弹。1945—1996 年，全世界核试验的基本情况见表 7.2.1，以美国和苏联为主，包括印度在内的 6 个国家共进行了2 042次核试验。大气层核爆和地下核试验能量当量随时间变化如图 7.2.1 和图 7.2.2 所示。图 7.2.1 显示大气层核试验的能量当量有两个峰值，较小的那个峰对应 1952 年，较大的那个峰对应 1962 年。大气层核爆产生的裂变产物在平流层停留 1 a，所以产生的大气沉降放射性核素是全球性的，而且占据了核试验落下灰的大部分。因此，1963 年被认为是全球放射性最大沉降年。图 7.2.2 显示1973 年是地下核试验能量当量最大年。

表 7.2.1 1945—1995 年核试验概况(由喻名德和杨春才，2007 数据统计处理得到)

年 份	美 国		苏 联		英 国		法 国		中 国		总 计
	大气层	地下	大气层	地下	大气层	地下	大气层	地下	大气层	地下	
1945	1	0	0	0	0	0	0	0	0	0	1
1946	2	0	0	0	0	0	0	0	0	0	2
1947	0	0	0	0	0	0	0	0	0	0	0
1948	3	0	0	0	0	0	0	0	0	0	3
1949	0	0	1	0	0	0	0	0	0	0	1
1950	0	0	0	0	0	0	0	0	0	0	0
1951	15	1	2	0	0	0	0	0	0	0	18
1952	10	0	0	0	1	0	0	0	0	0	11
1953	11	0	5	0	2	0	0	0	0	0	18
1954	6	0	10	0	0	0	0	0	0	0	16
1955	17	1	6	0	0	0	0	0	0	0	24
1956	18	0	9	0	6	0	0	0	0	0	33
1957	27	5	16	0	7	0	0	0	0	0	55

续表

年份	美国		苏联		英国		法国		中国		总计
	大气层	地下	大气层	地下	大气层	地下	大气层	地下	大气层	地下	
1958	62	15	34	0	5	0	0	0	0	0	116
1959	0	0	0	0	0	0	0	0	0	0	0
1960	0	0	0	0	0	0	3	0	0	0	3
1961	0	10	58	1	0	0	1	1	0	0	71
1962	39	57	78	1	0	2	0	1	0	0	178
1963	4	43	0	0	0	0	0	3	0	0	50
1964	0	45	0	9	0	2	0	3	1	0	60
1965	0	38	0	14	0	1	0	4	1	0	58
1966	0	48	0	18	0	0	6	1	3	0	76
1967	0	42	0	17	0	0	3	0	2	0	64
1968	0	56	0	17	0	0	5	0	1	0	79
1969	0	46	0	19	0	0	0	0	1	1	67
1970	0	39	0	16	0	0	8	0	1	0	64
1971	0	24	0	23	0	0	5	0	1	0	53
1972	0	27	0	24	0	0	4	0	2	0	57
1973	0	24	0	17	0	0	6	0	1	0	48
1974	0	22	0	21	0	1	9	0	1	0	54
1975	0	22	0	19	0	0	0	2	0	1	44
1976	0	20	0	21	0	1	0	5	3	1	51
1977	0	20	0	24	0	0	0	9	1	0	54
1978	0	19	0	31	0	2	0	11	2	1	66
1979	0	15	0	31	0	1	0	10	1	0	58
1980	0	14	0	24	0	3	0	12	1	0	54
1981	0	16	0	21	0	1	0	12	0	0	50
1982	0	18	0	19	0	1	0	10	0	1	49
1983	0	18	0	25	0	1	0	9	0	2	55
1984	0	18	0	27	0	2	0	8	0	2	57
1985	0	17	0	10	0	1	0	8	0	0	36
1986	0	14	0	0	0	1	0	8	0	0	23
1987	0	14	0	23	0	1	0	8	0	1	47
1988	0	15	0	16	0	0	0	8	0	1	40
1989	0	11	0	7	0	1	0	9	0	0	28
1990	0	8	0	1	0	1	0	6	0	2	18
1991	0	7	0	0	0	1	0	6	0	0	14
1992	0	6	0	0	0	0	0	0	0	2	8

续表

年份	美国		苏联		英国		法国		中国		总计
	大气层	地下	大气层	地下	大气层	地下	大气层	地下	大气层	地下	
1993	0	0	0	0	0	0	0	0	0	1	1
1994	0	0	0	0	0	0	0	0	0	2	2
1995	0	0	0	0	0	0	0	5	0	2	7
总计	215	815	219	496	21	24	50	159	23	20	2 042

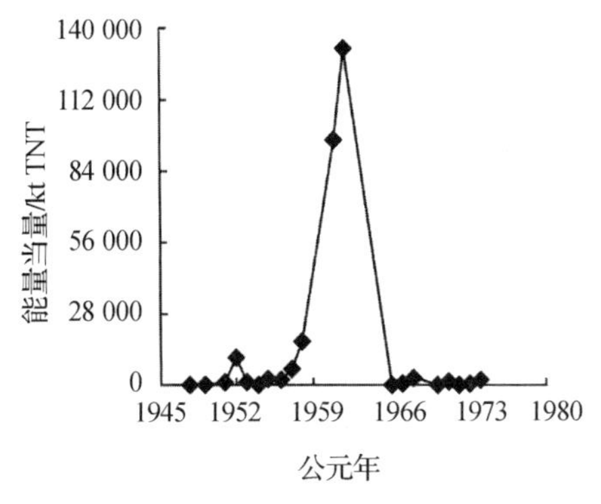

图 7.2.1　全球大气层核试验能量当量的时间变化

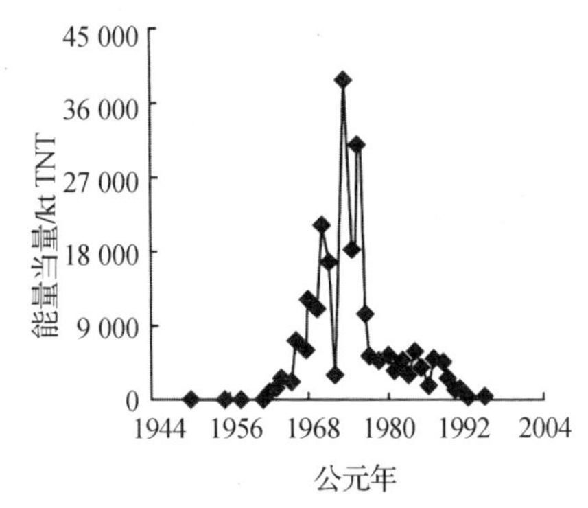

图 7.2.2　全球地下核试验能量当量的时间变化

美国进行的核试验最多，达1 030次，其中在 1962 年进行的核试验次数最多，达 96 次。1945—1995 年，在大气层内进行了 215 次核试验，在地下进行了 815 次核试验。美国有多处核试验场，主要包括内华达核试验基地，太平洋的圣诞岛、约翰斯顿岛、马绍尔群岛、阿留申群岛和新墨西哥州及科罗拉多州等处。美国在圣诞岛主要进行大气层与水下核试验。内华达核试验场基地位于美国内华达州的拉斯维加斯以北 105 km 的沙漠地区，该试验基地始建于 1950 年，是美国的地下核试验中心。

苏联进行了 715 次核试验。1949—1995 年，在大气层内进行了 219 次核试验，在地下进行了 496 次核试验。核试验基地主要有新地岛和塞米巴拉金斯克。塞米巴拉金斯克位于哈萨克斯坦内，在阿拉木图以北 800 km 处，与中国西北边境相邻，苏联在该试验场共进行了大气和地下核试验 465 次。新地岛位于巴伦支海，北纬 70°N 以北的北极圈内，苏联在此地共进行了 130 多次核试验，包括 88 次大气层实验、3 次水下试验、2 次水上试验、1 次地面试验及 39 次地下试验。

环境中与^{3}H有关的物质主要有3种，即氢气、水和碳水化合物，它们有不同的化学形态，包括HTO，DTO，T_2O，HT，DT，T_2和易挥发的气态碳水化合物。大气中气态的^{3}H的主要形式是HT。

过去环境中HT的主要来源是核试验，且主要是地下核爆而不是大气层核试验。HT能从地下核试验中逃逸出来主要是因为地下核试验缺少可利用的氧气，因此不能转化成HTO。地下核试验一旦产生HT，就可以通过土壤和岩石天然裂隙和爆炸引起的裂缝释放到大气中。1950—2002年，全球大气中HT储量变化如图7.2.3所示。从图中可以看出，20世纪50年代和60年代早期环境中的HT缓慢增加，但是60年代中期之后环境中的HT迅速增加，并在70年代中期达到最大值，然后缓慢减少，但比20世纪60年代之前的量高。通过图7.2.3与图7.2.1、图7.2.2的比较也可以看出，20世纪70年代早期大气中的HT最大值与地下核试验相关，这进一步证明了早期环境中的HT主要来源是地下核试验。Happell等(2004)认为这与当时苏联在新地岛进行的大量地下核试验有关。而现在核燃料后处理厂和核电站是环境中HT的主要来源。

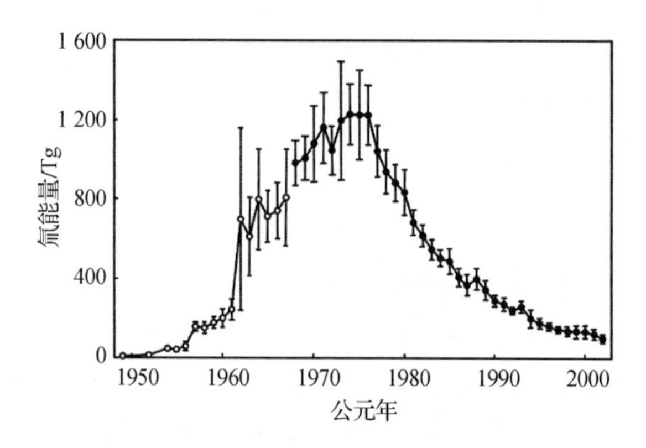

图7.2.3　全球大气中HT的储量变化(Hu et al.,2010)

2　核事故为沉积物测年提供的参考时间

核事故泄漏向环境中排放的人工放射性核素对区域环境能造成严重污染，而非全球性的。到目前为止，最为严重的是1986年4月苏联的切尔诺贝利核电站事故，释放的放射性核素主要集中在欧洲，受污染的海域主要是波罗的海和黑海。2011年3月的日本福岛核电站事故使核电站周边和近海受到放射性污染。1979年3月，美国宾夕法尼亚州三里岛核电站发生事故;1981 年 1 月,日本苏狭湾舞鹤核电站发生事故;1983 年 1 月,美国俄克拉荷马州弋雷核电站发生事故。这些核电站将大量放射性核素释放到环境中。1957 年 10 月,英国温斯克尔综合核设施发生大火,将大量放射性物质散逸在英国。

Igarashi 等(2003)报道的日本 ^{90}Sr 和 ^{137}Cs 的大气沉降通量(见图 7.2.4),除 1963 年附近呈现峰外,1986 年的切尔诺贝利核电站事故峰也很突出,但持续时间很短,在沉积物中形成峰的可能性很小。

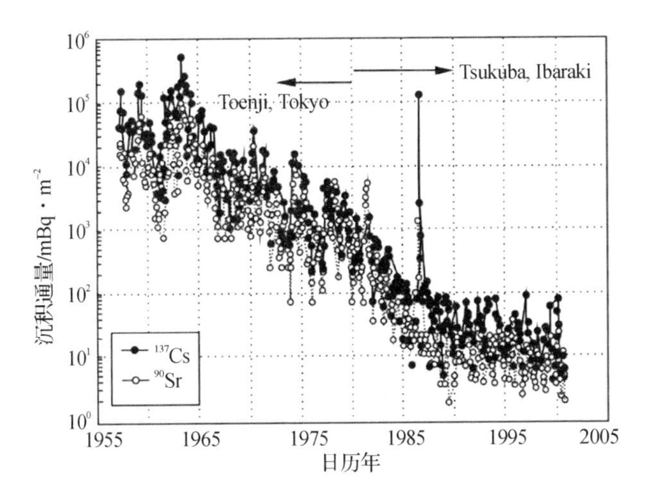

图 7.2.4　^{90}Sr和^{137}Cs月大气沉降通量随时间变化

(Igarashi et al.,2003)

到 2000 年 10 月,全世界核动力船有约 400 个核反应堆。现已证明从 1963 年开始,在大西洋的不同地方总共发生了 6 起核潜艇事故。虽然这些核潜艇有一些放射性源,但是它们释放的放射性核素量相对较少。

3　核燃料后处理厂排放可能提供的测年参考时间

核燃料后处理厂所产生的放射性废物(包括气态和液态)的正常排放也是引起环境放射性增加的一个原因。与全球落下灰相比,核燃料后处理厂释放的^{3}H可忽略。法国的 de La Hague 核燃料后处理厂在 1974—1978 年间每年排放约4 000 TBq ^{137}Cs,同一时期排放的镤(Pa)量在45 TBq~60 TBq(Bellona,2003)。英国 Sellafield 核燃料后处理厂是人工放射性核素^{99}Tc的主要来源。1966—1999 年,法国 de La Hague 核燃料后处理厂向海洋环境中总共释放了 15 TBq (2 300 kg) 液态 ^{129}I,向大气释放了

0.42 TBq(64.2 kg)气态^{129}I。此外，在过去20多年里，该厂排放的液态^{14}C从1983年的1 TBq/a到1999年的约10 TBq/a，直到2004年这种排放还维持在7 TBq/a以上(Fiévet et al.,2006)。到1998年为止，这两个核燃料后处理厂总共向海洋中释放了17 TBq (2 600 kg) ^{129}I，这个量是核试验排放量的50倍，且比切尔诺贝利事件高3个数量级(Hou et al.,2001)。1998年之后，Sellafield核燃料后处理厂排放的^{129}I约为0.2 TBq/a，而de La Hague核燃料后处理厂排放的^{129}I量可忽略(Keogh et al.,2007)。

除英国和法国的这两个重要核燃料后处理厂外，世界上还有几个主要的核处理厂。俄罗斯的Mayak核燃料后处理厂每年能处理400 t核燃料，印度的Kalpakkam原子后处理厂每年处理量为275 t(Hu et al.,2010)。

在欧洲边缘海，人们利用Sellafield和de La Hague两个后处理厂排放的人工放射性核素进行海洋环流研究，但还未见到利用这两个后处理厂排放的放射性物质进行沉积物测年的报道。

根据以上论述及综述文献使用情况，表7.2.2列出可用作测年参考时的人工核事件，应用最多的是全球最大放射性沉降年，即全球最多大气层核试验年的第二年。

表7.2.2　可用于测年的放射性释放事件参考时间

序号	事　件	事件时间（公元年）	测年参考时间（公元年）	可应用地区
1	核试验开始	1945		
2	全球环境中探测到^{137}Cs的最早时间	1954	1954	全球一些地区
3	温斯克尔大火事故	1957	1957	爱尔兰海域及周边
4	全球最多大气层核试验年	1962	1963	全球
5	地下核试验最多年	1974	1974	全球
6	苏联切尔诺贝利核电站事故	1986	1986	北半球，特别是北欧、波罗的海地区
7	日本福岛核电站事故	2011	2011	核电站周边地区

第三节　应用^{137}Cs的海洋沉积物测年

^{137}Cs是测年应用最多的人工放射性核素，有 4 方面的原因：①^{137}Cs的半衰期为 30.17 a，在环境中能停留足够长的时间；②核试验或核事故释放的^{137}Cs量较大，使环境中的^{137}Cs易于测量；③可用 γ 谱方法测，由于只需要对样品进行简单的晾干磨细处理，测量容易进行；④与^{210}Pb测年形成互补，而且两核素均可用 γ 谱方法测量。

1　^{137}Cs海洋放射年代学

自大气层核试验以来，核试验产生的^{137}Cs参与全球大气环流，并通过干沉降和湿沉降进入水体，吸附在水中的悬浮颗粒物上，随悬浮物一起沉降到水底沉积物上。

图 7.3.1 所示为 Oktay 等人研究的密西西比河三角洲一个沉积物岩芯中^{137}Cs核素的深度分布。该图显示在 20 cm 深度处，^{137}Cs有最大值。笔者根据环境中^{137}Cs的主要来源判断该峰对应着全球核试验落下灰最大年——1963 年。图 7.3.2 所示为 Aldahan 等人研究的波罗的海两个沉积物岩芯中的^{137}Cs分布。两个岩芯^{137}Cs分布都显示在 12 cm 深度出现最大值。笔者认为这个峰与切尔诺贝利事件有关，因此认为这个峰对应着 1986 年。

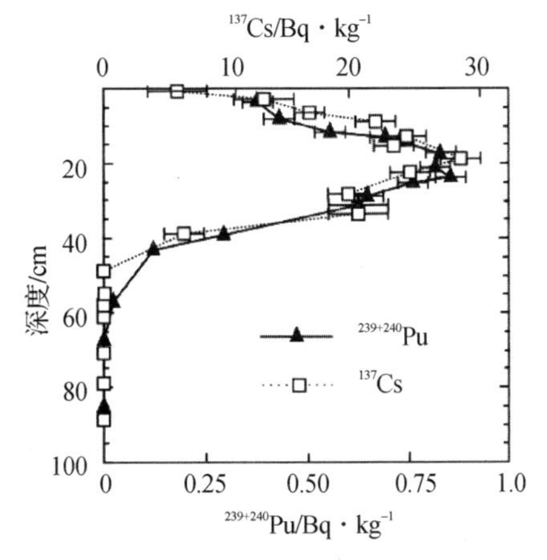

图 7.3.1　密西西比河三角洲沉积物岩芯^{137}Cs和$^{239+240}Pu$分布（Oktay et al.，2000）

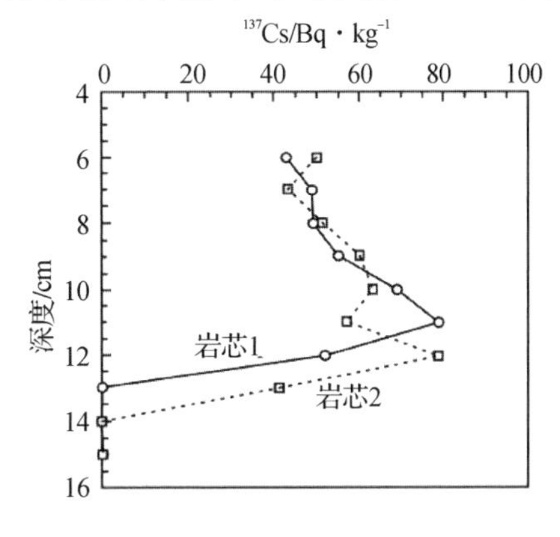

图 7.3.2　波罗的海沉积物岩芯的^{137}Cs分布（Aldahan，2007b）

事实上，切尔诺贝利事件确实向环境中贡献了大量的^{137}Cs，且主要集中在欧洲，受污染的海域主要是波罗的海。这些研究进一步说明沉积物中人工放射性核素分布与主要来源的关系。

图7.3.3所示是胶州湾沉积物岩芯中的^{137}Cs分布。该岩芯长271 cm，只在上部0～125 cm探测到^{137}Cs。在图7.3.3中可以看出，^{137}Cs分布有两个峰，一般认为^{137}Cs分布中最高的峰对应于全球最大沉降年——1963年。不同研究者对次高峰的解释不同，而且峰的相对位置也不尽相同。

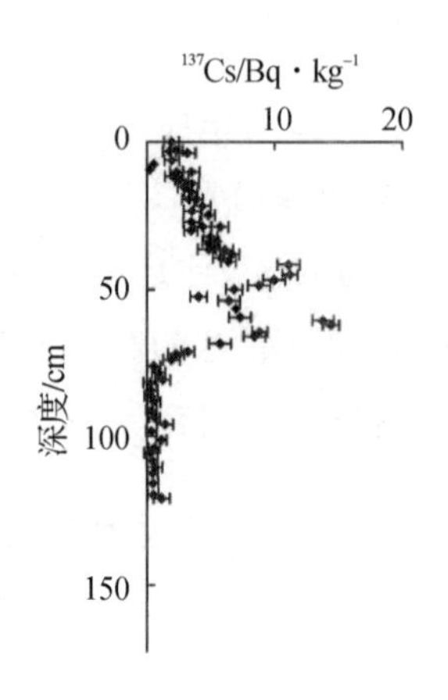

图7.3.3 胶州湾沉积物岩芯^{137}Cs分布(刘广山等，2008)

利用全球放射性最大沉降年，并做恒定沉积速率假设，可以估算沉积物的沉积速率，通常称为^{137}Cs方法。表7.3.1所列是一些文献报道的用^{137}Cs方法得到的海洋沉积物的沉积速率，可以看出，所有研究都同时使用$^{210}Pb_{ex}$方法和^{137}Cs方法进行了年代估算。

表7.3.1 一些文献报道的^{137}Cs方法得到的海洋沉积速率

海区	岩芯数	岩芯长度/cm	测年方法	核素测量方法	沉积速率/$cm \cdot a^{-1}$	文献
胶州湾	5	32～48，271	^{137}Cs，$^{210}Pb_{ex}$	γ谱	0.67～1.65	刘广山等，2008
黑海罗马尼亚沿岸	1	28	^{137}Cs，$^{210}Pb_{ex}$	γ谱	0.15～0.2	Ayçık et al.，2004
丹麦瓦德海	1	64	^{137}Cs，$^{210}Pb_{ex}$，光释光	γ谱	0.9～1.2 0.5～1.6	Madsen et al.，2005
孟加拉海盆	60		^{137}Cs，$^{210}Pb_{ex}$	γ谱，α谱	0～1.6	Goodbred and Kuehl，1998
海南洋浦港	2	45～52	^{137}Cs，$^{210}Pb_{ex}$	γ谱	1.14～1.80	潘少明等，1997
厦门外港	2	55～80	^{137}Cs，$^{210}Pb_{ex}$	γ谱	0.75～1.16	
浙江象山港	2	60～72	^{137}Cs，$^{210}Pb_{ex}$	γ谱	1.20～1.66	

2 关于^{137}Cs测量方法的一些讨论

^{137}Cs是β和γ放射性核素。由于^{137}Cs衰变发出的γ射线能量和分支

比均比较高，γ 谱方法测量比较容易，因此测量环境中的^{137}Cs时，如果有可能就选择 γ 谱方法。γ 谱方法样品处理过程简单，测量时仅需要将样品烘干（晾干）、磨细、封装即可，而且一次测量可同时测量多种天然放射性核素。γ 谱方法测定环境中的^{137}Cs的唯一缺点是需要的样品量比较大，比如100 g 干样是较为合适的。在海洋学研究中，一些情况下这个条件是不能满足的。

β 计数法测量沉积物的^{137}Cs，需要将样品消解或沥取，并用磷钼磷铵沉淀法分离。方法是：

（1）取 10～100 g 烘干的沉积物，加入 1.00 mL 铯载体溶液，混匀烘干，之后在马弗炉内 450 ℃灰化 1 h，取出冷却后以每克样品加入 5 mL 4 mol/L的 HCl 和 0.4 mol/L 的 HF 混合酸煮沸沥取，一般煮 45 min 即可，之后过滤，并用 5%（w/w）的盐酸洗涤，再用水洗涤至流出液无色，滤液合并。

（2）处理好的样品溶液加入 1 g 磷钼酸铵，搅拌 30 min，过滤沉淀，用 40 mL 硝酸-硝酸铵混合溶液洗涤沉淀，取沉淀。

（3）用氢氧化钠溶液溶解磷钼酸铵沉淀，过滤，用水洗涤，收集滤液与洗涤液加入柠檬酸溶液，小心加热蒸发至小体积，冷却后置于冰水浴中加入冰乙酸和碘铋酸钠溶液，用玻璃棒擦壁搅拌，形成碘铋酸铯沉淀。

（4）过滤沉淀并用冰乙酸洗至滤液无色，再用无水乙醇洗涤一次。

（5）将碘铋酸铯沉淀烘干至恒重，上机测量，以 $Cs_3Bi_2I_9$ 形式计算铯的化学回收率。

文献报道该方法的回收率可高达 95%以上。但是也能看出，β 计数法测量^{137}Cs的过程还是很冗长的，所以有 γ 谱仪的实验室倾向于用 γ 谱方法测量^{137}Cs。

第四节　人工^{129}I测年

除^{137}Cs外，环境中的重要人工放射性核素还有^{3}H，^{14}C，^{90}Sr，^{129}I，^{99}Tc，^{237}Np，^{241}Am，以及铀、钚的同位素。由于半衰期较长，与生物体关系密切，故它们成为全球长期监测的重要放射性核素。此外，人们还可用这些核素进行沉积物测年。^{3}H被认为是理想的水团示踪剂。^{129}I由于具有长的半衰期、亲生物性和高活泼性而成为大家关注的对象。

水环境中，碘主要以溶解态的形式存在，呈现出保守特性。但碘可以强烈地吸附在氧化铁、黏土和各种有机物中(Behrens，1982)，所以可以随颗粒物迁出，从海水进入沉积物，或吸附在多金属结核或结壳等海洋矿物上。碘的这两个地球化学特性为应用^{129}I进行海洋放射年代学研究奠定了基础。

人工放射性核素的年代学主要应用于海洋和湖泊沉积物测年。随着大当量核试验时代的过去，多用的短寿命的人工放射性核素在环境中的浓度越来越低，人们思考用长寿命的人工放射性核素进行现代沉积物年代测定，^{129}I是较为合适的核素之一，在海洋沉积年代学研究中得到了应用。

在人类利用原子能之前，环境中的^{129}I主要有两种产生方式：①宇宙射线与大气中的氙的散裂反应产生；②地壳中的^{238}U等核素裂变产生。人类利用原子能以来，除以上来源外，核试验、核燃料后处理厂生产、核事故、放射性废物处置和核设施正常运行均可能向环境释放^{129}I。以上各种源项中，核试验和核事故近似以脉冲的方式向环境中释放放射性核素，释放时间可能成为测年的参考时间。核试验在全球范围散落人工放射性核素，所以在全球范围内可以利用核试验产生的^{129}I进行年代学研究。

1　核试验全球最大沉降年作为参考时间的年代测定

应用核试验沉降的人工放射性核素进行海洋放射年代学研究的报道很多，但是，利用核试验产生的^{129}I进行海洋放射年代学研究的报道还较少。

Santos等(2007)在流入地中海的西班牙Tinto河口采集沉积物岩芯，测定其中的^{129}I分布，发现在1963年层位^{129}I有与^{137}Cs位置一致的峰(见图7.4.1)，而且^{129}I的峰可单独作为现代沉积物测年的参考时间。但是，岩芯中1978年以后层段有高得多的^{129}I含量水平，最高含量达1.5×10^{8} atoms/g，比最低含量水平10^{6} atoms/g高2个量级，被认为是核燃料后处理厂释放的影响，但高含量的时段与1963年的峰位置分得很开。

Oktay等(2000)在墨西哥湾的密西西比河口采集沉积物岩芯，测定其中的^{129}I，^{137}Cs和$^{239+240}$Pu分布(见图7.4.2)，结果表明3个核素在1963年层位均出现明显的峰，也不存在上层高^{129}I浓度的层段，可以解释为采样站位

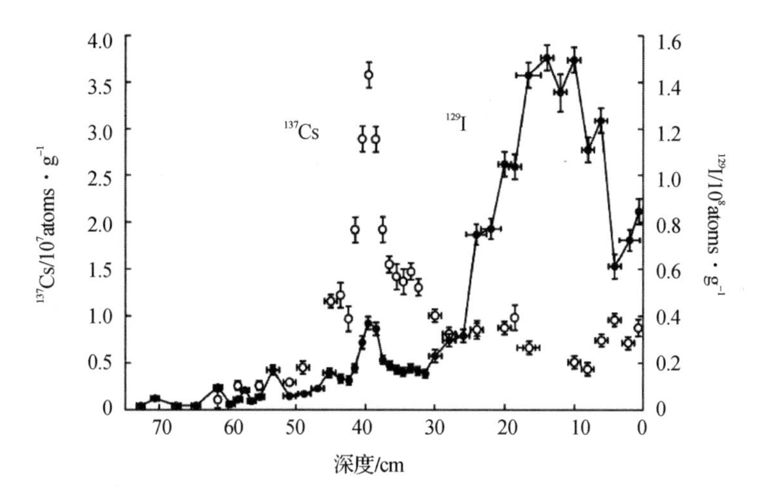

图 7.4.1　西班牙 Tinto 河口沉积物岩芯 ^{129}I 和 ^{137}Cs 分布(Santos et al.,2007)

位于北美洲,距排放大量 ^{129}I 的核燃料后处理厂(英国的 Sallefield 和法国的 de La Hague)较远,因此这两个后处理厂排放的 ^{129}I 对其影响较小。岩芯中最大 ^{129}I 含量为 1.35×10^{7} atoms/g,^{129}I 丰度为 4.10×10^{-10},比本底水平高 2 个量级。

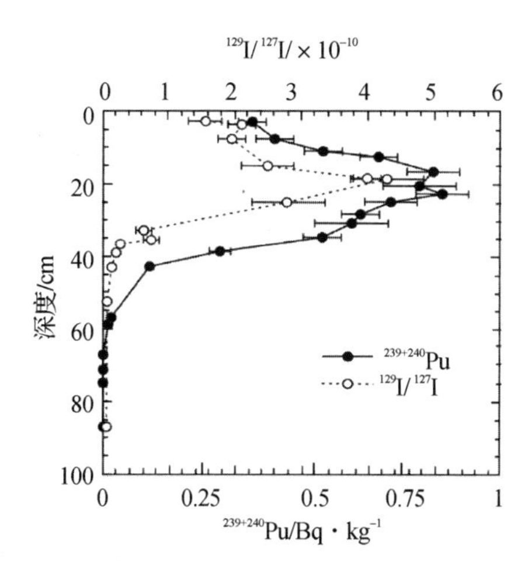

图 7.4.2　密西西比河口三角洲沉积物岩芯 ^{129}I 和 $^{239+240}Pu$ 分布

(Oktay et al.,2000)

2　核事故作为参考时间的年代测定

到目前为止,见报的往环境中释放大量放射性物质的核事故有 3 起的事故发生时间已经或可能可以用于年代测定。一起是 1957 年英国 Windscale(现在的 Sallefield)核设施大火事故,一起是切尔诺贝利核电站事故,还有就是 2011 年 3 月的日本福岛核电站事故。

Gallagher 等(2005)在东北爱尔兰一个湖中采集沉积物岩芯,测定了其中的^{129}I和其他长寿命放射性核素,对 Windscale 大火的影响进行了回顾研究,发现岩芯中的 Windscale 大火记录,且具有重建过去环境变化的潜力。

1986 年 4 月的切尔诺贝利核电站事故,是人们所知道的从人类和平利用原子能以来往环境中排放放射性物质量最大的核事故,该事故的放射性物质主要释放在欧洲地区,特别是波罗的海及周围地区沉降了大量放射性物质,该地区切尔诺贝利核电站事故发生时间可以作为人工放射性核素测年的参考时间。Englund 等(2008)从瑞典中部一个湖中采集沉积物岩芯,测定其中的^{129}I分布,发现在切尔诺贝利事故发生时间存在明显的峰,可用作测年的参考时间(见图 7.4.3)。

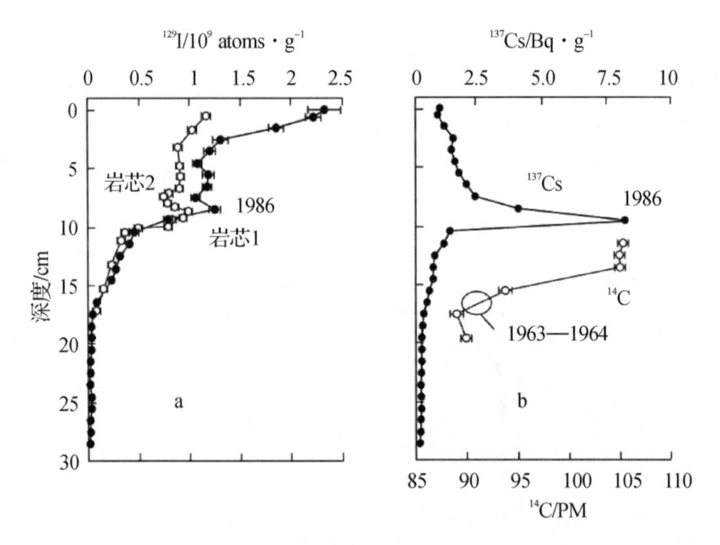

图 7.4.3 瑞典一个湖泊沉积物岩芯^{129}I和^{137}Cs分布(Englund et al.,2008)

尽管以上两个事故均在欧洲附近海域释放了大量放射性物质,但还未见到采集海洋沉积物岩芯并测定其中的^{129}I,利用事故^{129}I进行海洋沉积物测年的报道。估计过些年以后,日本的湖泊及周边海域沉积物岩芯可能观察到 2011 年 3 月日本福岛核电站事故的人工放射性核素峰。

3 ^{129}I示踪的海洋环流与混合研究

由于核工业环境污染监测的需要，相当多的^{129}I研究以环境中^{129}I的浓度水平和贮量为目的。Aldahan 等(2007a,b)对全球^{129}I的源、汇和不同库的贮量进行了评估。同时人们也发现^{129}I可以用于示踪海洋水体的输运和混合过程。

3.1 欧洲边缘海与北冰洋水体环流和混合

在地球表层库中，核燃料后处理厂的释放已完全掩盖了天然存在的^{129}I。英国 Sallefield 和法国 de La Hague 两个商业核燃料后处理厂释放的^{129}I有很大一部分直接进入爱尔兰海和英吉利海峡，使这两个海域的^{129}I远高于其他海域，在排放点附近海域水体中^{129}I的丰度可达 10^{-5}(Aldahan,et al.,2007a,b)。

Yiou 等(1994)和 Raisbeck 等(1995)测定了一些北大西洋北部和北冰洋水体中的^{129}I后，发现可能可以利用英国 Sallefield 和法国 de La Hague 两个后处理厂排入海洋的^{129}I示踪北大西洋东北部和北冰洋海流。Smith 等(1998)的研究结果表明，海流从释放放射性物质的核燃料后处理厂 Sellafield 和 de La Hague 所在海域向北穿过北冰洋的巴伦支海、喀拉海、马卡罗夫海盆，到加拿大海盆，水体中^{129}I和^{137}Cs的浓度逐渐降低。由^{129}I/^{137}Cs比值估算得到从挪威海到南巴伦支海经历时间为 1～2 a，到喀拉海需要 2～4 a，到新地海沟形成深层水需 5～6 a。从马卡罗夫海盆到加拿大海盆，高盐大西洋水与低盐太平洋水混合形成层化的^{129}I分布。在约 200 m 水深处，高^{129}I水体楔入加拿大海盆低^{129}I的太平洋水。

3.2 大西洋深层水形成的证据

由于人们认识到大洋环流对全球气候变化的重要意义，因此大洋环流的研究引起了广泛的关注，北大西洋深层水的形成成了很多海洋学家研究的焦点。由于海洋空间尺度宏大，大洋环流时间尺度长，因此人工示踪方法不可取(Broecker,1991)。利用宇生^{14}C和^{3}H在大西洋的分布，北大西洋形成深层水得到证实，进一步的论证，人们想到两个核燃料后处理厂排放的长寿命核素^{129}I(Yiou et al.,1994)。

以前的研究认为，北大西洋深层水部分是格陵兰海中层水经丹麦海峡溢出形成的。但是，从格陵兰海环流区和丹麦海峡采样测定^{129}I的垂直分布，在丹麦海峡中层水中观察到比格陵兰海中层水中高得多的^{129}I浓度，说明丹麦海峡溢出水具有复杂的来源，而并非以往认为的是单一的格陵兰海中层水的溢出(Raisbeck and Yiou,1999)。

4 关于环境中人工^{129}I测量方法的讨论

环境中人工^{129}I的研究最多的是与两个后处理厂排放有关的监测。由于具有较高的浓度或含量，人们也用其他方法测定^{129}I。Hou 等(1999)用中子活化分析海水和其他环境样品中的^{129}I，并进行了海水中^{129}I的形态分析。López-Gutiérrez 等(1999)测定了西班牙大气中的^{129}I浓度，Moran 等(1999)研究了^{129}I在大气中的输运和弥散。但在全球范围内，环境中的^{129}I水平仍很低，^{129}I/^{127}I 比值约在 10^{-10}，需要用加速器质谱方法测量，样品的前处理和宇生^{129}I的测量相同。

第五节　中国湖泊的沉积物测年

包括一些大型水库，应用^{137}Cs和^{210}Pb的湖泊沉积学研究得到广泛开展。从气候条件和地理位置可以把中国湖泊分为青藏高原、云贵高原、长江中下游和半干旱地区 4 种。我们将长江中下游的湖泊称为平原湖泊，半干旱湖泊分布在内蒙古、青海、新疆等地区。

表 7.5.1 列出了中国一些湖泊的沉积速率或沉积通量。表中所列湖泊，除江苏石梁河水库具有高的沉积速率外，其余湖泊的沉积速率在 0.02～0.94，不同地区的湖泊沉积速率没有明显的差异。

从表 7.5.1 可看出，大量的研究同时用^{137}Cs和^{210}Pb方法测定沉积速率，很多报道两种方法给出一致的结果，所用岩芯长度主要在 50～100 cm。

表 7.5.1 中国部分湖泊的沉积年代学

	湖　泊	采样时间（公元年）	岩芯数	岩芯长度/cm	测年方法	沉积速率/$cm \cdot a^{-1}$	沉积通量/$g \cdot (cm^2 \cdot a)^{-1}$	研究者/文献
青藏高原	西藏玛旁雍错	2009	1	43	$^{210}Pb_{ex}$，^{137}Cs	0.031		王君波等，2013
	西藏拉昂错	2009	1	43.5	$^{210}Pb_{ex}$，^{137}Cs	0.065		王君波等，2013
	青藏高原中部错鄂湖	1999—2000	2	70～5 300	$^{210}Pb_{ex}$，^{137}Cs，^{14}C	0.364～0.545	0.571～0.484	吴艳宏 & 王苏民，2006
	青海湖	2007	11	20～30	^{137}Cs	0.045～0.205	0.011 8～0.127	徐海等，2010
	四川九寨沟下季节海	2008	1	104	$^{210}Pb_{ex}$，^{137}Cs	0.31		陈盼等，2011
云贵高原	云南滇池	1988	1	42	$^{210}Pb_{ex}$	0.16～0.53	0.118～0.361	程致远等，1990
	云南滇池		1		$^{210}Pb_{ex}$	0.020～0.137		陈荣彦等，2008
	云南泸沽湖	1991，1994	2	50	$^{210}Pb_{ex}$，^{137}Cs		0.050～0.051	徐经意等，1999
	云南洱海	1991，1994	2	50	$^{210}Pb_{ex}$，^{137}Cs		0.044～0.048	徐经意等，1999
	云南抚仙湖	2003	2	26～31	^{137}Cs	0.20～0.28		曾海鳌等，2007
长江中下游	武汉东湖	2002.2	2	90，150	$^{210}Pb_{ex}$	0.58～0.87		杨洪等，2004
	江苏高邮湖		1	100	$^{210}Pb_{ex}$	0.33		李书恒等，2013
	山东南四湖上级湖	2010	1	45	$^{210}Pb_{ex}$，^{137}Cs，^{241}Am	0.35	0.135	丁兆运等，2012
	安徽巢湖	2007	1		$^{210}Pb_{ex}$，^{137}Cs		0.21	刘恩峰等，2009
	湖北太白湖	2007	1		$^{210}Pb_{ex}$，^{137}Cs		0.28	

续表

	湖　泊	采样时间（公元年）	岩芯数	岩芯长度/cm	测年方法	沉积速率/$cm \cdot a^{-1}$	沉积通量/$g \cdot (cm^2 \cdot a)^{-1}$	研究者/文献
	江苏固城湖	2005		32	$^{210}Pb_{ex}$，^{137}Cs	0.066	0.013～0.136	王小林等，2007
	江苏石梁河水库	2005	1	200	^{137}Cs	1.32～10.85		张云峰等，2014
	湖北网湖	2007	2	42～72	$^{210}Pb_{ex}$，^{137}Cs	0.557～0.573		史小丽 & 秦伯强，2009
	湖北龙感湖	2007—2008	2	38～39	$^{210}Pb_{ex}$，^{137}Cs	0.19～0.23	0.051～0.901	吴艳宏等，2010
	山东南四湖	2001—2002			^{137}Cs	0.35		杨丽原等，2007
干旱与半干旱地区	内蒙古毛乌素沙漠北部泊江海子	2005	1	74	^{137}Cs	0.55～0.94		鲁瑞洁等，2008
	内蒙古乌梁素海	2005	1	150	$^{210}Pb_{ex}$，^{137}Cs	0.47～0.65		赵锁志等，2008
	青海柴达木苏干湖	2000—2003	2		$^{210}Pb_{ex}$，^{137}Cs，纹层法	0.091～0.31	0.039～0.120	周爱锋等，2008
	新疆博斯腾湖	2010	2		$^{210}Pb_{ex}$，^{137}Cs		0.03～0.59	郑柏颖等，2012
	新疆乌伦古湖	2004	2	20	$^{210}Pb_{ex}$，^{137}Cs		0.018～0.071	金爱春等，2010
其他	南极长城站	1993	1	46	$^{210}Pb_{ex}$	0.072		Zhao & Xu，1997
	黑龙江连环湖	2010	1	18.25	$^{210}Pb_{ex}$，^{137}Cs	0.083～0.444	0.051～0.170	孙清展等，2013
	黑龙江扎龙湿地	2010	1	20	$^{210}Pb_{ex}$	0.176～0.240		苏丹等，2012

参考文献

陈盼,唐亚,乔雪,等,2011. 山地灾害和人类活动干扰下九寨沟下季节海的沉积变化[J]. 山地学报,29(5):534-542.

陈荣彦,宋学良,张世涛,等,2008. 滇池700年来气候变化与人类活动的湖泊环境响应研究[J]. 盐湖研究,16(12):7-12.

陈永福,赵志中,2009. 干旱区湖泊沉积物中过剩^{210}Pb的沉积特征与风沙活动初探[J]. 湖泊科学,21(6):813-818.

程致远,梁卓成,林瑞芬,等,1990. 云南滇池现代沉积物^{210}Pb法的CF模式年龄研究[J]. 地球化学,(4):327-332.

丁兆运,杨浩,王小雷,等,2012. 基于^{137}Cs,^{241}Am和^{210}Pb计年的上级湖沉积速率研究[J]. 地理与地理信息科学,28(5):90-94.

何明,姜山,蒋崧生,等,1997. 加速器质谱测定^{129}I的研究[J]. 原子能科学技术,31(4):301-305.

金爱春,蒋庆丰,陈晔,等,2010. 新疆乌伦古湖的^{210}Pb,^{137}Cs测年与现代沉积速率[J]. 现代地质,24(12):377-382.

李柏,章佩群,陈春英,等,2005. 加速器质谱法测定环境和生物样品中的^{129}I[J]. 分析化学,33(7):904-908.

李书恒,郭伟,殷勇,2013. 高邮湖沉积物地球化学记录的环境变化及其对人类活动的响应[J]. 海洋地质与第四纪地质,33(3):143-150.

李文权,李淑英,1991. ^{137}Cs法测定厦门西港和九龙江口现代沉积物的沉积速率[J]. 海洋通报,10(3):63-68.

刘恩峰,薛滨,羊向东,等,2009. 基于^{210}Pb与^{137}Cs分布的近代沉积物定年方法[J]. 海洋地质与第四纪地质,29(6):89-94.

刘广山,李冬梅,易勇,等,2008. 胶州湾沉积物的放射性核素含量分布与沉积速率[J]. 地球学报,29(6):769-777.

刘广山,2015. 日本福岛核电站事故后的海洋放射化学[J]. 核化学与放射化学,37(5):341-354.

鲁瑞洁,夏虹,强明瑞,等,2008. 近130a来毛乌素沙漠北部泊江海子湖泊沉积记录的气候环境变化[J]. 中国沙漠,28(1):44-49.

潘少明,朱大奎,李炎,等,1997. 河口港湾沉积物中的^{137}Cs剖面及其沉积学意义[J]. 沉积学报,15(4):67-71.

史小丽,秦伯强,2009. 近百年来长江中游网湖沉积物粒度特征及其环境意义[J]. 海洋地质与第四纪地质,29(2):117-122.

苏丹,臧淑英,叶华香,等,2012. 扎龙湿地南山湖沉积岩芯重金属污染特征及来源判别[J]. 环境科学,33(6):1816-1822.

孙立广,谢周青,赵俊琳,等,2001. 南极阿德雷岛湖泊沉积^{210}Pb,^{137}Cs定年及其环境意义

[J]. 湖泊科学,13(1):93-96.

孙清展,臧淑英,肖海丰,2013. 黑龙江连环湖近环代沉积速率及粒度反映的气候干湿变化[J]. 地理与地理信息科学,29(3):119-124.

王君波,彭萍,马庆峰,等,2013. 西藏玛旁雍错和拉昂错水深、水质特征及现代沉积速率[J]. 湖泊科学,25(4):609-616.

王君波,朱立平,鞠建廷,等,2009. 西藏普莫雍错不同岩芯环境指标的对比研究及其反映的近 200 年来环境变化[J]. 湖泊科学,21(6):819-826.

王敏杰,郑洪波,杨守业,等,2012. 长江水下三角洲记录的全新世以来的环境信息[J]. 同济大学学报(自然科学版),40(3):473-477.

王小林,姚书春,薛滨,2007. 江苏固城湖近代沉积^{210}Pb,^{137}Cs计年及其环境意义[J]. 海洋地质动态,23(4):21-25.

吴艳宏,刘恩峰,邴海健,等,2010. 人类活动影响下的长江中游龙感湖近代湖泊沉积年代序列[J]. 中国科学:地球科学,40(6):751-757.

吴艳宏,王苏民,2006. 龙感湖沉积物中人类活动导致的营养盐累积通量估算[J]. 第四纪研究,26(5):843-848.

夏小明,谢钦春,李炎,等,1999. 东海沿岸海底沉积物中^{137}Cs,^{210}Pb分布及其沉积环境解释[J]. 东海海洋,17(1):20-27.

谢运棉,班莹,蒋崧生,等,1998. 用串列加速器质谱计测定环境水中^{129}I的浓度[J]. 辐射防护,18(2):81-88.

徐海,刘晓燕,安芷生,等,2010. 青海湖现代沉积速率空间分布及沉积通量初步研究[J]. 科学通报,55(4-5):384-390.

徐经意,万国江,王长生,等,1999. 云南省泸沽湖、洱海现代沉积物中^{210}Pb,^{137}Cs的垂直分布及其计年[J]. 湖泊科学,11(2):110-116.

杨洪,易朝路,邢阳平,等,2004. ^{210}Pb和^{137}Cs法对比研究武汉东湖现代沉积速率[J]. 华中师范大学学报(自然科学版),38(1):109-113.

杨丽原,沈吉,刘恩峰,等,2007. 南四湖现代沉积物中营养元素分布特征[J]. 湖泊科学,19(4):390-396.

喻名德,杨春才,2007. 核试验场及其治理[M]. 北京:国防工业出版社,583.

曾海鳌,吴敬禄,2007. 近 50 年来抚仙湖重金属污染的沉积记录[J]. 第四纪研究,27(1):128-131.

张彩虹,宋海龙,任晓娜,2002. 核设施液态流出物中^{129}I的测定[J]. 核化学与放射化学,24(4):210-213.

张小龙,徐柏青,李久乐,等,2012. 青藏高原西南部塔若错湖泊沉积物记录的近 300 年来气候环境变化[J]. 地球科学与环境学报,34(1):89-90.

张云峰,张振克,王万芳,等,2014. 江苏省石梁河水库高分辨率沉积速率变化及环境意义[J]. 湖泊科学,26(3):473-480.

张正斌，陈镇东，刘莲生，等，2008. 海洋化学原理和应用——中国近海的海洋化学[M]. 北京：海洋出版社：504.

赵锁志，孔凡吉，王喜宽，等，2008. 内蒙古乌梁素海^{210}Pb和^{137}Cs测年与现代沉积速率[J]. 现代地质，22(16)：909-914.

郑柏颖，张恩楼，高光，2012. 近百年来新疆博斯腾湖初级生产力的变化[J]. 湖泊科学，24(3)：466-473.

周爱锋，强明瑞，张家武，等，2008. 苏干湖沉积物纹层计年和^{210}Pb，^{137}Cs测年对比[J]. 兰州大学学报(自然科学版)，44(6)：15-24.

周本胡. 长岛泰夫，姜山，等，2007. 加速器质谱测量^{129}I方法的改进[J]. 核电子学与探测技术，27(4)：740-744.

Aarkrog A, 1998. A retrospect of anthropogenic radioactivity in the global marine environment[J]. Radiation Protection Dosimetry, 75(1-4): 23-31.

Aarkrog A, 2003. Input of anthropogenic radionuclides in to the world ocean[J]. Deep-Sea Research, 50: 2597-2606.

Aldahan A, Alfimov V, Possnert G, 2007a. ^{129}I anthropogenic budget: major sources and sinks[J]. Applied Geochemistry, 22: 606-618.

Aldahan A, Englund E, Possnert G, et al., 2007b. Iodine-129 enrichment in sediment of the Baltic Sea[J]. Applied Geochemistry, 22: 637-647.

Ayçık G A, Çetaku D, Erten H N, et al., 2004. Dating of Black Sea sediments from Romanian coast using natural ^{210}Pb and fallout ^{137}Cs[J]. Journal of Radioanalytical and Nuclear Chemistry, 259(1): 177-180.

Behrens H, 1982. New insights into the chemical behavior of radioiodine in aquatic environments[M]//Environmental migration of long lived radionuclides. Vienna: IAEA: 27-40.

Bellona (The Bellona Foundation), 2003. Sellafield. (2010-06-08) http://bellona. org/filearchive/fil_sellaengweb. pdf.

Broecker W S, 1991. The great ocean conveyor[J]. Oceanography, 4(2): 79-89.

Chiappini R, Pointurie F, Milier-Lacroix J C, et al., 1999. ^{240}Pu/^{239}Pu isotopic ratios and $^{239+240}$Pu total measurements in surface and deep waters around Muroroa and Fangataufa atolls compared with Rangiroa atoll (French Polynesia)[J]. The Science of Total Environment, 237/238: 269-276.

Elmore D, Gove H E, Ferraro R, et al., 1980. Determination of ^{129}I using tandem accelerator mass spectrometry[J]. Nature, 286: 138-140.

Englund E, Aldahan A, Possnert G, 2008. Tracing anthropogenic nuclear activity with ^{129}I in lake sediment[J]. Journal of Environmental Radioactivity, 99: 219-229.

Fiévet B, Voiseux C, Rozet M, et al., 2006. Transfer of radiocarbon liquid releases from the

AREVA La Hague spent fuel reprocessing plant in the English Channel[J]. Journal of Environmental Radioactivity, 90(3): 173-196.

Gallagher D, Mcgee E J, Mitchell P I, et al., 2005. Retrospective search for evidence of the 1957 Windscale fire in NE Ireland using ^{129}I and other long-lived nuclides [J]. Environmental Science and Technology, 39 (9): 2927-2935.

Goodbred S L, Kuehl S A, 1998. Floodplain processes in the Bengal Basin and the storage of Ganges-Brahmaputra river sediment: an accretion study using ^{137}Cs and ^{210}Pb geochrono-logy[J]. Sedimentary Geology, 121: 239-258.

Happell J D, Östlund G, Mason A S, et al., 2004. A history of atmospheric tritium gas (HT) 1950-2002[J]. Tellus, 56B: 183-193.

Hong G H, Baskaran M, Povinec P P, 2004. Artificial radionuclides in the Western North Pacific: a review [M]//Shiyomi M, Kawahata H, Koizumi H, et al. Global environmental change in the ocean and on land. Tokyo: Terrapub: 147-172.

Hou X, Dahlgaard H, Nielsen S P, 2001. Chemical speciation analysis of ^{129}I in seawater and a preliminary investigation to use it as tracer for geochemical cycle study of stable iodine[J]. Marine Chemistry, 74: 145-155.

Hou X, Dahlgaard H, Rietz B, et al., 1999. Determination of ^{129}I in seawater and some environmental materials by neutron activation analysis[J]. Analyst, 124: 1109-1114.

Hu Q H, Weng J Q, Wang J S, 2010. Sources of anthropogenic radionuclides in the environment: a review[J]. Journal of Environmental Radioactivity, 101: 426-437.

IAEA, 2001. IAEA-TECDOC-1242. Inventory of accidents and losses at sea involving radioactive materials[M]. Vienna: IAEA: 69.

IAEA, 2005. IAEA-TECDOC-1429. Worldwide marine radioactivity studies, radionuclide levels in the oceans and seas[M]. Vienna: IAEA: 187.

Igarashi Y, Aoyama M, Hirose K, et al., 2003. Resuspension: decadal monitoring time series of the anthropogenic radioactivity deposition in Japan [J]. Journal of Radiation Research, 44: 319-328.

Ilus E, 2007. The Chernobyl accident and the Baltic Sea[J]. Boreal Environment Research, 12: 1-10.

Keogh S M, Aldahan A, Possnert G, et al., 2007. Trends in the spatial and temporal distribution of ^{129}I and ^{99}Tc in coastal waters surrounding Ireland using Fucus vesiculosus as a bio-indicator[J]. Journal of Environmental Radioactivity, 95: 23-38.

Kershaw P J, Baxter A J, 1995. The Transfer of reprocessing wastes from north-west Europe to the Arctic[J]. Deep-Sea Research, 42: 1413-1448.

Livingston H D, 1988. The use of Cs and Sr isotopes as tracers in Arctic and Mediterranean Sea[J]. Philosophical transactions of the Royal Society, A325: 161-176.

López-Gutiérrez J M, García-León M, Schnabel Ch, et al., 1999. Determination of ^{129}I in atmospheric samples by accelerator mass spectrometry[J]. Applied Radiation and Isotopes, 51: 315-322.

Madsen A T, Murray A S, Andersen T J, et al., 2005. Optically stimulated luminescence dating of young estuarine sediments: a comparison with ^{210}Pb and ^{137}Cs dating[J]. Marine Geology, 214: 251-268.

Moran J E, Fehn U, Teng R T D, 1998. Variations in ^{129}I/^{127}I ratios in recent marine sediments: evidence for a fossil organic component[J]. Chemical Geology, 152: 193-203.

Moran J E, Oktay S, Santschi P H, et al., 1999. Atmospheric dispersal of ^{129}Iodine from nuclear fuel reprocessing facilities[J]. Environmental Science and Technology, 33: 2536-2542.

NEA Committee Protection and Public Health, 1995. Chernobyl ten years on: radiological and health impact[M]. Paris: OECD Nuclear Energy Agency: 70.

Oktay S D, Santschi P H, Moran J E, et al., 2000. The ^{129}Iodine bomb pulse recorded in Mississippi River Delta sediments: results from isotopes of I, Pu, Cs, Pb, and C[J]. Geochimica et Cosmochimica Acta, 64(6): 989-996.

Raisbeck G M, Yiou F, 1999. ^{129}I in the oceans: origins and applications[J]. The Science of the Total Environment, 237-238: 31-41.

Raisbeck G M , Yiou F, Zhou Z Q, et al., 1995. ^{129}I from nuclear fuel reprocessing facilities at Sallefield (UK) and La Hague (France): potential as an oceanographic tracer[J]. Journal of Marine System, 6: 561-570.

Santos F J, López-Gutiérrez J M, García-León M, et al., 2007. ^{129}I record in a sediment core from Tinto River(Spain)[J]. Nuclear Instruments and Methods in Physics Research, B259: 503-507.

Smith D K, Finnegan, Bowen S M, 2003. An inventory of long-lived radionuclides residual from underground nuclear testing at the Nevada test site, 1951-1992[J]. Journal of Environmental Radioactivity, 67(1): 35-51.

Smith J N, Ellis K M, Kilius L R, 1998. ^{129}I and ^{137}Cs tracer measurements in the Arctic Ocean[J]. Deep-Sea Research Ⅰ, 45: 959-984.

Waugh D W, Polvani L M, 2000. Climatology of intrusion into the tropical upper troposphere[J]. Geophysical Research Letters, 27: 3857-3860.

Yiou F, Raisbeck G M, Zhou Z Q, et al., 1994. ^{129}I from nuclear fuel reprocessing: potential as an oceanographic tracer[J]. Nuclear Instruments and Methods in Physics Research, B92: 436-439.

Zhao Y, Xu C, 1997. ^{210}Pb distribution characteristics in the lake sediment core at Great wall station, Antarctica[J]. Chinese Journal of Polar Science, 8(1): 33-36.